全国高职高专环境保护类专业规划教材

室内环境检测
（第二版）

主　编　王英健
副主编　孙　平　唐　亮　宋笑雨

中国劳动社会保障出版社

图书在版编目（CIP）数据

室内环境检测/王英健主编. -- 2版. -- 北京：中国劳动社会保障出版社，2019
全国高职高专环境保护类专业规划教材
ISBN 978-7-5167-3775-0

Ⅰ.①室… Ⅱ.①王… Ⅲ.①室内环境-环境监测-高等职业教育-教材 Ⅳ.①X83

中国版本图书馆CIP数据核字（2019）第013533号

中国劳动社会保障出版社出版发行

（北京市惠新东街1号 邮政编码：100029）

*

三河市华骏印务包装有限公司印刷装订 新华书店经销

787毫米×1092毫米 16开本 15.5印张 358千字

2019年3月第2版 2020年7月第2次印刷

定价：38.00元

读者服务部电话：（010）64929211/84209101/64921644

营销中心电话：（010）64962347

出版社网址：http://www.class.com.cn

内 容 提 要

本教材根据高职高专环境保护类专业教学基本要求编写，突出知识的应用性和实用性，“教、学、做”一体化训练学生检测技能，注重学生实际能力的培养。全书共分七章，分别介绍了室内环境基础知识、室内环境样品的采集、室内环境舒适度的检测、室内空气质量检测、室内环境生物和放射性检测、室内污染源检测、室内环境检测质量保证等内容。教材以室内环境检测的对象和室内污染物的检测为主线形成知识体系，教材内容与室内环境检测岗位的实际工作方法一致，同时介绍新仪器、新方法和新技术。

本教材为“全国高职高专环境保护类专业规划教材”之一，供高职高专环境保护及其相关专业师生教学使用，也可作为化工类、安全生产类、轻工类、冶金类、材料类及其他相关专业的基础课教材，还可作为室内环境检测技术人员参考用书。本教材附有教学电子课件PPT，请读者登录中国人力资源和社会保障出版集团网站免费下载使用，网址为：http://www.class.com.cn。

第一版序

环境保护是伴随人类社会经济发展的永恒主题，我国党和政府一贯高度重视环境保护工作。近年来，随着我国经济建设的快速发展，社会和企业对环境保护应用型人才的需求日益扩大，这给高职高专环境保护专业建设带来了新的机遇和挑战。为了更有力地推动环境保护专业教育的发展和专业人才的培养，加强教材建设这一专业建设的重要基础工作，教育部高等学校高职高专环保与气象类专业教学指导委员会（以下简称“教指委”）与人力资源和社会保障部教材办公室结合各自的领域优势，共同组织编写了“全国高职高专环境保护类专业规划教材”。本套教材包括《环境监测》《水污染控制技术》《大气污染控制技术》《噪声污染控制技术》《固体废物处理与处置》《污水处理厂（站）运行管理》《环境保护概论》《环境管理》《环境生态学基础》《环境影响评价》《环境法实务》《环境工程制图与CAD》《室内环境检测》《环境保护设备及其应用》《环境专业英语》《环境工程微生物技术》《环境工程给水排水技术》等17种。

本套全国规划教材的编写力求满足高职高专环境保护类专业课程体系和课程教学的新发展，立足教学现状，力求创新，在吸收已有教材成果的基础上，将本学科的最新理论、技术和规范纳入教学内容，并与国家最新的相关政策标准、法律法规保持一致。为满足培养应用型人才目标的需要，整套教材加强了职业教育特色，避免大量理论问题的分析和讨论，强调以实际技能和职业需求带动教学任务，技能实训部分采用项目模块化编写模式，提倡工学结合，增加可操作性和工作实践性，以期为学生今后的职业生涯打下坚实的基础。同时，教材中每章列有学习目标、章后小结和形式多样的复习题，便于学生理清知识脉络、掌握学习重点；丰富的课外阅读材料便于学生增加学习的兴趣，拓宽视野。

在本套教材开发过程中，在教指委的组织指导下，全国20余所高等院校、科研院所近百名专家和老师积极参与了教材的编写和审订工作，在此向他们表示衷心的感谢！

我们相信，本套教材的出版必将为我国高职高专环境保护类专业的发展和教材建设做出积极的贡献。因时间和各因素制约，教材中仍有不足之处，恳请相关领域的专家学者和广大师生提出宝贵的意见。

全国高职高专环境保护类专业规划教材编委会

2009年6月

第一版前言

室内环境检测是高职高专环境保护类专业的一门理论和技能相结合的专业课程。根据高职高专环境保护类专业人才培养目标的要求，本教材以室内环境检测对象和室内污染物为主线形成知识体系。按室内环境检测的项目和方法，及其对环境检测人员的知识、能力和素质要求，构成教材的知识体系，使学生具备从事室内环境检测的基本方法、基本素质和基本技能，以便胜任室内环境检测工作任务，充分体现实际、实践、实用的原则。

全书共分七章，主要内容包括室内环境基础知识、室内环境样品的采集、室内环境舒适度的检测、室内空气质量检测、室内环境生物和放射性检测、室内污染源检测、室内环境检测质量保证等。本书具有以下特点：

1. 教学目标是懂原理、会操作，教、学、做一体化。

2. “本章学习目标”包括应了解、熟悉、掌握的内容，“练习题”是对知识的复习巩固。

3. 编写内容体现科学性、先进性，重点突出，深浅适度，由浅入深，循序渐进。教材内容结合我国室内环境检测现有仪器、设备、技术水平及实验室条件，同时介绍国内外先进的检测方法、仪器和手段，充分体现新知识、新技术、新方法、新设备、新工艺，理论联系实际，注重知识的应用性和实用性，便于学生阅读和自学。

4. 介绍国内、外新的检测方法，按现行的室内环境检测国家标准编写。

5. 采用最新的国家标准来规范室内环境检测术语，一律采用法定计量单位。

本教材由辽宁石化职业技术学院王英健主编，黑龙江生态工程职业学院史永纯担任副主编。参加编写的有王英健（编写第1章、第2章、第4章），中国环境管理干部学院刘军（编写第3章），南京化工职业技术学院钟飞（编写第5章），黑龙江生态职业技术学院史永纯（编写第6章），江苏盐城技师学院喻长军（编写第7章）。全书由王英健统稿。

本书由徐州建筑职业技术学院张宝军教授主审，并邀请锦州市环境监测中心、锦州市环保公司的部分专家对书稿进行审阅，提出了许多宝贵意见，在此一并表示感谢。

由于编者水平有限，可能出现疏漏和错误，敬请批评指正。

编者

2009年8月

再版说明

《室内环境检测》教材自第一版（2010 年）出版以来，得到了广大教师和使用者的肯定，同时使用本教材的各院校提出了很多修改建议。本次再版教材保持了第一版的章节和主要内容，对第一版中的有关内容作了适当调整、补充和更新。

全书共分七章，分别为室内环境基础知识、室内环境样品的采集、室内环境舒适度的检测、室内空气质量检测、室内环境生物和放射性检测、室内污染源检测和室内环境检测质量保证等。本次修订具有如下特点：

1. 教材内容编排力求与室内环境检测岗位工作任务相一致，检测方法符合国家标准的规定，检测所使用的仪器设备与国家标准相一致。

2. 更新和补充了教材部分内容，文字叙述更流畅、严谨，让学生易学、易懂、易掌握。对教材内容进行勘误并修改，删减了部分内容如本章小结和过时的内容。增加了 $PM_{2.5}$的检测方法等内容。

3. 教材知识的编写和编排符合学生的认知水平和接受能力，由浅入深，由易到难。

4. 采用最新的国家标准来规范室内环境检测术语，一律采用法定计量单位。

5. 介绍国内、外新的检测方法。

本次修订由王英健担任主编，孙平、唐亮、宋笑雨担任副主编。其中王英健负责第一章的编写与修订；孙平负责第二、三章的编写与修订；唐亮负责第四、五章的编写与修订；宋笑雨负责第六、七章的编写与修订。参加编写的还有史永纯、刘军、钟飞、喻长军等。全书由王英健统稿。

本次修订过程中参考了大量文献资料，谨向有关专家及原作者表示敬意与感谢！并邀请锦州市环境监测中心、锦州市一些企业的部分专家对书稿进行审阅，提出了许多宝贵意见，在此一并表示感谢。

限于修订者的水平，教材修订后难免有疏漏或错误，敬请读者批评指正。对促成本书不断改进，不断提高编著质量的读者们表示敬意与感谢。

编者

2019 年 2 月

目　录

第一章　室内环境基础知识

本章学习目标

★ 了解室内环境、室内污染、室内环境检测的概念，明确健康住宅的含义。

★ 熟悉室内环境污染物、室内环境污染的特征，以及室内环境检测标准，明确室内空气质量标准的基本知识。

★ 掌握室内环境检测的一般方法。

第一节　室内环境

一、室内环境学

（一）室内环境的概念

居室是随着人类社会的产生、发展而发展起来的，最初是人类祖先为了生存，为了抵御野兽，遮风避雨，基于安全的需求而建造的居住场所。随着社会经济的发展、科学技术的进步和人们生活水平的提高，对高质量居住条件包括对室内各种舒适环境的要求越来越高。

室内和室外一墙之隔，墙外是室外，墙内是室内。室内就是指人类为了生存和发展，用天然材料或人工材料围隔，形成抵御雨雪、大风、寒冷、炎热及敌人的人工小环境。广义上讲，室内环境包括室内的工作场所和生产场所，即日常工作、生活的所有室内空间，如会议室、办公室、教室、医院诊疗室、娱乐场馆、旅馆、体育场馆、健身房、舞厅、候车候机室等，以及民航飞机、汽车、客运列车等相对封闭的各种交通工具内。

（二）室内环境的功能

室内不仅遮风避雨，也为人类提供良好的工作与学习环境以及舒适的休憩之地。现代人平均 80%~90%的时间是在室内度过的，因此，室内环境应满足安全、健康、舒适、方便的要求，不同类型的建筑有不同的主要功能要求，比如住宅、影剧院、商场、办公楼等对健康、舒适的要求比较高，生物检测室、制药厂、集成电路车间、演播室等则有严格保证工艺和制作过程的环境要求，而舞台、体育赛场、手术室等既要保证工艺功能要求，又要保证舒适性要求。室内环境功能包括安全性、功能性、舒适性和美观性。

1. 安全性

能够抵御飓风、暴雨、地震等各种自然灾害或人为的侵害。

2. 功能性

能够满足居住、办公、营业、生产等不同需要的使用功能。

3. 舒适性

能够保证居住者在室内的健康和舒适。

4. 美观性

能够满足亲和感，反映当时人们的审美追求。

（三）室内环境学的研究内容

室内环境学是关于人、室内、自然环境三者之间关系的科学，主要研究室内空气环境、热湿环境、声环境、光环境等。

1. 空气环境

室内空气环境是整个室内环境中重要的部分之一，主要研究室内空气污染物对室内空气品质的影响，讨论室内空气品质的概念、影响因素、评价方法，以及室内空气环境检测方案的设计、室内空气样品的采集和室内空气污染物的检测方法。

2. 热湿环境、声环境、光环境

室内热湿环境在室内环境中具有重要的作用，其研究内容主要包括热湿环境的物理因素及其变化规律，室内热湿环境与人体生理和心理感受的关系，室内热湿舒适环境及其影响因素，室内热湿环境的评价及其方法，室内热湿环境的温度、湿度检测；室内声环境的研究内容包括室内声音与噪声的基本概念、度量、特性，从人的听觉生理特性出发，讨论人对噪声的反应与评价，以及噪声的检测原理与方法；室内光环境的研究内容包括室内天然光特性、影响因素、评价方法，讨论影响人工光环境质量的照明光源，人工光环境的评价方法与检测方法。

二、室内环境污染

（一）室内环境污染源

1. 室内空气污染的概念

室内空气污染是指室内正常空气中引入能释放有害物质的污染源或室内环境通风不佳而导致室内空气中有害物质的数量、浓度和持续时间超过了室内空气的自净能力，导致空气质量恶化，对人们的健康和精神状态、生活、工作等方面产生影响的现象。

室内空气污染往往比室外污染的危害更为严重，空气中的微粒、细菌、病毒和其他有害物质日积月累地损害着人们，特别是长期处于封闭室内环境的人的身体健康。我国 20 世纪 80 年代以前，室内空气污染物主要是燃煤所产生的二氧化碳、一氧化碳、二氧化硫、氮氧化物等，90 年代末期，随着住宅装修热的兴起，由装饰材料所造成的污染成了室内空气污染的主要来源，甲醛和苯是装修型化学性主要室内空气污染物。特别是空调的普遍使用，要求建筑结构有良好的密闭性能，以达到节能的目的，而现行设计的空调系统多数新风量不足，在这种情况下极易造成室内空气质量的恶化。

我国《室内空气质量标准》（GB/T 18883）于 2003 年 3 月 1 日起正式开始实施，要求室内空气应无毒、无害、无异味，并对室内小气候指标以及共 19 种有毒有害物质进行了限量。

2. 室内空气污染的特征

室内空气污染具有累积性、长期性、多样性的特征。

（1）累积性　从污染物进入封闭的室内导致浓度升高，到排出室外浓度逐渐趋于零，需要经过较长的时间。室内的各种物品，如建筑装饰材料、家具、家用电器、计算机、复印机、打印机等都可能释放出一定的化学物质，在室内逐渐积累，导致污染物的浓度增大，构成对人体的危害。通风环境较好的室内环境中污染物的浓度一般较低。

（2）长期性　大多数人大部分时间处于室内，即使浓度很低的污染物，长期作用也会影响人体健康。

（3）多样性　室内空气污染物种类具有多样性特征，有生物性污染物，如细菌等；化学性污染物如甲醛、氨气、苯、甲苯、一氧化碳、二氧化碳、氮氧化物、二氧化硫等；还有放射性污染物氡气及其子体等。同时室内污染物来源也具有多样性。

3. 室内环境污染源

室内环境污染源按污染物的性质分为化学污染源、物理污染源和生物污染源。

（1）化学污染源　化学污染源主要包括从装修材料、家具、玩具、燃气热水器、杀虫喷雾剂、烟草、化妆用品、涂料、厨房等释放或排放出来的包括氨、氮氧化物、硫氧化物、碳氧化物等无机污染物，以及甲醛、苯、二甲苯等有机污染物。

（2）物理污染源　物理污染源包括室外交通工具产生的噪声，室内灯光照明不足或过亮，温度、湿度过高或过低所引起的相关问题及石棉污染等，地基、井水、建材、砖、混凝土、水泥中释放出来的氡气及其衰变子体，还有大理石台面、洁具、地板等释放的 γ 射线。

（3）生物污染源　生物污染源主要包括垃圾、湿霉墙体产生的细菌，真菌类孢子、花粉，藻类植物呼吸放出的二氧化碳，人在活动、烹饪、吸烟时产生的废气，人、宠物的代谢产物（如皮屑、碎毛发、排泄物、口鼻分泌物等），植物花粉、烟雾等。

（二）室内环境污染物

1. 室内环境污染物的存在状态

室内环境污染物一般分为气态、蒸气态污染物和颗粒、气溶胶污染物。

（1）气态、蒸气态污染物　气态污染物是指在常温下以气体形式分散在空气中的污染物，常见的有一氧化碳、氮氧化物、氯气、氟化氢、臭氧、甲醛和各种易挥发性有机化合物。蒸气态污染物是指某些在常温、常压下是液体或固体（如苯、汞是液体，酚是固体）物质，由于它们的沸点低，挥发性大，因而能以气态挥发到空气中。气体、蒸气分子的运动速度都较快，因此在空气中扩散快并分布比较均匀。污染物的相对密度决定其扩散情况，相对密度小者向上飘浮，相对密度大者向下沉降。受温度和气流的影响，它们随气流以相等速度扩散，故室内空气中许多气态、蒸气态污染物常能污染到很远的地方。

（2）颗粒、气溶胶污染物　颗粒大小以颗粒的物理性状或直径来表示，或者根据颗粒的光学、电学或气体动力学的性质确定。细小颗粒能聚集或凝集成较大颗粒，较大的颗粒多具有固体物质的特点，它们受重力影响很大，很少聚集或凝集。颗粒物的化学性质受颗粒的化学组成和颗粒表面可能吸附的气体性质影响，在某些情况下颗粒和可吸附的气体结合，会产生比各单个组分更大的毒性。

任何固态或液态物质当以小的颗粒形式分散在气流或空气中时都叫作气溶胶，其沉降速度极小。气溶胶状态的物质包括粉尘、烟、煤烟、尘粒、轻雾、浓雾、烟气等。

气溶胶按其形成的方式不同，可分为分散性气溶胶、凝聚性气溶胶和化学反应性的气溶胶。分散性气溶胶是以液体泡沫或固体粉末飞散到空气中而形成的，属于液体分散性的有硫酸雾、碱雾及喷洒的杀虫剂等；属于固体分散性的有风沙扬尘、各种建筑物粉尘等。这一类气溶胶颗粒较大，分散度范围较宽。凝聚性气溶胶如在厨房中的烹调油烟等，是相对分子质量高的食用油在高温下分解、挥发出的相对分子质量低的油蒸气，在空气中遇冷凝聚成油雾，并与燃料燃烧产物相凝结所形成的气溶胶。化学反应性气溶胶是许多原生污染物进入空气后，发生一系列的化学反应，从而产生许多新的化学物质，有的形成颗粒状物质，飘浮在空气中形成气溶胶，如硫在一定条件下氧化形成三氧化硫，进一步与水气结合形成硫酸，再与空气中的无机尘粒形成各种硫酸盐气溶胶。在一般情况下，污染物质以多种状态存在于空气中。一般认为多环芳烃是颗粒状物质，但实际上在空气中，如苯并［a］芘蒸气与苯并［a］芘的颗粒物是混存的。又如金属铅主要以气溶胶状态存在于空气中，同时也有蒸气态的铅。

颗粒物是空气污染物中固相的代表，是污染物的主体，以其多形、多孔和具有吸附性可成为多种物质的载体，是一类成分复杂、能较长时间悬浮于空气中，可飘行至几千米至几十千米的主要污染物。室内的悬浮颗粒来源很多，主要来自室外燃煤、工业排放、机动车、水泥生产、建筑工地和地面扬尘、生活炉灶及吸烟和家用电器等。这些颗粒成分很复杂，除一般尘埃外，还有炭黑、石棉、二氧化硅、铁、镉、砷、多环芳烃类等130多种有害物质，在室内经常可以测出的有50多种。因此，悬浮颗粒物是多种有害物质进入人体的载体，通过人的呼吸，将有害物带入人体，能进入呼吸道的直径为10μm的颗粒物为可吸入颗粒物，有60%以上的细颗粒物（$PM_{2.5}$）更值得关注。

颗粒物分为液态、固态两种状态，同时存在于空气中，其存在形态、化学成分、密度各异，具有重要的生物学作用。按颗粒物粒径（d）的大小，颗粒物的分类见表1—1。

表1—1　　颗粒物的分类

粒径（d）/μm	名称	单位	特　点
$d>100$	降尘	t/（月·km^2）	靠自身重力而沉降
$10<d<100$	总悬浮颗粒物（TSP）	mg/m^3	—
$d<10$	飘尘（IP） 可吸入颗粒物（PM_{10}）	mg/m^3 $\mu g/m^3$	长期飘浮于大气中，主要由有机物、硫酸盐、硝酸盐及地壳类元素组成
$d<2.5$	细颗粒物（$PM_{2.5}$）	mg/m^3 $\mu g/m^3$	室内主要污染物之一，对人体危害最大

飘尘的特征是具有吸湿性，能形成表面吸附性很强的凝聚核，能吸附有害气体、金属微

粒及致癌性很强的苯。飘尘表面具有催化作用，如三氧化二铁（Fe_2O_3）微粒表面吸附二氧化硫经催化作用转化为三氧化硫，吸水后转化为硫酸，毒性要比二氧化硫至少高10倍。

2. 室内环境主要污染物

室内环境污染物主要包括氨、臭氧、甲醛、苯、甲苯、二甲苯、二氧化碳、一氧化碳、二氧化硫、二氧化氮、可吸入颗粒物、挥发性有机物、苯并［a］芘、尘螨、细菌、花粉、军团菌、病毒、氡等。

3. 室内环境污染物来源

室内环境污染物主要来源包括室外来源和室内来源两个方面。

（1）室外来源　当室外空气中的各种污染物包括工业废气如二氧化硫、氮氧化物、铅尘、颗粒物、汽车尾气、植物花粉、真菌孢子、动物毛皮屑、昆虫鳞片等，都能通过门窗、通风孔等途径直接进入室内。房基地中含有某些可逸出或挥发出有害物质，如氡及其子体，建房前遗留的某些农药、化工原料、汞等污染物，通过地基的缝隙可逸入室内。用于饮用、室内淋浴、冷却空调、加湿空气等方面的质量不合格的生活用水，以喷雾形式进入室内，不合格的水中可能存在致病菌或化学污染物如军团菌、苯等。

由于人们工作环境不同、出入场所不同，可把室外的污染物人为带入居室内，也可通过楼房内的厨房排烟道从邻居家中传来。周围建筑物对室内光照、色彩能产生影响，铁路、街道和工厂等附近的房屋，还会受到火车、汽车、机器等产生的噪声污染影响。

（2）室内来源

1）室内建筑、装饰材料。建筑材料是建筑工程中所使用的各种材料及其制品的总称。建筑材料的种类繁多，有金属材料如钢铁、铝材、铜材等，非金属材料如砂石、砖瓦、陶瓷制品、石灰、水泥、混凝土制品、玻璃、矿物棉等，植物材料如木材、竹材等，合成高分子材料如塑料、涂料、胶黏剂等。另外，还有许多复合材料。装饰材料是指用于建筑物表面（墙面、柱面、地面及顶棚等）起装饰效果的材料，也称饰面材料，如地板砖、地板革、地毯、壁纸、挂毯等。装饰材料中的某些成分对室内环境质量有很大影响，对人的不良反应主要表现为全身不适、皮疹、鼻塞、眼花、头痛、恶心、疲乏等，如有些石材和砖中含有高本底的镭，可蜕变成放射性很强的氡，能引起肺癌。另外，很多有机合成材料可向室内空气中释放甲醛、苯、甲苯、醚类、酯类等许多挥发性有机物，有人已在室内空气中检测出500多种有机化学物质，其中有20多种有致癌或致突变作用。有时尽管有机化学物质浓度不是很高，但它们的长期综合作用，可使室内的人群出现不良建筑物综合征及与建筑物材料污染相关的疾病，装有空调系统的建筑物内尤其突出。

2）室内燃料燃烧产物。我国常用的生活燃料有：①固体燃料，主要是原煤、蜂窝煤和煤球，用于炊事和取暖；②气体燃料，主要有天然气、煤气和液化石油气，是我国城市居民的主要家用燃料。另外，少数农村地区，还有使用生物燃料作为家庭取暖和做饭。

煤的燃烧伴有各种复杂的化学反应，如热裂解、热合成、脱氢、环化及缩合等反应，产生不同的化学物质。气体燃料的燃烧产物是一氧化碳、氢氧化物、甲醛和颗粒物等。生物燃料主要指木材、植物秸秆及粪便（主要指大牲畜如牛、马、骆驼等的干粪），燃烧的主要污染物有悬浮颗粒物、碳氢化合物和一氧化碳等。

3）烹调油烟。烹调是家庭居室室内空气污染物的主要来源之一。烹调油烟是食用油加热后产生的，通常炒菜温度在250℃以上，油中的物质会发生氧化、水解、聚合、裂解等反应，随沸腾的油挥发出来。烹调油烟是一组混合性污染物，有200余种成分。烹调油烟的毒性与原油的品种、加工精制技术、变质程度、加热温度、加热容器的材料和清洁程度、加热所用燃料种类、烹调物种类和质量等因素有关。烹调油烟中含有多种致突变性物质，它们主要来源于油脂中不饱和脂肪酸和高温氧化或聚合反应。

4）吸烟烟雾。吸烟是室内污染物的重要来源之一。烟雾的成分复杂，目前已鉴定出3 000多种化学物质，很多是致癌、致畸、致突变的物质。它们在空气中以气态、气溶胶状态存在，其中气态物质占90%以上，气态污染物有一氧化碳、二氧化碳、氮氧化合物、氰化氢、氨、甲醛、烷烃、烯烃、芳香烃、含氧烃、亚硝胺、联氨等。气溶胶状态物质主要成分是焦油和烟碱（尼古丁），每支香烟可产生0.5~3.5mg尼古丁。焦油中含有大量的致癌物质，如多环（三环至八环）芳烃、砷、镉、镍等。

5）家用化学品。有些家庭常用的物品和材料中能释放出各种有机化合物如苯、三氯乙烯、甲苯、三氯甲烷和苯乙烯等，或者其本身含有害有毒物质（如铅、汞、砷等），对健康产生危害。家用化学产品包括洗涤剂、消毒剂、化妆品、樟脑丸、灭鼠剂、化肥、医药品、蜡烛等。

6）家用电器。长期接触家用电器会患家电综合征。电视机、计算机屏幕会产生电磁辐射，在其表面和周围空气产生静电，使灰尘、细菌聚集，当人接触屏幕后，它们将附着于人的皮肤表面而造成疾病。各种家用电器在使用时均会产生噪声，如冰箱为30~40dB，电吹风为80dB，洗衣机为40~80dB，电视机为65dB，长期使用会使人情绪低落、易烦躁，精神受到损伤。燃气热水器造成室内一氧化碳、二氧化碳的污染，在燃烧时还能产生氮氧化物、二氧化硫等污染物。电话机的细菌污染可直接侵害人的呼吸系统，加湿器中的细菌可随水汽散发到室内空气中，洗衣机中的细菌可污染被洗的衣物。故应定期清除家电中的灰尘、微生物，尤其是在细菌容易滋生的地方。

7）人体排出物。科学家经过研究发现，人体内的大量新陈代谢废物主要通过呼出气、大小便、汗液等排出体外。人在室内活动，会增加室内温度，促使细菌、病毒等微生物大量繁殖。人的呼出气中主要含有二氧化碳和其他代谢废气，如氨等内源性气态物质。此外，呼出气中还可能含有一氧化碳、三氯甲烷等数十种有害气态物质，其中有些是外来物的原型，有些则是外来物在体内代谢后产生的气态产物。呼吸道传染病患者和带菌者通过咳嗽、喷嚏、谈话等活动，可将其病原体（如流感病毒、结核杆菌、链球菌等）随口腔飞沫喷出，污染室内空气。皮肤是最大的污染源，经它排泄的废物多达271种、汗液151种，这些物质包括二氧化碳、一氧化碳、丙酮、苯、甲烷等，造成空气污染。人体散发气体污染物种类和发生量见表1—2。

8）公共场所污染物。公共场所是指人们公共聚集之地，包括购物、休息、娱乐、体育锻炼、求医等公共福利事业的场所，其功能多样，服务对象不尽相同，且流动性大。功能不同的公共场所存在着不同的污染因素，通过空气、水、用具传播疾病和污染室内环境，危及人体健康。不同公共场所产生的污染物见表1—3。

表 1—2　　人体散发气体污染物种类和发生量　　单位：（μg/m³）·人

污染物	发生量	污染物	发生量
乙醛	35	硫化氢	15
丙酮	475	甲烷	1 710
氨	1.56×10^{4}	甲醇	6
苯	16	丙烷	1.3
丁酮	9 700	三氯乙烯	1
二氧化碳	3.2×10^{5}	四氯乙烷	1.4
氯代甲基蓝	88	甲苯	23
一氧化碳	1.0×10^{4}	氯乙烯	4
二氯乙烷	0.4	三氯乙烷	42
三氯甲烷	3	二甲苯	0.003

表 1—3　　不同公共场所产生的污染物

公共场所名称	产生污染物的种类
旅馆（宾馆、饭店、招待所）	1. 空气传播病原体，如流感病毒、肺炎球菌、结核杆菌、溶血性链球菌、金黄葡萄球菌等 2. 吸烟，烟雾污染 3. 新装修住所，如甲醛、氨、挥发性有机化合物（VOCs）等污染 4. 室内小气候，如细菌、霉菌、螨虫、二氧化碳污染等
歌舞厅	1. 震耳的摇滚乐曲对经受不住的人来说是噪声 2. 照明过强、闪烁速度变换大的灯光，使人目眩，眼受刺激 3. 装修污染
美容美发厅	1. 不清洁用具接触感染 2. 劣质的化妆品引起皮肤病 3. 烫发剂、染发剂、化妆品释放的挥发性有机化合物和氨气等
浴室	浴盆、洗澡水污染、浴巾、拖鞋污染，洗澡水中的蛔虫卵、伤寒杆菌、沙门氏杆菌等病原体
人工游泳池	人体不清洁引起水污染，致使人患眼结膜炎、咽炎、中耳炎、皮肤感染甚至传染肠炎、痢疾、肝炎等
饭店、食堂、餐厅	1. 油烟污染 2. 不清洁碗筷及炊事用具 3. 食物腐烂变质
医院、诊疗所	1. 医院装饰、装修、使用中央空调 2. 新增加的电气设备和检测仪器 3. 病菌、病毒感染

续表

公共场所名称	产生污染物的种类
影剧院（包括录像室）人群拥挤、聚散频繁	1. 微小气候环境差，室内二氧化碳浓度高 2. 场内空气中总悬浮颗粒物、细菌总数超标，还可检出病菌 3. 空气中负离子浓度降低，阳离子浓度上升，使场内空气质量遭到破坏
商场、候车室	1. 气温、气湿随客流增加停留时间延长而增高 2. 细菌总数、可吸尘浓度高。细菌总数在高峰期达 38 万个/m^3，一氧化碳、二氧化硫污染 3. 噪声污染

9）饲养宠物。宠物身上的寄生虫，以其代谢产物、毛屑都含有真菌、病原体，不仅能直接传染疾病，且污染环境，使室内有特殊的臭味。皮屑、皮毛和飘起的尘埃，人体会直接吸入产生病源而致病。

三、健康住宅

（一）健康住宅的含义

世界卫生组织（WHO）提出的健康住宅的概念是：能使居住者在身体上、精神上、社会上完全处于良好状态的住宅，其宗旨是为了使居住在其中的人们获得幸福和安康。一般来说，健康住宅包含以下重要因素：

1. 物理因素

住宅的位置选择合理，平面设计方便适用，在日照、间距符合规定的情况下，提高容积率（建筑面积/占地面积）。墙体保温、围护结构达 50%的节能标准，外观、外墙涂料、建材应能体现现代风格和时代要求。通风窗应具备热交换、隔绝噪声、防尘效果优越等功能。住宅装修应一步到位、简约，以避免二次装修所造成的污染。声、热、光、水系列量化指标，有宜人的环境质量和良好的室内空气质量。

2. 环境友好、具亲和性

住户充分享受阳光、空气、水等大自然的高清新性，使人们在室内尽可能多地享有日光的沐浴，呼吸清新的空气，饮用完全符合卫生标准的水。与周围生态环境融合，资源要为人所用。

3. 环境保护

住宅排放废物、垃圾分类收集，以便于回收和重复利用，对周围环境产生的噪声进行有效防护。进行中水的回用，如将其用于灌溉、冲洗厕所等。自行车、汽车各置其位等配套设施齐备。

4. 健康行为

住宅区开发模式以建筑生态为宗旨，设有医疗保健机构、老少皆宜的运动场等。

5. 可持续发展

住宅环境和设计的理念以坚持可持续发展为主旋律，减少自然、环境负荷的影响，节约资源、减少污染；有宜人的绿化和景观，保留地方特色，体现节能、节地、保护生态的原则。

（二）健康住宅的要求

（1）可以引起过敏症的化学物质的浓度很低。

（2）尽可能不使用容易挥发出化学物质的胶合板、墙体装饰材料等。

（3）设有性能良好的换气设备，能及时将室内污染物质排出室外，特别是对高气密性、高隔热性的住宅来说，必须采用具有风管的中央换气系统，进行定时换气，保持室内空气清新；在厨房灶具或吸烟处，要设置局部排气设备。

（4）起居室、卧室、厨房、厕所、走廊、浴室等处的温度要全年保持在17~27℃。

（5）室内的湿度全年保持在40%~70%。

（6）二氧化碳浓度要低于0.1%。

（7）悬浮粉尘浓度要低于0.15mg/m^3。

（8）噪声要小于50dB（A）。

（9）每天的日照要确保在3h以上。

（10）要设置有足够亮度的照明设备。

（11）应具有足够的抗自然灾害能力。

（12）具有足够的人均建筑面积。

（13）要便于保护老年人和残疾人。

（三）绿色建筑、绿色建材

1. 绿色建筑

绿色建筑是综合运用当代建筑学、生态学及其他现代科学技术的成果，把建筑建造成一个小的生态系统，为人类提供生机盎然、自然气息浓厚、方便舒适并节省能源、没有污染的使用环境。这里所讲的“绿色”并非一般意义的立体绿化、屋顶花园，而是对环境无害的一种标志，是指这种建筑能够在不损害生态环境的前提下，提高人们的生活质量及保障当代与后代的环境质量。其“绿色”的本质是物质系统的首尾相连、无废无污、高效和谐、开发式闭合性良性循环。通过建立起建筑物内外的自然空气、水分、能源及其他各种物资的循环系统，来进行绿色建筑的设计，并赋予建筑物以生态学的文化和艺术内涵。

绿色建筑的概念可归纳为：建筑物的环境要有洁净的空气、水源与土壤；建筑物能够有效地使用水、能源、材料和其他资源；能回收并重复使用资源；建筑物的朝向、体形与室内空间布置合理；尽量保持和开辟绿地，在建筑物周围种植树木，以改善景观，保持生态平衡；重视室内空气质量，一些“病态建筑”就是由于油漆、地毯、胶合板、涂料及胶黏剂等含有挥发性物质造成对室内空气的污染；积极保护建筑物附近有价值的古代文化或建筑遗址；建筑造价与使用运行管理费用经济合理。

绿色建筑就是“资源有效利用”的建筑。有人把绿色建筑归结为具备“4R”的建筑，即“Reduce”，减少建筑材料、各种资源和不可再生能源的使用；“Renew”，利用可再生能源和材料；“Recycle”，利用回收材料，设置废物回收系统；“Reuse”，在结构允许的条件下重新使用旧材料。绿色建筑是资源和能源有效利用，保护环境，亲和自然，舒适、健康和安全的建筑。

生态环境保护专家们一般又称绿色建筑为环境共生建筑。绿色建筑在设计和建造上都具有独特的优点。

（1）绿色建筑对所处的地理条件有特殊的要求，土壤中不应存在有害的物质、地温相宜、水质纯净、地磁适中。

（2）绿色建筑通常采用天然材料，如木材、树皮、竹子、石头、石灰来建造，对这些建筑材料还必须进行检验处理，以确保无毒无害，具有隔热、保温、防水、透气等功能，有利于实行供暖、供热水一体化，以提高热效率和充分节能，在炎热地区还应减少户外高温向户内传递。

（3）绿色建筑将根据所处地理环境的具体情况而设置太阳能装置或风力装置等，以充分利用环境提供的天然再生能源，达到减少污染又节能的目的。

（4）绿色建筑内尽量减少废物的排放。

2. 绿色建材

绿色建材是指采用清洁生产技术，少用天然资源的能源，大量使用工业或城市固体废物生产的无毒害、无污染、有利于人体健康的建筑材料。它是对人体、周边环境无害的健康、环保、安全（消防）型建筑材料，属“绿色产品”大概念中的一个分支概念，国际上也称之为生态建材、健康建材和环保建材。1992年，国际学术界明确提出，绿色材料是指在原料采取、产品制造、使用或者再循环以及废料处理等环节对地球环境负荷为最小、有利于人类健康的材料，也称之为“环境调和材料”。绿色建材就是绿色材料中的一大类。

从广义上讲，绿色建材不是单独的建材品种，而是对建材“健康、环保、安全”属性的评价，包括对生产原料、生产过程、施工过程、使用过程和废物处置五大环节的分项评价和综合评价。绿色建材的基本功能除作为建筑材料的基本实用性外，还在于维护人体健康、保护环境。

绿色建材与传统建材相比，可归纳出以下五个方面的基本特征：

（1）其生产所用原料尽可能少地使用天然资源，大量使用尾矿、废渣、垃圾、废液等废物。

（2）采用低能耗制造工艺和不污染环境的生产技术。

（3）在产品配制或生产过程中，不使用甲醛、卤化物溶剂或芳香族碳氢化合物，产品中不得含有汞及其化合物，不得用含铅、镉、铬及其化合物的颜料和添加剂。

（4）产品的设计是以改善生活环境、提高生活质量为宗旨，即产品不仅不有害于而且应有益于人体健康，产品具有多功能化，如抗菌、灭菌、防霉、除臭、隔热、阻燃、防火、调温、调湿、消声、消磁、防射线、抗静电等。

（5）产品可循环或回收再生利用，无污染环境的废物。

第二节　室内环境检测

室内环境检测是指运用现代科学技术方法以间断或连续的形式，定量地测定环境因子（室内环境污染物）及其他有害于人体健康的室内环境污染物的浓度变化，观察并分析其环境影响过程与程度的科学活动。

一、室内环境检测的目的

室内环境检测的目的是及时、准确、全面地反映室内环境质量现状及发展趋势，并为室内环境管理、室内污染源控制、室内环境规划、室内环境评价提供科学依据，具体可概括为以下几个方面：

（1）根据室内环境质量标准，评价室内环境质量。

（2）根据污染物的浓度分布、发展趋势和速度，追踪污染源，为实施室内环境检测和控制污染提供科学依据。

（3）根据检测资料，为研究室内环境容量，实施总量控制、预测预报室内环境质量提供科学依据。

（4）为制定、修订室内环境标准、室内环境法律和法规提供科学依据。

（5）为室内环境科学研究提供依据。

二、室内环境检测的要求

1. 代表性

代表性主要是指采集的样品能够反映室内环境整体的真实情况。样品采集前，必须按照有关规定的要求，确定采样时间、采样地点及采样方法等。

2. 完整性

完整性主要强调检测计划的实施应当完整，检测过程中的每一细节、检测数据和相关信息无一缺漏地按预期计划及时获取。

3. 可比性

可比性主要是指在检测方法、环境条件、数据表达方式等相同的前提下，要求检测室之间或同一检测室对同一样品的测定结果相互可比。相同项目没有特殊情况时，历年同期的数据也具有可比性。

4. 准确性

准确性是指测定值与真实值的符合程度。检测数据的准确性，不仅与评价室内环境质量有关，而且与室内环境控制的经济问题也密切相关。

5. 精密性

精密性是指多次测定值有良好的重复性和再现性。准确性和精密性是检测分析结果的固有属性，必须按照所用方法使之正确实现。

6. 检测方法

检测方法要快速灵敏、简便适用、选择性好、方法易于标准化。

三、室内环境检测的类型

室内环境检测按目的分为室内污染源检测、空气质量检测和特定目的检测三大类。

（一）室内污染源检测

了解调查室内存在的污染源，然后检测各种污染物以什么样的方式、强度和规律从污染源向室内释放出来，检测各个污染源的污染物的含量，评价室内空气污染程度。为控制室内空气污染，保护人体健康，我国先后颁布了一系列有关国家标准和行业标准，例如《室内装饰装修材料水性木器涂料中有害物质限量》（GB 24410）中，针对人造板材、溶剂型木器涂料、内墙涂料、胶黏剂、木家具、壁纸、聚氯乙烯卷材地板、地毯、地毯衬垫、地毯胶黏剂和混凝土外加剂以及建筑材料放射性核素等10余种材料的有害物质的限量指标做出了规定。污染源种类不同，检测方法也不相同，实际操作中应按照有关规范和标准所规定的室内建筑和装饰装修材料中的有害物质限量的检验方法。

（二）室内空气质量检测

室内空气质量检测是以室内空气质量标准为依据，检测的对象不是污染源，而是某一特定的房间或场所内环境空气，目的是了解和掌握室内环境空气污染状况（种类、水平、变化规律），对室内空气质量是否超过标准和是否有损人体健康进行评价。通过长期检测，逐步积累资料也能为制定和修改环境质量标准及相关法规提供依据。检测项目主要根据室内空气质量标准和相关法规，也可根据调查研究内容而定。

在进行空气质量检测时，首先要对室内外环境状况和污染源进行实地调查，根据目的确定检测方案，然后根据有关标准的方法进行布点、采样和测定，填写各种调查和检测表格，并按室内空气质量标准和相关法规，应用所得到的检测结果对室内空气质量进行评价，出具检测和评价报告。对采样点、采样时间、采样效率、气象条件、现场情况以及采样方法、检测方法、检测仪器等进行设计，制定出比较完善的检测方案，从采样到报出结果实现全过程的质量保证体系。

（三）室内特定目的检测

根据某一特定目的要求的室内环境检测内容很多，以下以通风换气措施和空气净化器的效果评价检测为例来说明这类检测的目的和方法。另外，以评价空气污染对人体健康影响为目的的个体接触量检测也属于这类检测。

1. 室内通风换气

通风换气措施效果的评价检测常用空气交换率或换气次数来表示。新风量是指在门窗关闭的状况下，单位时间内由空调系统通道、房间的缝隙进入室内的空气体积，单位为m^3/h；空气交换率是室内与室外空气交换的速率，用单位时间内通过特定空间的空气体积与该空间体积之比表示，单位为次/h。

2. 室内空气净化器

评价空气净化器的性能常用洁净空气量（CADR）表示，单位为m^3/h或m^3/min。空气净化器的洁净空气量是对净化的某一特定污染物来说的。空气净化器对不同污染物的净化能力不同，所对应的洁净空气量也不一样。所以评价空气净化器的性能时，应根据空气净化器能净化哪几种污染物，分别测定针对各种污染物的洁净空气量。

四、室内环境检测方法

室内环境检测方法有：①化学分析法，包括称量分析法（含气化法、沉淀法），滴定分析法（含酸碱滴定法、沉淀滴定法、配位滴定法、氧化还原滴定法等）；②仪器分析法，包括光学分析法（含紫外吸收光谱法、原子发射光谱法、原子吸收光谱法、红外吸收光谱法、原子和分子荧光光谱法、化学发光分析法、X射线分析法等），电化学分析法（含电导分析法、电位分析法、电位滴定法、库仑分析法、极谱分析法、阳极溶出伏安法等），色谱分析法（含气相色谱法、液相色谱法、离子色谱法、纸层层析法、薄层层析法等），还有质谱分析法、中子活化分析法、放射化学分析法等；③生物分析法，如测定菌落总数等。

因科技进步和环境检测的需要，促使环境检测在传统的化学分析技术基础上，发展出了高精密度、高灵敏度，适用于痕量、超痕量分析的新仪器、新设备，同时，研制发展了适用于特定任务的专属检测仪器。在连续自动检测系统的基础上，发展出了很多小型便携式仪器和现场快速检测技术，逐步实现检测技术的智能化、自动化和连续化。

第三节　室内环境质量标准

一、室内空气质量标准

（一）室内空气质量标准的特点

在我国，《室内空气质量标准》（GB/T 18883）是为保护人体健康、改善和控制室内空气污染，依据有关方针、政策和法规，进行流行病学调查和科学验证，吸收国外室内环境保护先进经验，结合我国的国情、环境特征、经济技术条件而制定出来的，在实际应用中具有可操作性的一部国家标准。该标准具有如下特点：

1. 国际性

我国引入的室内空气质量（IAQ），是在 20 世纪 70 年代后期一些西方发达国家出现的概念，室内空气质量标准的实施说明我国已经与世界接轨。

2. 综合性

室内环境污染的控制指标很多，标准中规定的控制项目有化学性、物理性、生物性和放射性污染物，如化学性污染物质中有甲醛、苯、氨、二氧化碳、二氧化硫等污染物质。

3. 针对性

紧密结合我国的实际情况，既考虑到发达地区和城市建筑中的新风量、温度、湿度以及甲醛、苯等污染物质，同时，也明确了一些不发达地区的使用原煤取暖和烹饪造成的室内一氧化碳、二氧化碳和二氧化硫的污染。

4. 前瞻性

标准中加入了“室内空气应无毒、无害、无异常臭味”的要求，使标准的实用性更强。

5. 权威性

标准的发布和实施，为广大消费者维护防治室内污染权益提供了有力的武器。

6. 完整性

《室内空气质量标准》（GB/T 18883）与国家之前发布的《民用建筑工程室内环境污染控制规范》（GB 50325）等标准共同构成了我国一个比较完整的室内环境污染控制和评价体系，对于保护消费者的健康，发展我国的室内环境事业具有重要的意义。

（二）室内空气质量标准的基本要求和主要指标

《室内空气质量标准》（GB/T 18883）对物理、化学、生物和放射性污染共计 19 项参数规定了标准值，见表1—4。该标准适用于住宅和办公建筑物，其他建筑室内环境也可参照执行。标准中确定的进行室内空气质量检测的标准状态，是指温度为273K，压力为101.325kPa时的干物质状态。

表1—4　　室内空气质量标准参数与标准值

序号	参数类别	参　数	单　位	标准值	备　注
1	物理性	温度	℃	22~28	夏季空调
				16~24	冬季采暖
2		相对湿度（%）	—	40~80	夏季空调
				30~60	冬季采暖
3		空气流速	m/s	0.3	夏季空调
				0.2	冬季采暖
4		新风量	m^3/（h·人）	30	—
5	化学性	二氧化硫（SO_2）	mg/m^3	0.5	1h均值
6		二氧化氮（NO_2）	mg/m^3	0.24	1h均值
7		一氧化碳（CO）	mg/m^3	10	1h均值
8		二氧化碳（CO_2,%）	—	0.1	日平均值
9		氨（NH_3）	mg/m^3	0.2	1h均值
10		臭氧（O_3）	mg/m^3	0.16	1h均值
11		甲醛（HCHO）	mg/m^3	0.1	1h均值
12		苯（C_6H_6）	mg/m^3	0.11	1h均值
13		甲苯（C_7H_8）	mg/m^3	0.2	1h均值
14		二甲苯（C_8H_{10}）	mg/m^3	0.2	1h均值
15		苯并［a］芘［B（a）P］	mg/m^3	1.0	日平均值
16		可吸入颗粒（PM_{10}）	mg/m^3	0.15	日平均值
17		总挥发性有机化合物（TVOC）	mg/m^3	0.6	8h均值
18	生物性	菌落总数	cfu/m^3	2 500	依据仪器定
19	放射性	氡（^{222}Rn）	Bq/m^3	400	年平均值（行动水平）

（三）室内空气卫生标准

室内公共场所卫生标准主要有《旅店业卫生标准》（GB 9663）、《文化娱乐场所卫生标准》（GB 9664）、《理发店、美容店卫生标准》（GB 9666）、《体育馆卫生标准》（GB 9668）、《图书馆、博物馆、美术馆、展览馆卫生标准》（GB 9669）、《商场（店）、书店卫生标准》（GB 9670）、《医院候诊室卫生标准》（GB 9671）、《公共交通等候室卫生标准》（GB 9672）、《公共交通工具卫生标准》（GB 9673）等诸多场所的卫生标准，涉及室内环境的各个方面。

室内空气卫生标准包括：①《居室空气中甲醛的卫生标准》（GB/T 16127），限值≤0.08mg/m^3（AHMT法）；②《室内空气中细菌总数卫生标准》（GB/T 17093），限值

≤4 000cfu/m³（撞击法），限值≤45cfu/m³（沉降法）；③《室内空气中二氧化碳卫生标准》（GB/T 17094），限值≤0.10%（2 000mg/m³，不分光红外线法）；④《室内空气中可吸入颗粒物卫生标准》（GB/T 17095），限值≤0.15mg/m³（日平均，撞击式—称量法）；⑤《室内空气中氮氧化物卫生标准》（GB/T 17096），限值≤0.10mg/m³（日平均，盐酸萘乙二胺分光光度法）；⑥《室内空气中二氧化硫卫生标准》（GB/T 17097），限值≤0.15mg/m³（日平均，盐酸副玫瑰苯胺分光光度法）；⑦《室内空气中苯并［a］芘卫生标准》（WS/T182），限值≤0.1μg/100m³（日平均，高效液相色谱法）；⑧《室内空气中臭氧卫生标准》（GB/T 18202），限值≤0.1mg/m³（小时平均，紫外吸收光谱法）。

（四）室内装饰装修材料有害物质限量国家标准

GB 18580~18588 及 GB 6566 等 10 项室内装饰装修材料中有害物质限量标准，对控制室内空气污染、保护人体健康具有重要的意义。本教材将介绍室内装饰装修常用材料，如涂料和胶黏剂、聚氯乙烯卷材地板、壁纸、地毯、地毯衬垫和地毯胶黏剂、家具、混凝土外加剂等可能含有的有害物质的测定方法。

二、室内空气质量评价

环境质量评价是对环境的优劣所进行的一种定性、定量描述，即按照一定的评价标准和评价方法对一定区域范围内的环境质量进行说明、评定和预测。它反映在某个具体的环境内，环境要素对人群的工作、生活适宜的程度，而不是简单的合格、不合格的判断。

（一）室内空气质量评价的目的

室内空气质量评价的根本目的是要保护居住者的健康与生活的舒适，切实提高人们的生活质量，使人们的生活从舒适型向健康型方向发展。

（1）以室内空气质量标准为依据，根据室内环境检测数据，对室内空气质量现状做出评价。

（2）开展室内环境污染的预测工作，掌握室内空气质量的变化趋势，评价室内空气污染对室内人员健康的影响。

（3）研究污染源（如建筑材料、室内用品等）与室内空气质量的关系，为建筑设计、卫生防疫、控制污染及建材生产提供依据。

（二）室内空气评价污染物种类

室内空气污染物（即评价因子）有很多种，其中较为典型的见表 1—5。

表 1—5　典型室内空气污染物种类

污染物来源	污染物种类
燃烧产物	CO、NO_x、SO_2、PM_{10}、苯并［a］芘
人呼出气体	CO_2
空气微生物	溶血性链球菌、白喉杆菌、肺炎球菌、金黄色葡萄球菌、流感病毒
建筑材料释放物	甲醛、氡气、石棉、氨、VOC、O_3
光化学烟雾、复印机等	

构成室内空气环境的评价因子应能满足预定的评价目的和要求，且应能反映室内空气质量状况。尽可能选择室内空气质量标准中所规定的污染物质作为评价因子，选择在已开展的污染源调查和评价中所确定的主要污染物作为评价因子，选择例行检测、浓度较高以及对人群健康危害较大的因子，选择可能受拟议行动影响的因子。

在进行室内空气质量的影响评价时，建议选取甲醛（HCHO）、苯（C_6H_6）、总挥发性有机化合物（TVOC）、氨（NH_3）、氡（Rn）5 项污染物指标作为评价因子，既要考虑室内材料、用品产生的污染物，又要兼顾室外环境空气质量状况。室外环境污染物指标建议选取甲醛（HCHO）、可吸入颗粒物（PM_{10}）、二氧化碳（CO_2）3 项污染物指标作为评价因子。

（三）室内空气质量评价标准

《室内空气质量标准》（GB/T 1883）《民用建筑工程室内环境污染控制规范》（GB 50325）以及部分单项污染物浓度限值标准和不同功能建筑室内空气质量标准共同构成了我国比较完整的室内空气环境污染评价体系。

1. 室内环境质量评价标准

原国家环境保护总局颁布的《室内环境质量评价标准》（GB/T 18883）将室内环境分为三级：一级指舒适、良好的室内环境；二级指能保护大众（包括老人和儿童）健康的室内环境；三级指能保护员工健康、基本能居住或办公的室内环境。

达标评价采用单因子评价方法，达到一级标准要求所有检测项目均符合其限值；达到二级标准除物理性指标外，要求其他所有检测项目均符合其限值；达到三级标准除物理性指标、化学性指标中的一氧化碳、二氧化碳、二氧化硫、二氧化氮外，要求其他所有检测项目均符合其限值。

2. 公共场所空气污染评价标准

公共设施，如旅店客房、文化娱乐场所、公共交通工具等，客流量大，人群排污量大，致使空气污浊，影响人体健康，故对各公共设施的环境质量提出不同的要求，以保证人们在休息、娱乐、旅行时有舒适环境。各类公共场所的卫生评价标准主要有 GB 9663 ~ GB 16153。

（四）室内空气质量现状评价

环境质量评价是对环境的优劣进行的一种定量描述，即按照一定的标准和方法对一定区域范围内的环境质量进行说明、评定和预测。室内环境质量评价是认识室内环境的一种科学方法，是随着人们对室内环境重要性认识的不断加深所提出的新概念。在评价室内环境质量时，一般采用量化检测和主观调查结合的手段，即采用客观评价和主观评价相结合的方法。

1. 客观评价

客观评价是直接用室内环境质量评价标准、室内空气中污染物浓度限值来评价室内空气质量的方法。选取何种污染物（评价因子）作为评价对象，选用什么评价指标作为评价依据，选取的客观性、公正性和全面性将会对最终评价结果产生直接的影响。

一般先认定评价因子，再进行检测和分析，对所取得的大量测定数据进行数理统计，求得具有科学性和代表性的统计值，再选用适宜的评价模式，计算室内环境质量指数，据此来判断环境质量的优劣。由于涉及的低浓度污染物太多，不可能样样都检测，需要选择具有代表性的污染物作为评价因子，以全面、公正地反映室内环境质量的动态变化。此外，还要求这些作为评价因子的污染物长期存在、稳定、容易测到，且测试成本低廉。

评价因子应全面、定量地反映室内空气质量。进行室内空气质量评价时，选择对人体健康危害大、相对稳定、易检测到且能代表室内污染、通风状况的污染物作为评价因子，一般选甲醛、氨、挥发性有机化合物（VOCs）、苯、氡气、可吸入颗粒物（PM_{10}）、细菌、二氧化碳、臭氧、一氧化碳、二氧化硫、氮氧化物等。室内的人员密度、活动强度影响着室内的空气质量，因而评价因子应考虑到室内空气处于适宜状态的物理指标，即温度、湿度、风速、新风量、照度、噪声等。进行室内评价时，视具体情况可重点选择评价因子。刚装修完的房屋，选择甲醛、氨、挥发性有机化合物、苯、氡为评价因子；地下室及用石材较多的房间应重点选择氡为评价因子；在禁烟且有计算机、复印机的办公室选择二氧化碳、甲醛、臭氧、PM_{10}、细菌为评价因子；而在学生上课的教室一般选二氧化碳、细菌、PM_{10}为评价因子。

为了简单直观地描述各种污染物对空气的污染程度，把污染物的浓度、污染等级等空气质量参数之间的关系，用一个数学公式表达出来，并计算出一个相对数值。该数值称为空气质量指数，又叫空气污染指数，表示各种污染物对空气污染的强度。空气质量指数法选取了二氧化碳、一氧化碳、二氧化硫、氮氧化物、甲醛、可吸入颗粒物、菌落数 7 项为室内空气质量评价指标。其中一氧化碳、二氧化硫、氮氧化物、可吸入颗粒物为室内环境烟雾的评价指标。当室内无二氧化硫散发源时，二氧化硫也可以作为评价室外大气污染对室内渗透的评价指标之一。二氧化碳在以人为主要污染物的场合，可作为室内气味或其他有害物质污染程度的评价指标，它也是反映室内通风情况的评价指标。甲醛是反映挥发性有机化合物对室内空气污染的主要指标。此外，菌落数则是作为室内空气细菌学的评价指标。

我国室内空气质量等级及说明见表 1—6。

表 1—6　　室内空气质量等级及说明

综合指数	IAQ 等级	评语等级	特　点
≤0.49	Ⅰ	清洁	适宜于人类生活
0.5~0.99	Ⅱ	未污染	各环境要素的污染均不超标，人类生活正常
1.0~1.49	Ⅲ	轻污染	至少有一个环境要素的污染物超标，除了敏感者外，一般不会发生急、慢性中毒
1.5~1.99	Ⅳ	中污染	一般有 2~3 个环境要素的污染物超标，人群健康明显受害，敏感者受害严重
≥2.0	Ⅴ	重污染	一般有 3~4 个环境要素的污染物超标，人群健康受害严重，敏感者可能死亡

2. 主观评价

主观评价直接采用人群资料，利用人自身的感觉器官来感受、评判室内环境的质量。通过对室内人员的询问，利用人体的感觉器官对环境进行描述与评价工作，室内人员对环境接受与否属于评判性评价，对室内空气感受程度则属于描述性评价。

主观评价的工作内容是定群调研，说明对污染的察觉与感觉（在室内人员——在室者），表述出环境对健康的影响；对比调研，要求20位调研员进入大楼典型房间（室外进入室内的调研员——普通判定者）。定群调研要求：15s内做出室内空气品质可接受性判断；对室内污染空气感受程度；对室内人员详细讲解，协助其正确填表，公正评价。个人资料调研包括姓名、性别、年龄、健康状况，单纯由室内污染引起而非照明、噪声等因素而产生的不适症状。

主观评价结果是人对环境的评价，表现为在室者和来访者对室内空气不接受率，以及对不佳空气的感受程度，环境对人的影响表现为在室者出现的症状及其程度。这种评价首先表达了室内人员对出现的症状种类的确认。如果将没有出现某种症状定为1，频繁出现某种症状定为5，其加权平均值称作症状水平。这是所有的室内人员对这种症状的平均反应程度。当所感受到的这些症状出现普遍并且症状水平处于较显著的程度时才有意义；对环境的评价，首先要感受出不佳空气种类及其程度，由此可推断出室内主要污染物是否与客观评价保持同一性，然后再判断室内空气质量的状况；最后综合主、客观评价，做出结论。根据要求，提出仲裁、咨询或整改对策。

人被认为是测量室内空气质量的最敏感的仪器。利用主观评价方法，不仅可以评定室内空气质量的等级，而且能够验证建筑物内是否存在着病态建筑综合征的诱发因素。但是，作为一种以人的感觉为测定手段（人对环境的评价）或为测定对象（环境对人的影响）的方法，误差是不可避免的。由于人与人的嗅觉适应性不同以及对不同的污染物适应程度不一定相同，在室者和来访者对室内空气质量的感受程度经常不一致。另外，有时候利用人们的不满作为改进和评价建筑物性能的依据，也是非常模糊的，因为人们的不满常常还包括头痛、疲乏、不喜欢室内家具、墙壁的颜色等，很难弄清楚什么是不满意的真正原因。

室内环境质量评价按时间不同，又可分为影响评价和现状评价：影响评价是指拟建项目对环境的影响评价，根据目前的环境条件、社会条件及其发展状况，采用预测的方法对未来某一时间的室内空气质量进行评定。现状评价是指对现在的环境质量状况进行评价，根据最近的环境检测结果和污染调查资料，对室内空气质量的变化及现状进行评定。

练 习 题

1. 填空题

（1）室内环境广义上讲，应包括室内的__________和__________。

（2）室内环境功能包括__________、__________、__________和__________。

（3）室内环境污染物存在状态一般分为__________和__________。

（4）室内空气质量标准的特点是__________、__________、__________、__________、__________、__________。

2. 简答题

（1）何谓室内环境？室内主要污染物和室内空气污染的特征有哪些？

（2）室内环境的功能有哪些？室内环境的研究内容有哪些？

（3）室内环境质量检测和评价的方法有哪些？

（4）何谓健康住宅？健康住宅有何要求？健康住宅的含义是什么？

（5）什么叫“4R”建筑？何谓绿色建筑？绿色建筑有何特点？

（6）什么叫绿色建材？绿色建材有何特点？

（7）简述室内环境检测的类型。

（8）简要回答室内环境检测的目的和要求。

第二章 室内环境样品的采集

本章学习目标

★ 了解室内环境样品采集方案的制定方法，以及采样仪器和采样效率。

★ 熟悉样品的布点原则和方法，采样的一般程序，采样仪器的组成，采样时间。

★ 掌握污染物浓度的表示方式，气态、颗粒及气溶胶样品的采集方法，以及两种状态共存的样品采集方法，采样体积的计算。

第一节 室内环境样品的采集方法

一、采样点的布设

采样点的布设会直接影响室内污染物检测的准确性，如果采样点布置不科学，所得的检测数据并不能准确地反映室内空气质量。

（一）布点原则

1. 代表性

代表性应根据检测目的与对象来决定，以不同的目的来选择各自典型的代表，如可按居住类型分类、燃料结构分类、净化措施分类等。

2. 可比性

为便于对检测结果进行比较，各个采样点的各种条件应尽可能相类似；所用的采样器及采样方法，应做具体规定，采样点一旦选定后，一般不要轻易改动。

3. 可行性

由于采样的器材较多，应尽量选择有一定空间可供利用的地方，切忌影响居住者的日常生活，并选用低噪声、有足够电源的小型采样器材。

（二）采样环境

1. 温度、湿度、大气压

对于大多数气体污染物，当温度较高时容易挥发，使室内该项污染物浓度升高。气体的体积受大气压力影响，进而影响其在室内空气中的浓度。

2. 室外空气质量

室内空气污染不仅来源于室内，也会从室外渗入，当室外环境中存在污染源时，室内相应污染物的浓度有可能较高。

3. 室内封闭状况

在室外空气质量较好的情况下，如果室内长期处于封闭状态，没有与外界进行空气流通，一些室内空气污染物的浓度会较高；反之，则会偏低。

（三）布点方法

应根据检测目的与对象进行布点，布点的数量视人力、物力和财力情况量力而行。

1. 采样点的数量

根据检测对象的面积大小和现场情况来决定采样点的数量，正确反映室内空气污染的水平。室内采样点布设如图 2—1 所示。公共场所 100m^{2}设 2~3 个点，小于 10m^{2}的房间设 1 个点，10~25m^{2}的房间设 2 个点，25~50m^{2}的房间设 3 个点，50~100m^{2}设 3~5 个点，100m^{2}以上至少设 5 个点。各点在对角线上或以梅花式均匀分布，两点之间相距 5m 左右，为避免室壁的吸附作用或逸出干扰，采样点离墙应不小于 0. 5m。

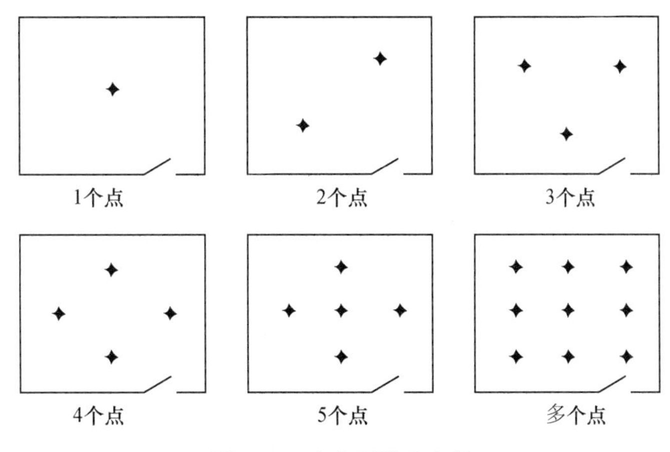

图 2—1　室内采样点布设

2. 采样点的分布

除特殊目的外，一般采样点分布应均匀，并与门、窗有一定距离，以免局部微小气候对检测数据造成影响。在做污染源逸散水平检测时，可以污染源为中心，在与之不同的距离（2cm、5cm、10cm）处设置。

3. 采样点的高度

采样点的高度一般距地面 0. 5~1. 5m，与人的呼吸带高度基本一致。

4. 室外对照采样点的设置

在进行室内污染物检测的同时，为了掌握室内外污染物的关系，或以室外的污染物浓度为对照，应在同一区域的室外设置1～2个对照点。也可用原来的室外固定大气检测点做对比，这时，室内采样点的分布应在固定检测点的半径500m范围内才较合适。

二、采样时间、采样频率和采样方式

（一）采样时间

采样时间是指每次采样从开始到结束的时间，也称采样时段。采样时间短，样品缺乏代表性，检测结果不能反映污染物浓度随时间的变化，仅适用于事故性污染、初步调查等情况的应急检测。

为增加采样时间，一是可以增加采样频率，即每隔一定时间采样测定1次，取多个样品测定结果的平均值为代表值；二是使用自动采样仪器进行连续自动采样，若再配用污染物组分连续或间歇自动检测仪器，其检测结果能很好地反映污染物浓度的变化，得到任何一段时间的代表值。

（二）采样频率

采样频率是指在一定时间范围内的采样次数。采样时间和采样频率根据检测目的、污染物分布特征及人力、物力等因素来确定。

1. 平均浓度的检测

检测年平均浓度时至少采样3个月；检测日平均浓度时至少采样18h；检测8h平均浓度时至少采样6h；检测1h平均浓度时至少采样45min。采样时间应涵盖通风最差的时间段。

2. 长期累计浓度的检测

此种检测多用于对人体健康影响的研究，一般采样需24h以上，甚至连续几天进行累计性的采样，以得出一定时间内的平均浓度。由于是累计式的采样，故样品检测方法的灵敏度要求就较低，缺点是对样品和检测仪器的稳定性要求较高。另外，样品的本底与空白的变异，对结果的评价会带来一定的困难，更不能反映浓度的波动情况和日变化曲线。

3. 短期浓度的检测

为了了解瞬时或短时间内室内污染物浓度的变化，可采用短时间的采样方法，或者间歇式或抽样检验的方法，采样时间为几分钟至1h。短期浓度检测可反映瞬时的浓度变化，按小时浓度变化绘制浓度的日变化曲线，主要用于公共场所及室内污染的研究。本法对仪器及测定方法的灵敏度要求较高，并受日变化及局部污染变化的影响较大。

（三）采样方式

1. 筛选法

采样前关闭门窗12h，采样时关闭门窗，至少采样45min。

2. 累积法

当采用筛选法采样达不到室内空气质量标准中室内空气检测技术导则规定的要求时，必须采用累积法（按年平均、日平均、8h平均法）的要求采样。

三、采样方法

（一）气态样品的采样方法

1. 直接采样法

当空气中的被测组分浓度较高，或所用的检测方法灵敏度很高时，可选用直接采取少量气体样品的采样法。用该方法测得的结果是瞬时或者短时间内的平均浓度，快速检测出结果。

常用的采样器有注射器、塑料袋、采气管和真空瓶等。

（1）注射器采样　如图2—2所示，用100mL的注射器直接连接一个三通活塞。采样时，先用现场空气抽洗注射器3~5次，然后抽样，密封进样口，将注射器进气口朝下，垂直放置，使注射器的内压略大于大气压，送检测室分析。要注意样品的存放时间不宜太长，一般要当天检测完。注射器要做磨口密封性的检查，有时需要对注射器的刻度进行校准。此法多用于有机蒸气的采集。

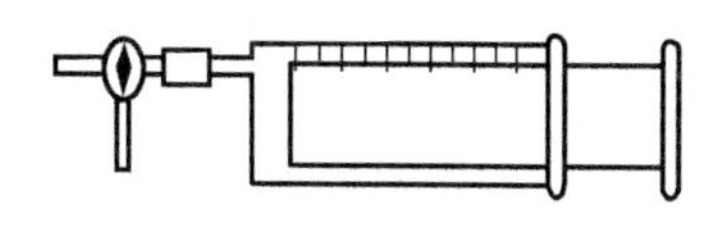

图2—2　注射器

（2）塑料袋采样　选择与样品组分不发生化学反应、吸附、不渗漏的塑料袋，如图2—3所示。常用的塑料袋有聚乙烯、聚氯乙烯和聚四氟乙烯袋等。用金属衬里（铝箔等）的袋子采样，能防止样品的渗透。为了检验对样品的吸附或渗透，首先对塑料袋进行样品稳定性试验。稳定性较差的，用已知浓度的待测物在与样品相同的条件下保存，计算出吸附损失后，对分析结果进行校正。

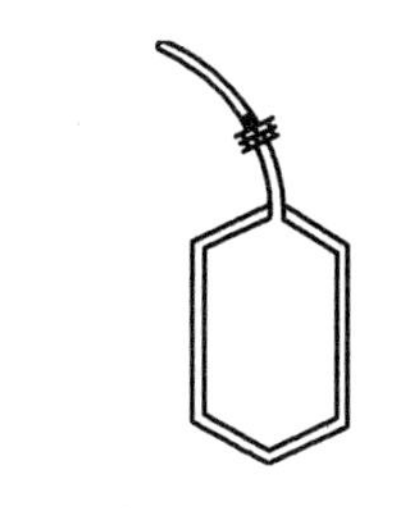

图2—3　塑料袋

使用前要做气密性检查：充足气后，密封进气口，将其置于水中，不应冒气泡。塑料袋取气用100mL注射器或者用如图2—4所示的双联球充气。双联球是把橡皮制握球和空气储球连接起来的两个橡皮球，储球一端接橡皮管，握球有一个只进气不能出气的活动阀膜。塑料袋适用于采集少量气体样品（100~500mL），如用以采集一氧化碳的空气样品时，可用二联球充气采样。采样时，先用二连球打进现场气体冲洗3~5次，再充样气，夹封进气口，带回检测室检测。

图2—4　双联球

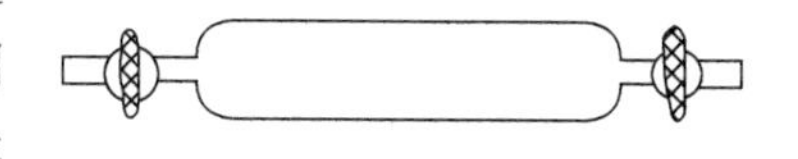

图2—5　采气管

（3）采气管采样　如图2—5所示，采气管是两端具有旋塞的管式玻璃容器，其容积为100~500mL。采样时，打开两端旋塞，将双联球或抽气泵接在管的一端，迅速抽进比采气管大6~10倍的欲采气体，使采气管中原有的气体被完全置换出，关上两端旋塞，采气体积即为采气管的容积。

图2—6　真空瓶

（4）真空瓶采样　如图2—6所示，真空瓶是一种用耐压玻璃制成的固定容器，容积为500～1 000mL。采样前，先用抽气真空装置将采气瓶内抽至剩余压力达1.33kPa左右，如瓶内预先装入吸收液，可抽至溶液冒泡为止，关闭旋塞。采样时，打开旋塞，被采空气即进入瓶内，关闭旋塞，送检测室检测，采样体积为真空采样瓶的容积。如果采气瓶内真空达不到1.33kPa，实际采样体积要根据剩余压力进行计算。

当用闭管压力计（真空采气管的抽真空装置）测量剩余压力时，如图2—7所示，现场状态下的采样体积按式（2—1）计算。

$$V = \frac{V_0(p - p_0)}{p} \tag{2—1}$$

式中 V——采样体积，L；

V_0——真空采样瓶体积，L；

p——大气压力，kPa；

p_0——瓶中剩余压力，kPa。

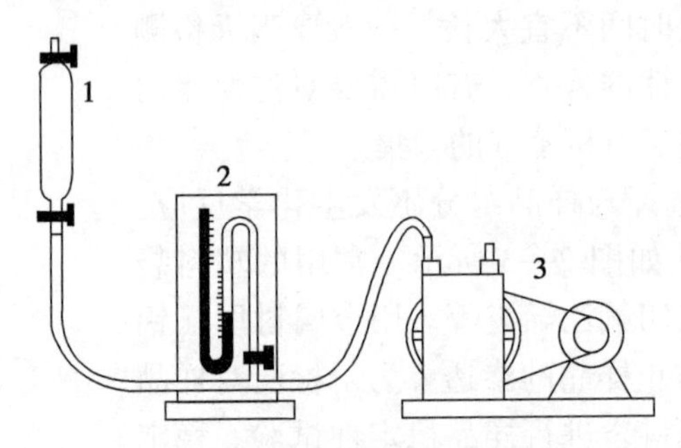

图2—7 真空采气管的抽真空装置

1—真空采气瓶 2—闭管压力计 3—真空泵

当用开管压力计测量采气瓶内的剩余压力时，现场状态下的采样体积按式（2—2）计算。

$$V = \frac{V_0 p_k}{p} \tag{2—2}$$

式中 p_k——开管压力计读数，kPa。

2. 浓缩采样法

室内空气中的污染物浓度一般都比较低（10^{-9}～10^{-6}数量级），尽管出现了许多高灵敏度的自动测定仪器，直接采样法远远不能满足分析的要求，需要用富集采样法对室内空气中的污染物进行浓缩，使之满足分析方法灵敏度的要求。另一方面，浓缩采样时间一般比较长，测得结果代表采样时段的平均浓度，更能反映室内空气污染的真实情况。

浓缩采样法包括液体吸收法、固体吸附法和低温冷凝法。

（1）液体吸收法 用一个气体吸收管，内装吸收液，后面接有抽气装置，以一定的气体流量，通过吸收管抽入样品。当样品通过吸收液时，在气泡和液体的界面上，被测组分的分子被吸收在溶液中，采样结束后倒出吸收液，检测吸收液中被测物的含量，根据采样体积和含量计算室内空气中污染物的浓度。这种方法是气态污染物检测中最常用的样品浓缩方法，它主要用于采集气态、蒸气态及某些气溶胶态污染物。

1）原理。当室内空气通过吸收液时，在气泡和液体的界面上，被测组分的吸收原理可分为两种类型：一种是气体分子溶解于溶液中的物理作用，如用水吸收大气中的氯化氢、甲醛等；另一种吸收原理是基于发生化学反应，如用氢氧化钠溶液吸收大气中的硫化氢等。伴有化学反应的吸收液吸收速度比单靠溶解作用的吸收液吸收速度快得多。同时，气泡中间的气体分子因存在浓度梯度，所以运动速度极快，能迅速扩散到气液界面上，整个气泡中被测气体分子能很快被溶液吸收。

溶液吸收法的吸收效率主要取决于吸收速度和样品与吸收液的接触面积。

2）吸收管。选择结构适宜的吸收管（瓶）是增大被采气体与吸收液接触面积的有效措施。

如图 2—8 所示，常用的吸收管有气泡吸收管、冲击式吸收管、多孔筛板吸收管、玻璃筛板吸收瓶。气泡吸收管适用于采集气态和蒸气态物质，不适合采集气溶胶态物质，管内可装 5~10mL 吸收液。冲击式吸收管适宜采集气溶胶态或易溶解的样品，而不适合采集气态和蒸气态物质。这种吸收管有小型（装 5~10mL 吸收液，采样流量为 3L/min）和大型（装 50~100mL 吸收液，采样流量为 30L/min）。该管的进气管喷嘴孔径小，距瓶底又近，采样时，气样迅速从喷嘴喷出冲向管底，气溶胶颗粒因惯性作用冲击到管底被分散，从而易被吸收液吸收；多孔筛板吸收管可用于采集气态、蒸气态及雾态气溶胶物质，该吸收管可装 5~10mL 吸收液，采样流量为 0.1~1.0L/min，吸收瓶有小型（装 10~30mL 吸收液，采样流量为 0.5~2.0L/min）和大型（装 50~100mL 吸收液，采样流量为 30L/min）。当气体通过吸收管的筛板后，被分散成很小的气泡，且滞留时间长，大大增加了气液接触面积，从而提高了吸收效果。

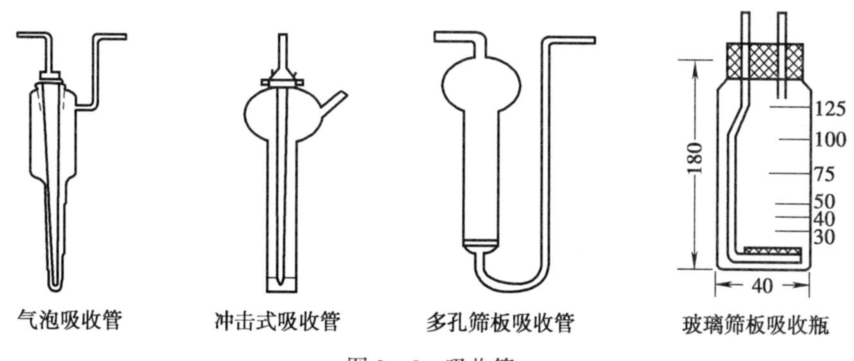

图 2—8　吸收管

3）吸收液的选择。欲提高吸收速度，必须根据被吸收污染物的性质选择效能好的吸收液。吸收液的选择原则是：吸收液与被测物质的化学反应快或对其溶解度大；吸收后有足够的稳定时间；所选吸收液要有利于下一步检测；吸收液应毒性小、成本低且尽可能回收利用。常用的吸收液有水、水溶液和有机溶剂等，使用溶液吸收法时，应注意以下几个问题：

①当采样流量一定时，为使气液接触面积增大，提高吸收效率，应尽可能地使气泡直径变小，液体高度加大，尖嘴部的气泡速度减慢。但不宜过度，否则管路内压增加，无法采样，建议通过试验测定实际吸收效率来进行选择。

②由于加工工艺等问题，应对吸收管的吸收效率进行检查，选择吸收效率为 90% 以上

的吸收管，尤其是使用气泡吸收管和冲击式吸收管。

③新购置的吸收管要进行气密性检查。将吸收管内装适量的水，接至水抽气瓶上，两个水瓶的水面差为1m，密封进气口，抽气至吸收管内无气泡出现，待抽气瓶水面稳定后，静置10min，抽气瓶水面应无明显降低。

④部分方法的吸收液或吸收待测污染物后的溶液稳定性较差，易受空气氧化、日光照射而分解或随现场温度的变化而分解等，应严格按操作规程采取密封、避光或恒温采样等措施，并尽快分析。

⑤吸收管路的内压不宜过大或过小，要进行阻力测试。采样时，吸收管要垂直放置，进气管要置于中心的位置。

⑥现场采样时，要注意观察不能有泡沫抽出。采样后，用样品溶液洗涤进气口内壁3次，再倒出分析。

（2）固体吸附法

1）原理。固体吸附法又称填充柱采样法。填充柱采样管用一根长6～10cm、内径3～5cm的玻璃管或塑料管，内装颗粒状填充剂制成。填充剂可以用吸附剂或在颗粒状的单体上涂以某种化学试剂。采样时，让气体以一定流速通过填充柱，被测组分因吸附、溶解或化学反应等作用被滞留在填充剂上，达到浓缩采样的目的。采样后，通过解吸或溶剂洗脱，使被测组分从填充剂上释放出来进行测定。

2）固体吸附法的类型。固体吸附法的类型有吸附型、分配型、反应型。吸附型填充剂是颗粒状固体吸附剂，如活性炭、硅胶、分子筛、高分子多孔微球等。它们都是多孔物质，比表面积大，对气体和蒸气有较强的吸附能力。有两种表面吸附作用，一种是由于分子间引力引起的物理吸附，吸附力较弱；另一种是由于剩余价键力引起的化学吸附，吸附力较强。极性吸附剂，如硅胶等，对极性化合物有较强的吸附能力；非极性吸附剂，如活性炭等，对非极性化合物有较强的吸附能力。一般来说，吸附能力越强，采样效率越高，但这往往会给解吸带来困难。因此，在选择吸附剂时，既要考虑吸附效率，又要考虑易于解吸。

分配型填充柱的填充剂是表面高沸点的有机溶剂（如异十三烷）的惰性多孔颗粒物（如硅藻土），类似于气液色谱柱中的固定相，只是有机溶剂的用量比色谱固定相大。当被采集气样通过填充柱时，在有机溶剂中分配系数大的组分保留在填充剂上而被富集。

反应型填充柱的填充物是由惰性多孔颗粒物（如石英砂、玻璃微球）或纤维状物（如滤纸、玻璃棉）表面涂渍能与被测组分发生化学反应的试剂制成。也可以用能和被测组分发生化学反应的纯金属丝毛或细粒作填充剂。气样通过填充柱时，被测组分在填充剂表面因发生化学反应而被阻留，采样后，将反应产物用适宜的溶剂洗脱或加热吹气解吸下来进行分析。

使用固体吸附法时应注意：可以长时间采样，用于空气中污染物日平均浓度的测定；选择合适的固体填充剂对于蒸气和气溶胶都有较好的采样效率；污染物浓缩在填充剂上的稳定性一般都比吸收在溶液中要长得多，有时可放几天甚至几周不变；在现场采样时，填充柱比溶液吸收管方便得多，样品发生再污染、洒漏的机会要小得多；填充柱的吸附效率受温度等因素的影响较大，温度升高，最大采样体积将会减少。水分和二氧化碳的浓度较待测组分大得多，用填充柱采样时对它们的影响要特别留意，尤其对湿度（含水量）。由于气候等条件的变化，湿度对最大采样体积的影响更为严重，必要时，可在采样管前接一个干燥管；为了检查填充柱采样管的采样效率，可在一根管内分前、后段填装滤料，如前段装 100mg，后段装 50mg，中间用玻璃棉相隔。但前段采样管的采样效率应在 90%以上。

（3）低温冷凝法　空气中某些沸点比较低的气态物质如烯烃类、醛类等，在常温下用固体吸附剂很难完全被阻留，但用制冷剂可以将其冷凝下来，浓缩效果较好。制冷方法有制冷剂法和半导体制冷器法。常用的制冷剂有冰—食盐（-4℃）、干冰—乙醇（-72℃）、干冰（-78.5℃）、液氧（-183℃）等。此法是将 U 形或蛇形采样管插入冷阱中，分别连接采样入口和泵，当大气流经采样管时，被测组分因冷凝而凝结在采样管底部。收集后，可送检测室移去冷阱进行分析测试。低温冷凝法采样，在不加填充剂的情况下，制冷温度至少要低于被浓缩组分的沸点 80~100℃，否则效率很低。

采样过程中，为了防止气样中的微量水、二氧化碳在冷凝时同时被冷凝下来，产生分析误差，可在采样管的进气端装过滤器（内装氯化钙、碱石灰、高氯酸镁等）除去水分和二氧化碳。

（4）被动式采样方法　被动式采样器是基于气体分子扩散或渗透原理采集空气中气态或蒸气态污染物的一种采样方法，由于它不用任何电源或抽气动力，所以又称无泵采样器。这种采样器体积小，非常轻便，可制成一支钢笔或一枚徽章大小，用作个体接触剂量评价的检测，也可放在欲测场所连续采样，间接用作环境空气质量评价的检测。

1）定点采样。被动式采样器与有泵采样器放在同一采样点，取同一环境空气，并维持在方法所规定的环境条件范围之内，如风速大于 20cm/s 进行平行配对采样，连续的直读仪器也可以作为参比方法，以显示在采样过程中的浓度变化。

2）个体采样。将一个被动式采样器和一个有泵采样器配对，戴在人体同一侧的上衣口袋处，进行个体采样。

（二）颗粒及气溶胶样品的采样方法

室内空气中颗粒及气溶胶样品的最基本的采集方法是自然沉降法和滤料法。

1. 自然沉降法

（1）自然沉降　自然沉降法是利用颗粒物受重力场的作用，沉降在一个敞开的容器中，采集的是较大粒径（>30μm）的颗粒物。自然沉降法主要用于采集颗粒物粒径大于 30μm 的尘粒，是测定室外大气降尘的方法，而室内测定很少使用。结果用单位面积、单位时间内从空气中自然沉降的颗粒物质量［$t/(km^2 \cdot 月)$］表示。这种方法虽然比较简便，但易受环境气象条件（如风速）的影响，误差较大。

（2）静电沉降　空气样品通过（1.2~2.0）×10V 电场时，由电晕放电产生的离子附着在气溶胶的颗粒上，使颗粒带电荷。带电荷粒子在电场作用下，沉降在极性相反的收集极上。此法收集效率高，无阻力。采样后，取下收集极表面沉降物质，送检测室检测用。注意静电采样器不能用于易燃易爆的场合采样，以免发生危险。

2. 滤料法

（1）原理　滤料法根据粒子切割器和采样流速的不同，分别用于采集空气中不同粒径的颗粒物。该方法是将过滤材料（如滤膜）放在采样夹上，用抽气装置抽气，则空气中的颗粒物被阻留在过滤材料上，称量过滤材料上富集的颗粒物质量，根据采样体积，即可计算出空气中颗粒物的浓度。滤料采样装置如图 2—9 所示，颗粒物采样夹如图 2—10 所示。

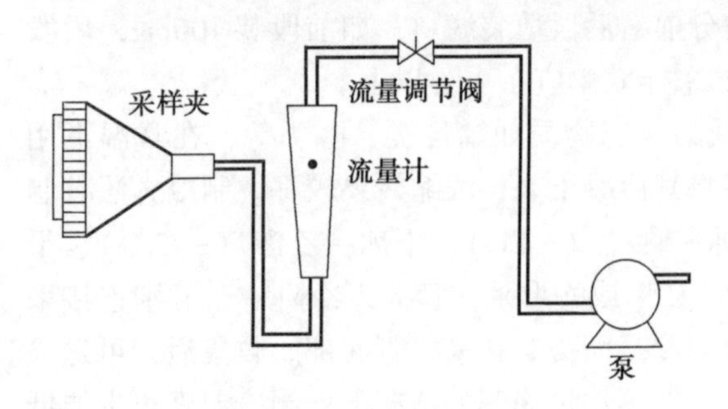

图 2—9　滤料采样装置

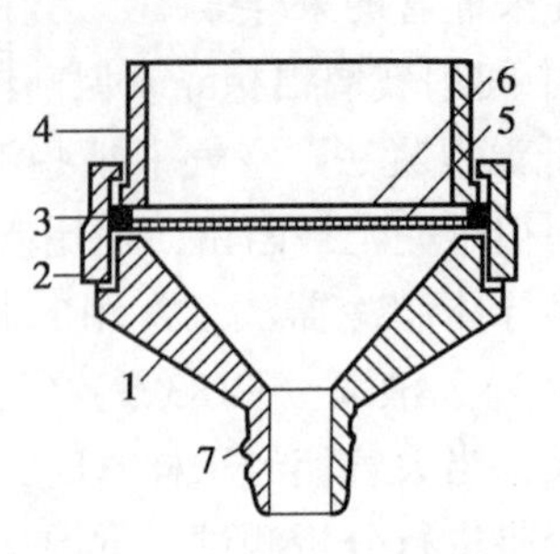

图 2—10　颗粒物采样夹

1—底座　2—紧固圈　3—密封圈　4—接座圈
5—支撑网　6—滤膜　7—抽气接口

滤料法主要用于采集空气中的气溶胶。用滤料采集空气中颗粒物质基于直接阻挡、惯性碰撞、扩散沉降、静电引力和重力沉降等作用。滤料的采集效率除与自身性质有关外，还与采样速度、颗粒物的大小等因素有关。低速采样，以扩散沉降为主，对细小颗粒物的采集效率高；高速采样，以惯性碰撞作用为主，对较大颗粒物的采集效率高。空气中的大小颗粒物是同时并存的，当采样速度一定时，就可能使一部分粒径小的颗粒物采集效率偏低。此外，在采样过程中，还可能发生颗粒物从滤料上弹回或吹走的现象。

（2）滤料　常用的滤料有：①纤维状滤料，如定量滤纸、玻璃纤维滤膜、过氯乙烯滤膜等；②筛孔状滤料，如微孔滤膜、直孔滤膜等。

定量滤纸（中速和慢速）是采集颗粒物质的常用滤料。它具有价格便宜、灰分低、纯度高、机械强度大、不易破裂等优点，但是抽气阻力大，有时孔隙不均匀。由于定量滤纸吸水性比较大，不宜作重量法测定悬浮颗粒物浓度。

玻璃纤维滤纸是用玻璃纤维做成，其价格比定量滤纸贵，机械强度差，但它具有吸水性小，耐高温，阻力小等优点，可用酸或有机溶剂等将采集在滤纸上的颗粒物中的某些成分提取下来，进行检测。常用它来采集空气中的悬浮颗粒物，用重量法测定其浓度，再分割做各种成分检测。

合成纤维滤料是由直径在 1μm 以下的聚苯乙烯、聚氯乙烯或聚四氟乙烯合成纤维交织而成的，对气流阻力和吸水性比定量滤纸要小得多，且由于它带静电荷，采样效率也比滤纸高，因此被广泛用于悬浮颗粒物采样。除四氟乙烯纤维之外，此种滤料用重量法测定其浓度后，还可用乙酸丁酯等有机溶剂溶成溶液，在显微镜下进行颗粒分散度的测定，也可以做其他化学成分检测。缺点是机械强度差，需要有一个带支持筛网的采样夹固定。

微孔滤膜是由硝酸纤维素或乙酸纤维素制成的一种具有多孔性的有机薄膜。直孔滤膜是把 10μm 厚的聚碳酸酯薄膜与铀箔接触，放在核反应堆中，中子流造成铀-235 核分裂，分裂碎片在塑料膜上穿孔，然后在腐蚀性溶液中处理，使孔扩大到一定大小（孔径大小由溶液的温度和浓度以及腐蚀时间来决定）。

选择滤膜时，应根据采样目的，选择采样效率高、性能稳定、空白值低、易于处理和采样后易于分析测定的滤膜。

（3）采样要求　所选用的滤料和采样条件要能保证有足够高的采样效率，滤料中某些元素的含量低而稳定，滤料的阻力要小，要考虑分析的目的和要求，另外要考虑滤料的机械强度、本身的质量和价格。

（三）两种状态共存的样品采样方法

空气中的污染物并不是以单一状态存在的，往往是气态和颗粒物同时存在，所谓两种状态共存的样品采样法就是针对这种情况提出来的，用一种方法将两种状态的污染物同时采集下来。一种最简单的方法是在滤料采样夹后接上吸收管或填充柱采样管，颗粒物收集在滤料上，而气体污染物收集在后面的吸收管或填充柱中。另一种是选择合适的固体填充剂的采样管，对某些存在于气态和颗粒物中的污染物也有较好的采样效率。但这些方法采样流量易受限制，而颗粒物需要在一定的速度下才能被采集下来，故存在缺陷。

下面介绍浸渍试剂滤料法、泡沫塑料采样法、多层滤料法、环形扩散管和滤料组合法采集两种状态的污染物。

1. 浸渍试剂滤料法

将某种化学试剂浸渍在滤纸或滤膜上作为采样滤料，适宜采集气态与气溶胶共存的污染物。在采样中，空气中污染物与滤料上的试剂迅速起化学反应，将以气态或蒸气态存在的被测物采集下来，这种滤料叫作浸渍试剂滤料。它具有物理（吸附和过滤）和化学两种作用，能同时将气态和气溶胶污染物采集下来。浸渍试剂滤料的采样效率一般都很高，应用范围也比较广。如用磷酸二氢钾浸渍过的玻璃纤维滤膜采集大气中的氟化物，用聚乙烯氧化吡啶及甘油浸渍的滤纸采集大气中的砷化物，用碳酸钾浸渍的玻璃纤维滤膜采集大气中的含硫化合物，用稀硝酸浸渍的滤纸采集铅烟和铅蒸气等。

2. 泡沫塑料采样法

聚氨基甲酸酯泡沫塑料比表面积大，通气阻力小，适用较大流量采样，常用于采集半挥发性的污染物，如杀虫剂和农药，这些污染物在空气中以蒸气态和气溶胶两种状态存在。由于聚氨酯泡沫塑料具有多孔性，弯弯曲曲的气孔可以阻挡气溶胶，又可以吸附蒸气，因此是采集半挥发性污染物比较适用的方法。

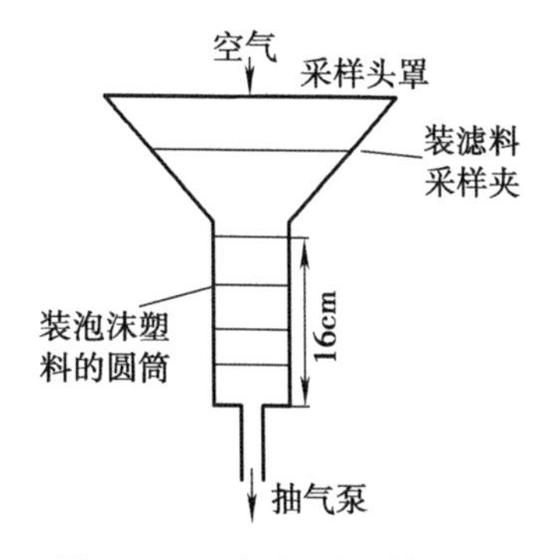

图 2—11　泡沫塑料采样装置

采样装置如图 2—11 所示。它是在 KC-8301（一种采样器产品型号）可吸入颗粒物采样器上改装而成的，在滤料采样器下方连接一个可装 4 块泡沫塑料（每块长 4cm，直径 3cm）的圆柱体，采样流量 13L/min。可吸入颗粒物采集在玻璃纤维滤纸上，而蒸气态污染物采集在泡沫塑料上。泡沫塑料使用前需处理，除去杂质。采样后，前两块和后两块塑料分别作样品处理，并分析各部分所采集的污染物含量，以前两块占 4 块总量的百分数评价泡沫塑料的采样效率，要求 90%以上为合格。此法多用于空气中多环芳香烃蒸气和气溶胶的测定。

3. 多层滤料法

用两层或三层滤料串联组成一个滤料组合体，如图 2—12 所示。第一层滤料可用玻璃纤维滤纸或其他有机合成纤维滤料采集颗粒物，第二层或第三层滤料可用浸渍试剂滤纸采集通过第一层的气体污染物。使用多层滤料法应注意气体通过第一层滤料时，由于气体的吸附或反应所造成的损失。这种情况在用玻璃纤维滤纸时尤为突出，而用石英滤料和一些有机合成滤料相对好得多。一些活泼性的气体与采集在第一层滤料上的颗粒物反应，以及颗粒物在采样过程中分解会造成气态和颗粒污染物测定误差。加热虽然可以克服吸附损失，但缺点是可能加大由反应和分解所造成的误差。

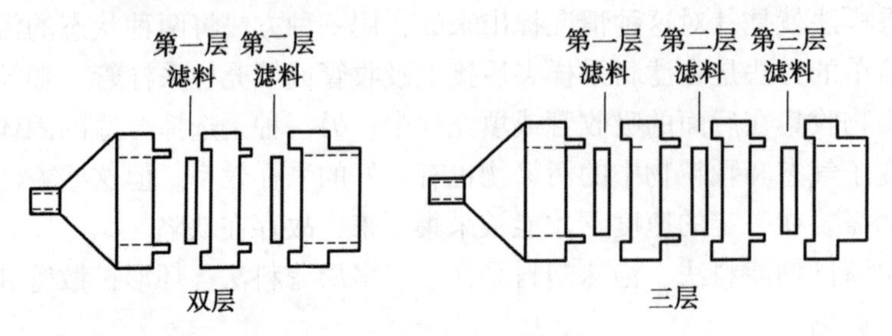

图 2—12　多层滤料法

4. 扩散管和滤料组合法

扩散管采样法是针对多层滤料法的缺点而提出来的。扩散管和滤料组合采样法由扩散管和滤料夹所组成，基本结构如图 2—13 所示。扩散管是用一根或串联数根内壁涂渍有吸收液层的玻璃管，连接在滤料夹的前面。

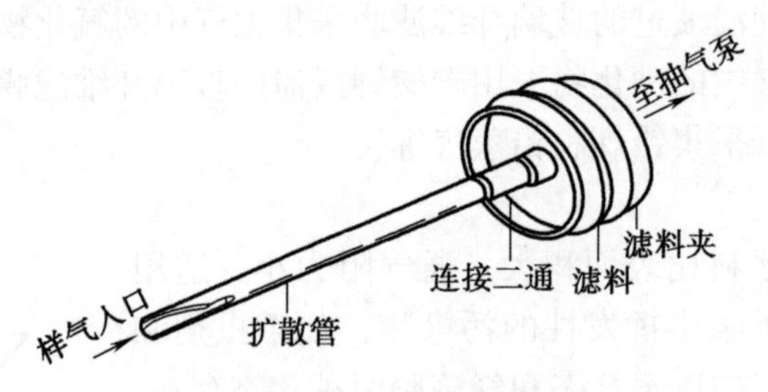

图 2—13　扩散管和滤料组合

当空气抽入扩散管时，气体污染物由于扩散系数大，很快扩散到管壁上，被管壁上的吸收液层所吸收。颗粒物则由于扩散系数小，受惯性作用随气流穿过扩散管，被采集到后面滤料上。为保证满意的采样效率，扩散管的长度和气体流量要有合适的选择。通常扩散管内径为 0. 2～0. 6cm，管长为 10～50cm，流量小于 2L/min。扩散管法还可采用数根扩散管串联起来，以达到增加管长，提高流量，保证有良好的采样效率的目的。根据被测气体的理化性质，可选用合适的吸收液涂渍扩散管内壁。采样后，用合适的淋洗液洗脱扩散管内壁所吸收的被测物，用离子色谱法或其他方法进行样品检测。

第二节 采样仪器和采样效率

一、采样仪器

（一）采样仪器的组成

用于室内空气检测所用的采样仪器由流量计、收集器、采样动力三部分组成，如图 2—14 所示。

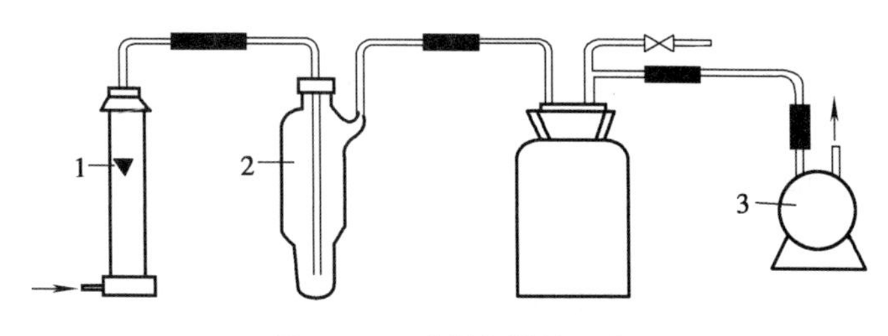

图 2—14 采样仪器的组成

1—流量计 2—收集器 3—采样动力

1. 流量计

流量计是测定气体流量的仪器，流量是计算采集气体体积的参数。常用的流量计有孔口流量计、转子流量计和精密限流孔等。

孔口流量计有隔板式和毛细管式两种，当气体通过隔板或毛细管小孔时，因阻力而产生压力差；气体流量越大，阻力越大，产生的压力差也越大，由下部的 U 形管两侧的液柱差，可直接读出气体的流量。

转子流量计由一个上粗下细的锥形玻璃管和一个金属制转子组成。当气体由玻璃管下端进入时，由于转子下端的环形孔隙截面积大于转子上端的环形孔隙截面积，所以转子下端气体的流速小于上端的流速，下端的压力大于上端的压力，使转子上升，直到上、下两端的压力差与转子的重力相等，转子停止不动。气体流量越大，转子升得越高，可直接从转子上沿位置读出流量。当空气湿度大时，需在进气口前连接一个干燥管，否则，转子吸附水分后重力增加，会影响测量结果。

限流孔实际上是一根长度一定的毛细管，如果两端维持足够的压力差，则通过限流孔的气流就能维持恒定。此时的流量称为临界状态下的流量，其大小取决于毛细管孔径的大小，使用不同孔径的毛细管，可获得不同的流量。这种流量计使用方便，价格便宜，被广泛用于大气采样器和自动检测仪器上以控制流量。限流孔可以用注射器针头代替，使用中要防止被堵塞。

流量计在使用前应进行校准，以保证刻度值的准确性。校正方法是将皂膜流量计串接在采样系统中，以皂膜流量计或标准流量计的读数标定被校流量计。

2. 收集器

收集器是捕集室内空气中欲测物质的装置，主要有吸收瓶、填充柱、滤料采样夹等。应根据被捕集物质的状态、理化性质等选用适宜的收集器。

3. 采样动力

采样动力应根据所需采样流量、采样体积、所用收集器及采样点的条件进行选择。一般应选择质量小、体积小、抽气动力大、流量稳定、连续运行能力强及噪声小的采样动力。常用的采气动力有玻璃注射器、双联球、电动抽气泵。

（1）玻璃注射器　选用 100mL 磨口医用玻璃注射器，使用前需检查是否严密、不漏气，一般用于采集空气中的有机气体。

（2）双联球　一般选用带有单向进气阀门的橡胶双联球，它适合采集空气的组成气体，如一氧化碳等。

（3）电动抽气泵　电动抽气泵常用于采样速度较大，采样时间较长的场合，主要有薄膜泵和电磁泵两大类。

（二）常用的采样器

1. 采集室内空气中气态和蒸气态物质

携带式空气采样器能用于流量为 0.5~2.0L/min 的气态污染物的采样，如图 2—15 和图 2—16 所示，有单机、双线路、单泵、定时系统、交直流电源形式组合的 KB-6A 型、KB-6B 型、KB-6C 型，还有双机、双泵、双气路、定时系统、交直流电源形式组合的 PG-4 型、TH-110 型、KB-6C 型。图 2—15 中的恒温恒流空气采样器，流量控制采用不锈钢注射针头作临界限流孔，两端压力差保持在 50kPa 以上，临界孔前装有微孔滤膜和干燥剂，抽气动力用薄膜泵双气路平行采样。恒温恒流空气采样器有 HZL 型、HZ-2 型、TH-3000 型。

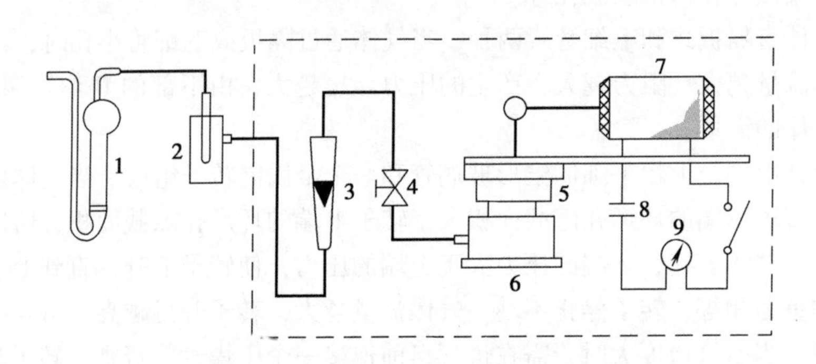

图 2—15　恒温恒流携带式空气采样器

1—吸收管　2—滤水阱　3—流量计　4—流量调节阀　5—抽气泵
6—稳流计　7—电动机　8—电源　9—定时器

2. 采集室内空气中颗粒物质

采样器按流量大小可分为大流量（约 1m³/min）采样器、中流量（约 100L/min）采样器、小流量（约 10L/min）采样器，在各种流量采样器的气样入口处加一个特定粒径范围的切割器，就构成了特定用途的采样器，如总悬浮颗粒物（TSP）采样器、可吸入颗粒物（IP）采样器、胸部颗粒物（TP）和呼吸性颗粒物（RP）采样器以及各种分级采样器。

（1）大流量采样器　大流量采样器只用于室外采样，流量范围为 1.1~1.7m³/min，采

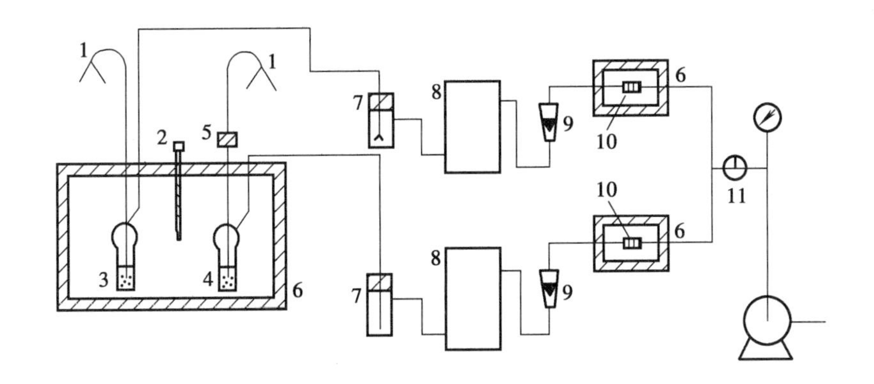

图 2—16　恒温恒流采样器

1—进气口　2—温度计　3—二氧化硫吸收瓶　4—氮氧化物吸收瓶
5—三氧化铬-沙子氧化管　6—恒温装置　7—滤水阱　8—干燥器　9—转子流量计
10—微孔滤膜及限流孔　11—三通阀

样夹可安装 200mm×250mm 的玻璃纤维滤纸，采集 0.1～100.0μm 的总悬浮颗粒物（TSP）。用重量法测定总悬浮颗粒物后，将样品滤纸切成 5 个部分，50%用于提取有机物，测定多环芳香烃和苯并［a］芘等，20%用于金属分析，10%做水溶性物质硫酸盐、硝酸盐、氯化物及氨盐的测定，余下 20%保留备用。如果悬浮颗粒中成分是以金属为主，则应切取 50%～70%做金属元素分析用。

（2）中流量采样器　此采样器由空气入口防护罩、采样夹、气体转子流量计和吸尘机或其他抽气动力以及支架所组成。中流量采样器一般使用铝或不锈钢制采样夹，其有效集尘面的直径约 100mm，滤料用玻璃纤维滤纸或有机纤维滤膜。使用前，用标准流量计校准采样系列中的流量计在采样前和采样后的流量，流量误差应小于 5%。在采样过程中用流量调节孔随时调节到指定的流量值，采样时间为 8～24h。采样后，用重量法测定 TSP 含量。

（3）小流量采样器　小流量采样器结构与中流量采样器相似。采样夹可装上直径为 44mm 的滤纸或滤膜，采气流量为 20～30L/min。由于采气量少，需较长时间的采样，才能获得足够分析用的样品，而且只适宜做单项组分分析。它实际是可吸入颗粒物（TP）采样器，切割粒径为 $D_{50}=10\mu m$，又称 PM_{10}采样器。

采样器的入口处加一粒径分离切割器就构成了分级采样器。分级采样器有二段式和多段式两种类型：二段式主要用于测定 TSP 和 TP 或 TP 和 RP（$PM_{2.5}$）；多段式可分级采集不同粒径范围的颗粒物，用于测定颗粒物的粒度分布。粒径分离切割器的工作原理有撞击式、旋风式和向心式等多种形式。

3. 个体采样器

个体采样器用以评估人体对污染物的接触量。

（1）主动式个体采样器　主动式个体采样器由样品收集器、流量计量装置、抽气泵与电源几部分组成，是一种随身携带的微型采样装置。抽气泵多用耗电量小、性能稳定的微型薄膜泵或电磁泵，电源常用可反复充电的镍镉电池，可供连续 8h 采样。样品收集器一般由固体吸附柱、活性炭管、滤膜夹及滤膜组成。

主动式个体采样器的技术要求为：质量不大于550g，长度不超过150mm，宽度小于75mm，厚度不超过50mm；连续工作时间不少于8h；系统阻力为305mm水柱时流量采样可达2.8L/min，功率损失少于20%；电池工作温度为30~600℃，最好可反复充电使用；抽气泵恒速，耐腐蚀、耐有机蒸气的影响；携带或佩戴方便。

（2）被动式个体采样器　被动式个体采样器又称无动力采样器，污染物通过扩散或渗透作用与采样器中的吸收介质反应，以达到采样的目的。因此，被动式个体采样器分为扩散式与渗透式两种。这种采样器体积小、质量轻、结构简单、使用方便、价格低廉，是一种新型的采样工具，适用于气态和蒸气态的污染物采样。

1）扩散式个体采样器。其基本结构包括外壳、扩散层、收集剂三部分，有圆盒形、方盒形、圆筒形等，壳体一面或两面打有许多通气孔，污染物通过扩散作用，经通气孔通过扩散层，被收集剂吸收或吸附。常用的吸附剂有活性炭、硅胶、多孔树脂、浸渍滤纸、浸渍的金属筛网等。

2）渗透式个体采样器。其基本结构包括外壳、渗透膜和收集剂三部分，与扩散式相类似，只是以渗透膜取代扩散层。这种采样器是利用气态污染物分子的渗透作用来完成采样的目的。污染物分子经渗透膜进入收集剂，收集剂可以是固体的吸附剂（活性炭、硅胶等），也可以是液体的吸收液，可按各种污染物的不同要求进行选择。渗透膜一般是有机合成的薄膜，如二甲基硅酮、硅酮聚碳酸酯、硅酮酯纤维膜、聚乙烯氟化物等，厚度为0.025~0.25mm。

二、采样效率

（一）采样体积的计算

为了计算室内空气中污染物的浓度，必须正确地测量空气采样的体积，它直接关系到检测数据的质量。采样方法不同，采样体积的测量方法也有所不同。

1. 直接采样法

用注射器、塑料袋、采气管和真空瓶等直接取样时，当压力达到平衡并稳定后，这些采样器具的容积即为室内空气采样体积。只要校准了这些器具的容积，就可知道准确的采样体积。

2. 浓缩采样法

（1）用转子流量计和孔口流量计测定采样系统的空气流量。采样时，气体流量计连接在采样泵之前，采样泵选用恒流抽气泵。采样前需对采样系统中的气体流量计的流量刻度进行核准。当采样流量稳定时，用流量乘以采样时间计算空气体积。

（2）用气体体积计量器以累积的方式，直接测量进入采样系统中的空气体积。如湿式流量计或煤气表，可以准确地记录在一定流量下累积的气体采样体积。气体体积计量器应连接在采样泵后面，采样泵和两者的连接不应漏气。使用前需对气体体积计量器的刻度校准。

（3）用质量流量计测量进入采样系统中的空气质量，换算成标准采样体积。由于质量流量计测定的是空气质量流量，所以不需要对温度和大气压力校准。

（4）用类似毛细管或限流的临界孔稳流器来稳定和测定采样的流量，采样系统中，临界孔稳流器应连接在采样泵之前，要求采样泵真空度应维持至66.7kPa左右，否则不能保证恒流。由于环境温度会引起临界孔径的改变，使通过的气体体积的流量发生变化，所以应将临界孔处于恒温状态，这对于长时间采样（如 24h 采样）尤为重要。在采样开始前和结束后，应用皂膜计测量采样的流量，采样过程中观察采样泵上真空表的变化，以检查临界孔是否被堵塞或因其他原因引起流量改变。

气体体积易受温度和大气压的影响，为使计算出的浓度具有可比性，需要将现场状态下的体积换算成标准状态下的体积，根据气体状态方程，按式（2—3）换算。

$$V_0 = \frac{273V_tp}{101.325(273 + t)} \tag{2—3}$$

式中 V_0——标准状态下的采样体积，L 或 m^3；

V_t——现场状态下的采样体积，L 或 m^3；

p——采样时的大气压力，kPa；

t——采样时的温度，℃。

如果流量计的刻度是标准状态下的流量，而且使用时的大气压力和温度与流量计校正时状况差别不大，不需要再换算成标准状态下的采样体积。

3. 被动式采样法

用被动式采样器采样时，以采样器的采样速率 K 乘以暴露采样时间，计算空气采样体积。

（二）污染物浓度的表示方式

单位体积空气样品中所含有污染物的量，就称为该污染物在空气中的浓度。空气污染的浓度表示方法主要有两种：质量浓度和体积分数。

1. 质量浓度

以单位体积空气中所含污染物的质量来表示，常用的有 mg/m^3 和 $\mu g/m^3$。

2. 体积分数

单位体积空气中所含污染物气体或蒸气的体积。

国际标准化组织（ISO）以及我国污染物排放标准和环境质量标准采用质量浓度和体积分数来表示污染物浓度。质量浓度表示法对各种状态污染物均能适用，它与体积分数表示法在标准状态下按式（2—4）换算关系。由 ppm 换算成 mg/m^3。

$$\rho = \frac{M\varphi}{22.4} \tag{2—4}$$

式中 ρ——污染物的质量浓度，mg/m^3；

M——污染物的相对分子质量；

φ——污染物的体积分数。

对个别空气污染物浓度的表示方法，如降尘，以 t /（km^2 · 月）表示；3，4-苯并［a］芘，以 $\mu g/m^3$ 表示。

（三）采样效率的评价方法

1. 影响采样效率的因素

一般认为采样效率 90%以上为宜，采样效率太低的方法和仪器不能选用，下面简要介绍影响采样效率的因素。

（1）根据污染物存在状态选择合适的采样方法和仪器　每种采样方法和仪器都是针对污染物的一个特定状态而选定的，如以气态和蒸气态存在的污染物是以分子状态分散于空气中，用滤纸和滤膜采集效率很低，而用液体吸收管或填充柱采样，则可获得较高的采样效率。以气溶胶存在的污染物，不易被气泡吸收管中的吸收液吸收，宜用滤料或填充柱采样，如用装有稀硝酸的气泡吸收管采集铅烟，采样效率很低，而选用滤纸采样，则可得到较高的采样效率。对于气溶胶和蒸气态共存的污染物，要应用对于两种状态都有效的采样方法，如浸渍试剂的滤料或填充柱采样法。因此，在选择采样方法和仪器之前，首先要对污染物做具体分析，以确定其在空气中可能以什么状态存在，根据存在状态选择合适的采样方法和仪器。

（2）根据污染物的理化性质选择吸收液、填充剂或各种滤料　用溶液吸收法采样时，要选用对污染物溶解度大或者与污染物能迅速起化学反应的作为吸收液。用填充柱或滤料采样时，要选用阻留率大并容易解吸下来的作填充剂或滤料。在选择吸收液、填充剂或滤料时，还必须考虑采样后应用的检测方法。

（3）确定合适的抽气速度　每一种采样方法和仪器都要求有一定的抽气速度，超过规定的速度，采样效率将不理想。各种气体吸收管和填充柱的抽气速度一般不宜过大，而滤料采样则可在较高抽气速度下进行。

（4）确定适当的采气量和采样时间　每个采样方法都有一定的采样量限制。如果现场浓度高于采样方法和仪器的最大承受量时，采样效率就不太理想。如吸收液和填充剂都有饱和吸收量，达到饱和后吸收效率立即降低，此时，应适当减少采气量或缩短采样时间。反之，如果现场浓度太低，要达到分析方法灵敏度要求，则要适当增加采气量或延长采样时间。采样时间的延长也会伴随着其他不利因素发生，而影响采样效率。例如：长时间采样，吸收液中水分蒸发，造成吸收液成分和体积变化；长时间采样，大气中水分和二氧化碳也会被大量采集，影响填充剂的性能；长时间采样，其他干扰成分也会大量被浓缩，影响以后的分析结果。此外，长时间采样，滤料的机械性能减弱，有时还会破裂。因此，应在保证足够采样效率的前提下，适当地增加采气量或延长采样时间。如果现场浓度不清楚时，采气量或采样时间应根据卫生标准规定的最高容许浓度范围所需的采样体积来确定，这个最小采气量用式（2—5）初步估算。

$$V = \frac{2a}{\rho} \tag{2—5}$$

式中　V——最小采气体积，L；

a——分析方法的灵敏度，μg；

ρ——被测物质的最高容许浓度，mg/m^3。

采样方法和采样仪器选定后，正确地掌握和使用才能最有效地发挥其作用。

2. 采样效率评价方法

一个采样方法的采样效率是指在规定的采样流量、气体浓度、采样时间等采样条件下所采集到的量占总量的百分数。采样效率评价方法一般与污染物在大气中的存在状态有很大关系，不同的存在状态有不同的评价方法。

（1）评价采集气态样品的方法　采集气态和蒸气态的污染物常用溶液吸收法和填充柱

采样法。评价这些采样方法的效率有绝对比较法和相对比较法两种。

1）绝对比较。精确配制一个已知浓度 c_0 的标准气体，然后用所选用的采样方法采集标准气体，测定其浓度 c_1，采样效率 K 按式（2—6）计算。

$$K = \frac{c_1}{c_0} \times 100\% \tag{2—6}$$

用这种方法评价采样效率虽然比较理想，但是，由于配制已知浓度标准气体有一定困难，往往在实际应用时受到限制。

用这种方法评价采样效率，第二、第三管中污染物的浓度所占的比例越小，采样效率越高。一般要求 K 值为 90%以上，采样效率过低时，应更换采样管、吸收剂或降低抽气速度。

2）相对比较。配制一个恒定但不要求知道待测污染物准确浓度的气体样品，用 3 个采样管串联起来采集所配样品，分别测定各采样管中的污染物的浓度，计算第一管含量占各管总量的百分数，采样效率 K 按式（2—7）计算。

$$K = \frac{c_1}{c_1 + c_2 + c_3} \times 100\% \tag{2—7}$$

式中 c_1、c_2、c_3 分别为第一、第二、第三管中分别测定的浓度。用此法计算采样效率时，要求第二管和第三管的含量与第一管比较是极小的，这样 3 个管含量相加之和就近似于所配制的气体浓度。有时还需串联更多的吸收管采样，以期求得与所配制的气体浓度更加接近。用这种方法评价采样效率也只是用于一定浓度范围的气体，如果气体浓度太低，由于分析方法灵敏度所限，则测定结果误差较大，采样效率只是一个估计值。

（2）评价颗粒及气溶胶样品的方法　采集气溶胶常用滤料和填充柱采样法。采集气溶胶的效率有颗粒数采样效率和质量采样效率两种。

1）颗粒数采样效率。即所采集到的气溶胶、颗粒物数目占总颗粒数目的百分数。采样时，用一个灵敏度很高的颗粒计数器测量进入滤料前后空气中的颗粒数。采样效率 K 按式（2—8）计算。

$$K = \frac{n_1 - n_2}{n_1} \times 100\% \tag{2—8}$$

式中　n_1——进入滤料前空气中的颗粒数，即总颗粒数，个；

n_2——进入滤料后空气中的颗粒数，个。

2）质量采样效率。即所采集到的气溶胶、颗粒物质量占总质量的百分数。采样效率 K 按式（2—9）计算。

$$K = \frac{m_1}{m_2} \times 100\% \tag{2—9}$$

式中　m_1——采集到的气溶胶、颗粒物的质量，g；

m_2——总质量，g。

当全部颗粒物的大小相同时，这两种采样效率在数值上才相等。但是，实际上这种情况是不存在的，而粒径几微米以下的细颗粒物的颗粒数总是占大部分，而按质量计算却占很小部分，故质量采样效率总是大于颗粒数采样效率。由于 1μm 以下的颗粒对人体健康影响较大，所以颗粒数采样效率有卫生学上的意义。当要了解大气中气溶胶质量浓度或气溶胶中某成分的质量浓度时，质量采样效率是有用的。目前在大气测量中，评价采集气溶胶的方法的采样效率一般是以质量采样效率表示，只是在有特殊目的时，才采用颗粒数采样效率表示。

评价采集气溶胶方法的效率与评价气态和蒸气态的采样方法有很大区别。一方面，是由于配制已知浓度标准气溶胶在技术上比配制标准气体要复杂得多，而且气溶胶粒度范围也很大，所以很难在检测室模拟现场存在的气溶胶的各种状态。另一方面，用滤料采样像一个滤筛一样，能漏过第一张滤纸或滤膜的更小的颗粒物质也有可能会漏过第二张或第三张滤纸或滤膜，所以用相对比较气溶胶的采样效率就有困难了。评价滤纸和滤膜的采样效率要用另一个已知采样效率高的方法同时采样，或串联在后面进行比较得出。颗粒数采样效率常用一个灵敏度很高的颗粒计数器记录滤料前和通过滤料后的空气中的颗粒数来计算。

(3) 评价气态和颗粒、气溶胶共存样品的方法　对于气态和颗粒、气溶胶共存的物质的采样更为复杂，评价其采样效率时，这三种状态都应加以考虑，以求其总的采样效率。

（四）采样效率

1. 气密性检验

有动力采样器在采样前应对采样系统进行气密性检查，不得漏气。

2. 流量校准

采样系统流量要能保持恒定，采样前和采样后要用一级皂膜计校准采样系统进气流量，误差不超过5%。记录校准时的大气压力和温度，必要时换算成标准状态下的流量。

3. 空白检验

在一批现场采样管中，应留有两个采样管不采样，并按其他样品管一样对待，作为采样过程中的空白检验。若空白检验超过控制范围，则这批样品作废。

4. 仪器校准

仪器使用前，应按说明书对仪器进行检验和标定。

5. 计算公式

在计算浓度时，应将采样体积换算成标准状态下的体积。

（五）采样记录

采样记录与检测室测定记录同等重要。采样记录要对现场情况、各种污染物以及采样表格中的采样日期、时间、地点、流量、布点方式、大气压力、气温、相对湿度、风速以及采样者签字等做出详细记录，并随样品一同报到检测室。气态污染物现场采样记录见表2—1，TSP现场采样记录见表2—2。

表2—1　　气态污染物现场采样记录表

采样地点：________　　污染物名称：________

采样方法：________　　采样仪器型号：________

采样日期	样品编号	采样时间		气温/℃	气压/kPa	流量到的气体			采集到的气体			天气状况
		开始	结束			开始后	结束前	平均	时间/min	体积/L	标准体积/L	

采样者：　　　　审核者：

表 2—2　　TSP 现场采样记录

采样地点：__________________

采样日期：___年___月___日

采样器编号	滤膜编号	采样时间		累积采样时间/min	气温/℃	气压/kPa	流量/（L/min）	天气
		开始	结束					

采样者：　　　　　　　　　　审核者：

练　习　题

1. 填空题

（1）室内采样点的数量，公共场所可按 $100m^2$ 设________个点；居室面积小于 $10m^2$ 的房间设________个点；居室面积为 $10 \sim 25m^2$ 的房间设________个点；居室面积为 $25 \sim 50m^2$ 的房间设________个点；居室面积为 $50 \sim 100m^2$ 设________个点；居室面积为 $100m^2$ 以上至少设________个点。

（2）采样点的高度一般距地面________，与人的呼吸带高度相一致。

（3）直接采样法常用的采样器有________、________、________和________等。

（4）常用的吸收管有________、________、________。

（5）室内空气采样仪器是由________、________、________三部分组成。

2. 简答题

（1）吸收液的选择应注意什么？

（2）采样效率评价方法有哪些？

（3）对室内采样环境的要求有哪些？

（4）采样点位的布设原则是什么？

（5）影响采样效率的因素有哪些？

（6）空气中气态污染物的采集有哪几种主要方法？

（7）空气中污染物的富集采样有哪几种主要方法？

（8）怎样设置室内空气采样点的数目与位置？

（9）怎样确定室内空气检测采样时间与采样频率？

第三章 室内环境舒适度的检测

本章学习目标

★ 了解室内环境舒适度的检测内容。
★ 熟悉温度、湿度、辐射热、气流、新风量、光照、色彩、噪声的检测基础知识。
★ 掌握温度、湿度、辐射热、气流、新风量、光照、色彩、噪声的检测原理和方法。

随着社会的进步和人们生活水平的不断提高，以及人们居住环境和条件的改善，对室内环境的要求愈来愈高，不仅要求无毒无害，而且还要整洁、美观、舒适。室内环境舒适度反映了人体对室内环境的满意程度，是人体对室内环境因素最直观、最直接的感受，一般包括温度、湿度、辐射热、气流、新风量、光照、色彩、噪声等。

第一节 热和湿环境检测

人体热平衡包括空气温度、空气相对湿度、风速和辐射热 4 个基本的气象条件参数，这些参数构成热、湿环境。适宜的热、湿环境不仅能保持人体正常的热平衡，保持主观的舒适感，而且能确保人的健康和正常的工作效率。

一、温度的检测

（一）概述

温度是表征物体或系统冷热程度的物理量，从微观上讲是物质分子运动平均动能大小的标志，反映物质内部分子无规则运动的剧烈程度。

一般认为 20℃左右是最佳的工作温度，25℃以上时人体状况开始恶化（如皮肤温度开始升高，出汗，体力下降，心血管和消化系统发生变化等），30℃左右时心理状态开始恶化（如开始烦闷、心慌意乱等），50℃的环境里人体只能忍受 1h 左右。根据有关测定，气温在

15.6~21℃时，是热环境的舒适区段，体力消耗最小，工作效率最高，最适宜于人们的生活和工作。

温标是衡量温度高低的标准尺度，它规定温度的读数起点和测量单位。各种测温仪表的刻度数值由温标确定，国际上常用的温标有摄氏温标、华氏温标、热力学温标、国际实用温标等，国际实用温标是国际单位制中的7个基本单位之一。

1. 摄氏温标

摄氏温标是把标准大气压下纯水的冰点定为0℃，沸点定为100℃的一种温标。把0~100℃分成100等份，每一等份为1℃，常用符号 t 表示，℃读作摄氏度。

2. 华氏温标

华氏温标规定标准大气压下纯水的冰点温度为32℉，沸点温度为212℉，中间划分180等份，每一等份称为1℉，常用符号 F 表示，℉读作华氏度。

3. 热力学温标

热力学温标规定物质分子运动停止时的温度为绝对零度，是仅与热量有关而与测温物质无关的温标。因是开尔文总结出来的，故又称为开尔文温标，用符号 T 表示，单位为K。

4. 国际实用温标

为了解决国际上温标的统一及实用方便问题，国际上协商决定，建立一种既能体现热力学温度，又使用方便、容易实现的温标，这就是国际实用温标，又称国际温标。国际实用温标规定水三相点热力学温度为273.16K，1K定义为水三相点热力学温度的1/273.16。

（二）温度的检测方法

温度测量方法有接触测量法和非接触测量法。接触测量法是测温敏感元件直接与被测介质接触，被测介质与测温敏感元件进行充分热交换，使两者具有同一温度，以达到测量的目的。非接触测量法是利用物质的热辐射原理，测温敏感元件不与被测介质接触，通过辐射和对流实现热交换，达到测量的目的。

温度的检测方法有玻璃液体温度计法和数显式温度计法等。

1. 玻璃液体温度计法

（1）原理　玻璃液体温度计由容纳温度计液体的薄壁温包和一根与温包相适应的玻璃细管组成，温包和细管系统是密封的。玻璃细管上设有能充满液体的部分空间，充有足够压力的干燥惰性气体，玻璃细管上标有刻度，以指示管内液柱的高度，使读数准确地指示温包温度。液体温度计的工作取决于液体的膨胀系数（因为液体的膨胀系数大于玻璃温包的膨胀系数）。

（2）仪器

1）玻璃液体温度计。温度计的刻度最小分值不大于0.2℃，测量精度为±0.5℃。

2）悬挂温度计支架。

（3）检测步骤

1）为了防止日光等热辐射的影响，温包需用热遮蔽。

2）经5~10min后读数，读数时视线应与温度计刻度垂直，水银温度计按凸出弯月面最高点读数；酒精温度计按凹月面的最低点读数。

（4）检测结果

$$t_{实} = t_{测} + d \tag{3—1}$$

式中 $t_{实}$——实际温度,℃;

$t_{测}$——测定温度,℃;

d——零点位移值。

$$d = a - b \tag{3—2}$$

式中 a——温度计所示零点;

b——标准温度计校准的零点位置。

（5）注意事项

1）读数应快速准确，以免人的呼吸气和人体热辐射影响读数的准确性。

2）零点位移误差的订正。由于玻璃热后效应，玻璃液体温度计零点位置应经常用标准温度计校正，如零点有位移时，应把位移值加到读数上。

2. 数显式温度计法

（1）原理　感温部分采用PN结晶热敏电阻、热电偶、铂电阻等温度传感器，传感器随温度变化产生的电信号，经放大和A/D变换器变换后，由显示器显示。

（2）仪器　数显式温度计最小分辨率为0.1℃，测量范围为-40～+90℃，测量精度优于±0.5℃。

（3）检测步骤

1）打开电池盖，装上电池，将传感器插入插孔。

2）测量气温感温元件离墙壁不得小于0.5m，并要注意防止辐射热的影响，可在感温元件外加上金属防辐射罩。

3）将传感器头部置于欲测温度部位，并将开关置于“开”的位置。

4）待显示器所显示的温度稳定后，即可读温度值。

5）测温结束后，立即将开关关闭。

6）湿度计、风速计上所带的测温部分，使用方法参见仪器使用说明书。

（4）数显式温度计的校正

1）将欲校正的数显式温度计感温元件与标准温度计一并插入恒温水浴槽中，放入冰块，校正零点，经5～10min后，记录读数。

2）提高水浴温度，记录标准温度计20℃、40℃、60℃、80℃、100℃时的读数，即可得到相应的校正温度。

二、湿度的检测

（一）概述

湿度是表示空气干湿程度的物理量，常用的空气湿度的表示方法有绝对湿度、相对湿度和含湿量三种。

1. 绝对湿度

绝对湿度是指每立方米湿空气（或其他气体），在标准状态下（0℃，101.325kPa）所含水蒸气的质量，即湿空气中水蒸气的密度，以符号ρ表示，单位为g/m^3。

2. 相对湿度

相对湿度（relative humidity，简称 RH）是指空气中水蒸气的分压力 p_n 与同温度下饱和水蒸气压力 p_b 之比，用符号 Φ 表示。

3. 含湿量

含湿量是指 1kg 空气中的水蒸气含量。

（二）湿度的检测方法

湿度的检测方法有通风干湿表法、电湿度计法和毛发湿度表法等。

1. 通风干湿表法

（1）原理　将两支完全相同的水银温度计都装入金属套管中，水银温度计球部有双重辐射防护管。套管顶部装有一个用发条（或电）驱动的风扇，启动后抽吸空气均匀地通过套管，使球部处于≥2.5m/s 的气流中（电驱动可达 3m/s），以测定干湿球温度计的温度，然后根据干湿温度计的温差，计算出空气的湿度。

（2）仪器

1）机械通风干湿表。温度刻度的最小分值不大于 0.2℃，测量精度为±3%，测量范围为 10%～100%RH。上足发条后通风器的全部作用时间不得少于 6min。

2）电动通风干湿表。温度刻度的最小分值不大于 0.2℃，测量精度为±3%，测量范围为 10%～100%RH。使用时需要有交流电源。

（3）检测步骤

1）用吸管吸取蒸馏水滴入湿球温度计套管内，将温度计头部纱条湿润。

2）如用机械通风干湿表，先上满发条；如用电动通风干湿表则应接通电源，使通风器转动。

3）通风 5min 后读干湿温度表所示温度。

（4）检测结果

1）水汽分压的计算：

$$p_{水} = p_{湿} - Ap_{大气}(t - t_1) \tag{3—3}$$

式中　$p_{水}$——检测时空气中的水汽压，hPa；

$p_{湿}$——湿球温度下的饱和水汽压，hPa；

A——湿度计系数，依测定时风速而定，与湿球温度计头部风速有关，风速 0.2m/s 以上时为 0.000 99，2.5m/s 时为 0.000 677；

$p_{大气}$——检测时大气压，hPa；

t——干球温度，℃；

t_1——湿球温度，℃。

2）绝对湿度的计算：

$$\rho = 289p_{水}/T \tag{3—4}$$

式中　ρ——绝对湿度（即水汽在空气中的含量，g/m^3）；

$p_{水}$——空气中的水汽压，hPa；

T——检测时的气温，K。

3）相对湿度的计算：

$$\Phi = \frac{p_{水}}{p_{干}} \times 100\% \quad (3—5)$$

式中 Φ——相对湿度，%；

$p_{水}$——空气中的水汽压，hPa；

$p_{干}$——干球温度条件下的饱和水汽压，hPa。

2. 电湿度计法

（1）原理　空气温度和相对湿度可直接在电湿度计上显示，所用的传感器有氯化锂电阻式、氯化锂露点式、高分子薄膜电容式等。测湿原理是通过环境湿度的变化引起传感器的特性变化，产生的电信号经处理后，直接显示空气的湿度。如高分子聚合物薄膜感湿电容，环境空气中的水汽穿透上层电极与聚合物薄膜接触，吸湿量的大小取决于环境相对湿度，薄膜吸收水分改变了探头的介电常数，从而改变了探头的电容，通过测量探头的电容的变化测量空气中的相对湿度。

（2）仪器

1）氯化锂露点湿度计。测定范围为 12%~95%RH，测定精度不大于±5%。

2）高分子薄膜电容湿度计。测定范围为 10%~95%RH，测定精度不大于±3%。

（3）检测步骤

1）测定时必须注意检查电源电压是否正常。

2）打开电源开关，通电 10min 后即可读取数值。

（4）电湿度计的校正

1）标准湿度发生器（双温法、双压法、双气流法或饱和盐溶液法）产生标准湿度的空气。要求较高时可用重量法或露点仪校准。

2）将欲校正的感湿元件插入标准湿度的空气腔中，进行比对，经 5~10min 后记录读数。

3）改变湿度值，重复上一步骤，记录读数，即可得到相应的校正曲线。

（5）注意事项

1）氯化锂测头连续工作一定时间后必须清洗。

2）湿敏元件不要随意拆动，并不得在腐蚀性气体（如二氧化硫，氨气，酸、碱蒸气）浓度高的环境中使用。

3. 毛发湿度表法

（1）原理　毛发湿度表是根据毛发长度随空气湿度的变化而伸缩的原理制成。仪器有一个小金属框，在其中沿垂直方向引数根脱脂毛发，毛发一端固定不动，另一端系于滑车上，以细线拉动滑车使指针在固定的金属刻度板上移动，刻度为相对湿度百分数，可在刻度板上读当时的空气湿度。

（2）仪器　毛发湿度表的最小分值不大于 1%，测量精度为±5%。

（3）检测步骤

1）打开毛发湿度表盒盖，将毛发湿度表平稳地放置于预测地点。

2）经 20min 待指针稳定后读数。

（4）检测结果　毛发湿度表所测得的是当时气温条件下空气的相对湿度，其绝对湿度可按式（3—4）计算。

（5）注意事项

1）读数时视线需垂直刻度板，指针尖端所指读数应精确到0. 2mm。

2）如果毛发及其部件上出现水雾或水滴，应轻敲金属架使其脱落，或在室内使它慢慢干燥后再使用。

三、辐射热的检测

（一）概述

热辐射包括太阳辐射和物体与其周围环境之间的辐射。任何两种不同物体之间都有热辐射存在，它不受空气影响，热量总是从温度较高的物体向温度较低的物体辐射，直至两物体的温度相平衡为止。

当物体温度高于人体皮肤温度时，热量从物体向人体辐射，使人体受热，这种辐射一般称为正辐射。当强烈的热辐射持续作用于皮肤表面时，由于对皮肤下面的深部组织和血液的加热作用，使体温升高、体温调节发生障碍，从而会造成人的中暑。当物体温度比人体皮肤温度低时，热量从人体向物体辐射，使人体散热，这种辐射叫作负辐射。人体对负辐射的反射性调节不是很敏感，往往一时感觉不到，因此，在寒冷季节容易因负辐射丧失大量的热量而受凉，引发人的感冒等病症。

（二）辐射热的检测方法

辐射热的检测方法有辐射热计法和黑球温度计法等。

1. 辐射热计法

（1）原理　利用黑色平面几乎能全部吸收辐射热而白色平面几乎不吸收辐射热的性质，将其放在一起。在辐射热的照射下，黑色平面温度升高而与白色平面造成温差，在黑白平面之后接以热电偶组成热电堆。由于温差而使热电偶产生电动势，并通过显示器显示出来，反映辐射热的强度。

（2）仪器　多功能辐射热计，分辨率为±0. 01kW/m^2，测量精度在测量范围内，其测量误差不大于±5%，测量范围为0～10kW/m^2。

（3）检测步骤

1）辐射热强度测定。将选择开关置于“辐射热”挡，打开辐射测头保护盖，将测头对准被测方向，即可直接读出测头所接收到的单向辐射热强度。

2）定向辐射温度的测量。首先在“辐射热”挡读出辐射强度E值，并记下读数；然后，将选择开关置于“测头温度”挡，记下此时的测头温度t_s值，利用式（3—6）计算平均辐射温度。

$$T_f = \left[\frac{E}{\sigma} + (t + 273)^4\right]^{1/4} - 273 \tag{3—6}$$

式中　T_f——平均辐射温度，℃；

E——辐射热计读数，kW/m^2；

σ——斯蒂芬—波尔兹曼常数，5. 67×10^{-8}W/（m^2・K^4）；

t——测头温度，℃。

2. 黑球温度计法

（1）原理　环境中的辐射热被表面涂黑的铜球吸收，使铜球内气温升高，用温度计测量铜球内的气温，同时测量空气的温度、风速。由于铜球内气温与环境空气温度、风速和环境中辐射热的强度有关，可以根据铜球内的气温、空气温度、风速计算出环境的平均辐射温度。

（2）仪器

1）黑色空心铜球。直径 150mm，厚 0.5mm，表面涂无光黑漆或墨汁，上部开孔用带孔软木塞塞紧。

2）玻璃液体温度计。刻度最小分值不大于 0.2℃，测量精度为±0.5℃，温度计的测量范围为 0~200℃。

3）风速计。

4）悬挂支架。

（3）检测步骤

1）所用温度计的校正参见本节有关内容。

2）将玻璃液体温度计插入黑球木塞小孔，悬挂于欲测点 1m 的高处。

3）15min 后读数，过 3min 后再读一次，两次读数相同即为黑球温度。如第二次读数较第一次高，应过 3min 后再读一次，直到温度恒定为止。

4）测量同一地点的气温，测量时温度计温包需用热遮蔽，以防辐射热的影响。

5）按电风速计法或数字风速表法测定监测点的平均风速。

（4）结果计算

自然对流时平均辐射温度的计算公式：

$$t_r = [(t_g + 273)^4 + 0.4 \times 10^8 (t_g - t_a)^{5/4}]^{1/4} - 273 \tag{3—7}$$

强迫对流量平均辐射温度的计算公式：

$$t_r = [(t_g + 273)^4 + 2.5 \times 10^8 v^{0.6} (t_g - t_a)]^{1/4} - 273 \tag{3—8}$$

式中　t_r——平均辐射温度，℃；

t_g——黑球温度，℃；

t_a——测点气温，℃；

v——测时平均风速，m/s。

（5）注意事项

1）铜球表面黑色要涂均匀，但不要过分光亮或有反光。

2）温度计的使用要求见本节相关内容。

第二节 气流和新风量的检测

一、气流的检测

（一）概述

空气的流动可使人体散热，在炎热的夏天可使人体感到舒适，但当气温高于人体皮肤温度时，空气流动的结果是促使人体从外界环境吸收更多的热，这对人体热平衡往往产生不良影响。当气温高于皮肤温度时，若空气相对湿度低，则汗液容易蒸发，人体就相对感到凉爽；反之，空气相对湿度高，则汗液难于蒸发，就感到闷热。在寒冷的冬季则气流使人感到更加寒冷，特别在低温高湿的环境中，如果气流速度大，则会因为人体散热过多而引起冻伤。

在热环境中还有一个重要的感征，就是空气的新鲜感，与此感征有关的就是气流速度。据测定，在舒适温度区段内，一般气流速度达到0.15m/s，即可感到空气清新，有新鲜感。而在室内，即使室温适宜，但空气“不动”（气流速度很低），也会产生沉闷的感觉。

（二）气流的检测方法

气流的检测方法有热球式电风速计法和转杯式风速表法等。

1. 热球式电风速计法

（1）原理 热球式电风速计由测杆探头和测量仪表组成。探头装有热电偶和加热探头的镍铬丝圈。热电偶的冷端连接在磷铜质的支柱上，直接暴露在气流中，当一定大小的电流通过加热圈后，玻璃球被加热使其温度升高的程度与风速呈现负相关，引起探头电流或电压的变化，然后由仪器显示出来（指针式），或通过显示器显示出来（数显式）。

（2）仪器 指针式或数显式热球式电风速计。最低检测值不应大于0.05m/s，测量范围为0.01~20m/s，其标定误差不大于满量程的5%。有方向性电风速计测定方向偏差在5%时，其指示误差不大于被测定值的±5%。

（3）检测步骤

1）指针式热球式电风速计法的检测步骤

①先调整电表上的机械调零螺母，使指针调到零点。

②将测杆插头插在插座内，将测杆垂直向上放置。

③将“校正开关”置于“满度”，调整“满度调节”旋钮，使电表置于满刻度位置。

④将“校正开关”置于“零位”，调整“精调”“细调”旋钮，将电表调到零点位置。

⑤轻轻拉动螺塞，使测杆探头露出，测头上的红点应对准风向，从电表上读出风速的值。

⑥根据指示风速，查校正曲线，得出实际风速。

2）数显式热球式电风速计法的检测步骤

①将测杆插头插在插座内，将测杆垂直向上放置。

②打开电源开关，调整风速零点。

③轻轻拉动螺塞，使测杆探头露出，测头上的红点应对准风向，即直接显示出风速的值。

2. 转杯式风速表法

（1）原理　采用转杯式风速传感器，通过光电控制，数据处理，再送三位半 A/D 转换器显示。

（2）仪器　转杯式数字风速表的启动风速为≤0.7m/s，其测量精度为≤±0.5m/s。

（3）检测步骤

1）打开电池盖，装上电池，将传感器插头插入对应的插孔。

2）将传感器垂直拿在手中置于被测环境中，再将电源开关打开，即可读得瞬时风速。

3）将开关拨到平均挡，2min 后显示的第一次风速不读，再过 2min 后显示的风速即为所测的平均风速。

二、新风量的检测

（一）概述

新风量是指在门窗关闭的状态下，单位时间内由空调系统通道、房间的缝隙进入室内的空气总量，单位为 m^3/h。空气交换率是指单位时间内由室外进入室内的空气总量与该室内空气总量之比，单位为 h^{-1}。新风量越多，对人们的健康越有利，产生“病态建筑物综合征”的一个重要原因就是新风量不足。新风虽然不存在过量的问题，但是超过一定限度，必然伴随着冷、热负荷的过多消耗，也会带来不利的后果。

通风一般是指将新鲜空气导入人所停留的空间，以除去任何有害的污染物、余热或余湿。通风的某些主要功能也可以用除湿机或空气净化器之类的其他装置代替。此外，新风还起到补充排风系统排出的空气和维持室内必要的正压的功能。

《室内空气质量标准》（GB/T 18883）中规定的新风量为 $30m^3$/（h·人）。每人每天摄取的空气量为 $10m^3$，其中 21%是氧气。在人类呼出的气体中，二氧化碳占 4%~5%（在空气中约占 0.032%），氧气占 15%~16%。一间房子中，要使二氧化碳的浓度限制在标准要求的 0.1%以下，必须保证每个人要有 $30m^3$ 的新鲜空气。也就是说，在空间为 $30m^3$ 的房子中仅有一人时，每小时也要换气一次。根据房间内人员的数量和活动状况（如吸烟、烹饪等），以及室内装饰装修的状况，可以确定房间所需的新风量和换气次数。

（二）新风量的检测方法

1. 风口风速和风量的检测

（1）原理　通风量的大小取决于通风口（机械通风的送风口、新风的进风口以及自然通风的窗口）的面积和风速。气流在管道内流动时，在一个通风口的各点上，风速是不相等的，越接近管壁风速越小，所以要在通风口上划分几等份，用风速计分别测出每一部分的风速，然后求出通风口的平均风速和风量。

（2）仪器

1）热球式电风速计或转杯式风速表。

2）直尺，最小刻度为 1mm。

（3）检测步骤

1）测定机械通风送风口的布点。送风口如为矩形，可将风口处截面分为若干个小矩形（最好是正方形，每边长为150mm），每个小矩形在中央部测1个点，整个截面上的测点总数不少于3个。送风口如为圆形，按等面积圆环法划分测定截面积和确定测定点数。

2）新风量的测定在对外界进风口处布点方法同矩形截面风口。

3）自然通风测定布点方法可根据情况参照矩形截面风口。

4）通风口风速的测定。测定风速的方法可参照本节气流的检测相关内容。测定时注意检测者身体位置不要妨碍气流，等风速计稳定后再读数，每个点的测定时间不得少于2min。

（4）检测结果

1）所用的风速计有校正系数，则先将每个点的测量结果按系数加以校正，再求其平均风速。

2）计算总风量：

$$L = 3\ 600Sv \tag{3—9}$$

式中　L——每小时总风量，m^3/h；

S——送风口有效截面积，m^2；

v——有效截面上的平均风速，m/s。

3）如测定的是新风口，则用式（3—9）可以计算出新风量。

2. 示踪气体法

（1）原理　示踪气体是指在研究空气运动中，一种气体能与空气混合，而且本身不发生任何改变，并在很低的浓度时就能被测出的气体总称，常用的有一氧化碳、二氧化碳和六氟化硫等。示踪气体浓度衰减法是指在待测室内通入适量示踪气体，由于室内、外空气交换，示踪气体的浓度呈指数衰减，根据浓度随着时间变化的值，计算出室内的新风量。

（2）仪器

1）轻便型示踪气体浓度测定仪。

2）直尺、卷尺。

3）摇摆风扇。

4）示踪气体应无色、无味，使用浓度无毒、安全、环境本底低、易采样、易分析的气体，详情见表3—1。

表3—1　示踪气体本底水平及安全性资料

气体名称	毒性水平	环境本底水平/（mg/m^3）
一氧化碳	人吸入50$mg/m^3$1h无异常	0.125~1.25
二氧化碳	车间最高允许浓度为9 000mg/m^3	600
六氟化硫	小鼠吸入48 000mg/m^3 4h无异常	低于检出限
一氧化氮	小鼠LC_{50}1 090mg/m^3	0.4
八氟环丁烷	大鼠吸入80%（20%氧）无异常	低于检出限
三氟溴甲烷	车间标准为6 100mg/m^3	低于检出限

（3）检测步骤

1）室内空气总量（容积）的测定：

$$V = V_1 - V_2 \tag{3—10}$$

式中 V——室内空气容积，m^3；

V_1——室内容积，m^3；

V_2——室内物品（桌、沙发、柜、床、箱等）总体积，m^3。

2）测定的准备工作。按仪器使用说明校正仪器，校正后待用；打开电源，确认电池电压正常；归零调整及感应确认，归零工作需要在清净的环境中调整，调整后即可进行采样测定。

3）示踪气体浓度发生和测定。关闭门窗，在室内通入适量的示踪气体后，将气源移至室外，同时用摇摆风扇搅动空气 3~5min，使示踪气体分布均匀，再按对角线或梅花状布点采集空气样品，同时在现场测定并记录。

4）用平均法或回归方程法，计算空气交换率。

①平均法：当浓度均匀时采样，测定开始时示踪气体的浓度为 ρ_0，15min 或 30min 时再采样，测定最终示踪气体浓度 ρ_t（t 时间的浓度），前后浓度自然对数差除以测定时间，即为平均空气交换率。

②回归方程法：当浓度均匀时，在 30min 内按一定的时间间隔测量示踪气体浓度，测量频次不少于 5 次。以浓度的自然对数与对应的时间作图，用最小二乘法进行回归计算，回归方程式中的斜率即为空气交换率。

（4）检测结果

1）平均法计算平均空气交换率：

$$A = (\ln\rho_0 - \ln\rho_t)/t \tag{3—11}$$

式中 A——平均空气交换率，h^{-1}；

ρ_0——测量开始时示踪气体浓度，mg/m^3；

ρ_t——时间为 t 时示踪气体浓度，mg/m^3；

t——测定时间，h。

2）回归方程法计算空气交换率：

$$\ln\rho_t = \ln\rho_0 - At \tag{3—12}$$

式中 ρ_t——时间为 t 时示踪气体浓度，mg/m^3；

ρ_0——测量开始时示踪气体浓度，mg/m^3；

A——空气交换率，h^{-1}；

t——测定时间，h。

3）新风量的计算：

$$Q = AV \tag{3—13}$$

式中 Q——新风量，m^3/h；

A——空气交换率，h^{-1}；

V——室内空气容积，m^3。

若示踪气体本底浓度不为0时，则公式中的ρ_t、ρ_0需减本底浓度后再取自然对数进行计算。

第三节　光照和色彩的检测

一、光照的检测

（一）概述

过量的光辐射（主要包括波长100nm～1mm之间的光辐射）对人们的身体健康、生活和工作环境造成不良影响的现象称为光污染，按光的物理特性分为可见光污染、红外线污染和紫外线污染，按国际惯例，一般将光污染分为白亮污染、人工白昼、彩光污染和眩光污染。与室内环境密切相关的有彩光污染和眩光污染。

光的度量方法有两种：第一种是辐射度量，它是纯客观的物理量，不考虑人的视觉效果；第二种是光度量，是考虑人的视觉效果的生物物理量。辐射度量与光度量之间有着密切的联系，辐射度量是光度量的基础，光度量可以由辐射度量导出。常用的光度量有光通量、照度和光亮度。

1. 光通量

照明的效果最终由人眼来评定，因此仅用能量参数来描述各类光源的光学特性是不够的，还必须引入基于人眼视觉的光量参数——光通量来衡量。光源在单位时间内向周围空间辐射出去的，并使人眼产生光感的能量，称为光通量，它是说明光源发光能力的基本量，是通过人的眼睛来描述光，用符号Φ表示。光通量的单位是lm（流明）。在国际单位制和我国规定的计量单位中，它是一个导出单位，1lm是发光强度为1cd（坎德拉）的均匀点光源在1球面度立体角内发出的光通量。在照明工程中，光通量是说明光源发光能力的基本量。例如，一只40W白炽灯发射的光通量为350lm；一只40W荧光灯发射的光通量为2 100lm，是白炽灯的6倍。

由于人眼对黄绿色光最敏感，在光学中以它为基准作出如下规定：当发出波长为555nm黄绿色光的单色光源，其辐射功率为1W时，则它所发出的光通量为1光瓦，等于683lm。大多数光源都含有多种波长的单色光，称为多色光。多色光光源的光通量为它所含的各单色光的光通量之和。

2. 照度

被照面单位面积上所接受的光通量，称为该被照面的照度。照度是用来表征被照面上接受光的强弱，符号为E。照度表示了被照面上的光通量密度。设无限小被照面面积dA上接受的光通量为$d\Phi$，则该处的照度E为：

$$E = \mathrm{d}\Phi/\mathrm{d}A \qquad (3—14)$$

若光通量垂直均匀分布在被照表面A上时，则此被照面的照度为：

$$E = \Phi/A \qquad (3—15)$$

照度的单位为lx（勒克斯），1lx等于1lm的光通量均匀分布在1m^2的被照面上产生的照度。lx是一个较小的单位，例如晴天中午室外地平面上的照度可达（1.2～8）×10^4lx；阴天中午室外的照度为（0.8~2.0）$\times10^4$lx；在装有40W白炽灯的台灯下看书，桌面照度平均为200~300lx；月光下的照度只有几个lx。

国际照明委员会（CIE）对不同作业和活动推荐的照度见表3—2。

表3—2　　CIE对不同作业和活动推荐的照度

作业或活动类型	照度范围/lx	作业或活动类型	照度范围/lx
室外入口区域	20~30~50	缝纫、绘图、检验室	500~750~1 000
短暂停留交通区域	50~75~100	辨色、精密加工和装配	750~1 000~1 500
衣帽间、门厅	100~150~200	手工雕刻、精细检查	1 000~1 500~2 000
讲堂、粗加工	200~300~500	手术室、微电子装配	>2 000
办公室、控制室	300~500~750		

照度还可以直接叠加，例如房间有3盏灯，它们对桌面上A点的照度分别为E_1、E_2、E_3，则A点的总照度E等于3个照度值之和，即$E=E_1+E_2+E_3$，可写成通用表达式，即

$$E = \sum E_i \tag{3—16}$$

目前在英、美等国还在沿用英制的单位，照度的英制单位是fc（英尺烛光，foot—candle），1ft^2（平方英尺）被照面上均匀地接收1lm光通量时，该被照面的照度为1fc，即1fc=1lm/ft^2=10.76lx。

3. 光亮度

在日常生活中，若在房间内的同一位置并排放一个白色和一个黑色的物体，虽然它们的照度一样，但看起来却会感觉白色物体要亮得多。这说明了被照物体表面的照度并不能直接表达人眼对它的视觉，这是因为视觉上的明暗知觉取决于进入眼睛的光通量在视网膜上形成的物像上的照度。视网膜上形成的照度愈高，人眼就感到愈亮。白色物体的反光比黑色物体要强得多，所以感到白色物体比黑色物体亮得多。由此说明确定物体的明暗要考虑两个因素：一是物体（光源或受照体）在指定方向上的投影面积，这决定物像的大小；二是物体在该方向的发光强度，这决定物像上的光通量密度。根据这两个条件，可以建立一个新的光度量——光亮度（简称亮度）。

亮度是指发光体在视线方向单位投影面积上的发光强度。它是表征发光面发光强弱的物理量，以符号L表示，单位为cd/m^2。1cd/m^{2}表示在1m^{2}的表面积上，沿法线方向产生1cd的光强。

亮度在各个方向上常常是不一样的，所以在谈到一点或一个有限表面的亮度时需要指明方向。

4. 亮度与照度

光源的亮度和该光源在被照射面上所形成的照度之间，由立体角投影定律来定量，该定律适用于光源尺寸比它到被照射面的距离相对较大的场合。

$$E = L\Omega\cos\theta \tag{3—17}$$

式（3—17）表明了发光表面被照面上形成的照度，仅与发光表面的亮度L及其在被照

面上形成的立体角投影 $\Omega\cos\theta$ 有关，而与发光表面的面积无关。

评价一个光环境质量的好坏，不仅应包含带有物理指标的客观评价，还应包含人们对光环境的主观评价。为了建立人对光环境的主观评价与客观的物理指标之间的对应关系，各国的科学工作者进行了大量的研究，其成果已被列入各国照明规范、照明标准或照明设计指南中，成为光环境设计和评价的依据和准则。制定照度标准的主要依据是视觉功效特性，同时还应考虑视疲劳、现场主观感觉和照明经济性等因素。另外，人工光环境还应从节约能源、保护环境的角度予以评价。

（1）照度水平　人眼对外界环境明亮差异的感觉，取决于外界景物的亮度。但各种物体的反射特性不同，所以要规定适当的亮度水平就显得相当复杂。因此实践中还是以照度水平作为照明的数量指标。

我国近年来在新编照明设计标准时已考虑到使之与国际标准具有一致性，目前我国在建筑照明方面的通用标准是 2014 年 6 月 1 日开始实施的《建筑照明设计标准》（GB 50034—2013）（以下简称《照明标准》）。

照明数量一般指照度值。视觉工作所需照度值与识别物体的尺寸大小、识别物体与其背景的亮度对比及识别物体本身的亮度等因素有关。因此，照度值应根据识别物体大小、物体与背景的亮度对比及国民经济的发展情况等因素确定。一般按工作面上的照度值来规定所处环境的照明标准。不同的视觉工作对应的照度分级见表 3—3。

表 3—3　　视觉工作对应的照度分级

视觉工作	照度分级/lx	附　注
简单视觉作业的照明	0.5，1，2，3，5，10，15，20，30	整体照明的照度
一般视觉作业的照明	50，75，100，150，200，300	整体照明的照度或整体照明和局部照明的总照度
特殊视觉作业的照明	500，750，1 000，1 500，2 000，3 000	整体照明的照度或整体照明和局部照明的总照度

（2）照明均匀度　照明均匀度以工作面上的最低照度与平均照度之比来表示。照度的不均匀将影响视野内亮度的不均匀，从而易导致视力疲劳。所以，对一般照明还应当提出照明均匀度的要求。

一般照明时不考虑局部的特殊需要，为照亮整个假定工作面而设计均匀照明。我国《照明标准》中规定公共建筑的工作房间和工业建筑作业区域内的一般照明均匀度不得小于 0.7（CIE 和经济发达国家建议的数值是不小于 0.8）；房间或场所的通道和其他非作业区域的平均照度通常不宜低于作业区域平均照度的 1/3。

一般来说，常常不需要也不希望整个室内的照度是均匀的，但当要求整个房间内任何位置都能进行工作时，则均匀的照度又是必不可少的。相邻房间之间的平均照度变化不应超过 5∶1。

（3）采光系数　采光系数是指在全阴天漫射光照射下，室内给定平面上某一点由天空漫射光所产生的照度与同一时间的室外照度的比值。

采光设计的光源应以全阴天天空的漫射光作为标准。由于室外照度是经常发生变化的，它必然使得室内的照度也相应发生变化，故不能用照度的绝对值来规定采光数量，而是采用相对照度值作为采光标准。该照度相对值称为采光系数，它是采光的数量评价指标，也是采光设计的依据。

已知采光系数的标准值，可以根据室内要求的照度换算出需要的室外照度，也可以根据室外某时刻的照度值求出当时室内任一点的照度。

把室内天然光照度对应采光标准规定的室外照度值称为临界照度，用 E_y 表示。E_y 的确定将影响开窗的大小、人工照明使用时间等。经过不同临界照度值对各种费用的综合比较，考虑到开窗的可能性，《照明标准》规定我国Ⅲ类光气候区的临界照度值为 5 000lx。确定这一值后就可将室内天然光照度换算成采光系数。顶部采光时，室内照度分布均匀，采用采光系数平均值。侧面采光时，室内光线变化大，故用采光系数最低值。

（4）反射比和透射比　人们在建筑物内看到的光，绝大多数是经过墙壁或各种物体反射或透射的光，光环境就是由各种反射与透射光的材料构成的。因此，选用不同的材料，就会在室内形成不同的光效果。只有了解各种材料的光学性质，根据不同的要求，选取不同的材料，才能创造出较为理想的室内光环境。借助于材料表面反射的光或材料本身透过的光，人眼才能看见周围环境中的人和物。办公室、图书馆、教室等建筑的房间内，各表面的光反射比和透射比都要适宜。

（二）照度的检测

1. 仪器

照度计是用于测量被照面上的光照度的仪器，是光照度测量中用得最多的仪器之一。常用的照度计分为数字式照度计、指针式照度计和专业级照度计。

照度计由光度探头（又称受光探头）和读数显示器两部分组成，其结构如图 3—1 所示。照度计的分类按光电转换器件来区分，主要有硒（硅）光电池和光电管照度计，其照度值有数字显示和指示针指示两种。无论何种照度计，均由光度探头、测量或转换线路以及示数仪表等组成。

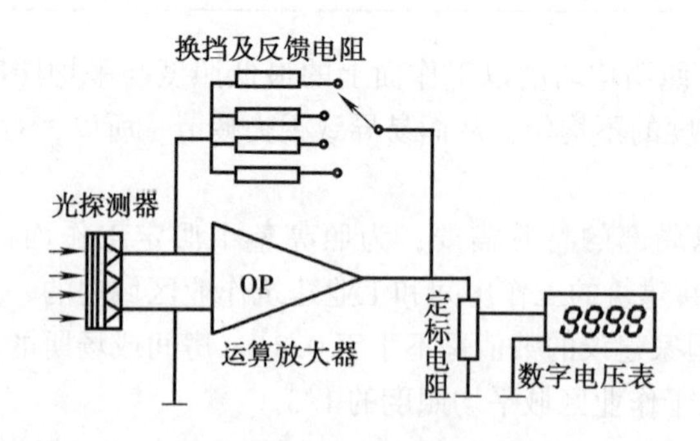

图 3—1　照度计的结构图

最简单的照度计是由硒光电池和微电流计组成的。硒光电池是把光能直接转换为电能的光电元件。当光线照射到硒光电池上面时，入射光透过金属薄膜到达硒半导体层和金属薄膜的分界面上，在界面上产生光电效应。光电位差的大小与光电池受光表面的照度有一定的比例关系，这时如果接上外接电路，就会有电流通过，并且可以从微安表上指示出来。光电流的大小决定于入射光的强弱和回路中的电阻。

2. 检测步骤

在进行工作的房间内，应该在每个工作地点（如书桌、工作台）测量照度，然后加以平均。对于没有确定工作地点的空房间或非工作房间，如果单用一般照明，通常选 0.8m 高的水平面作为照度测量面。将测量区域划分成大小相等的方格（或接近方形），测量每格中心的照度 E_i，其平均照度等于各点照度的平均值，即：

$$E_{av} = \frac{\sum E_i}{n} \tag{3—18}$$

式中　E_{av}——测量区域的平均照度，lx；

E_i——每个测量网格中心的照度，lx；

n——测点数。

小房间每个方格的边长为 1m，大房间可取 2～4m，走道、楼梯等狭长的交通地段沿长度方向中心线布置测点，间距为 1～2m；测量平面为地平面或地面以上 150mm 的水平面。测点数目越多，得到的平均照度值越精确，不过也要花费更多的时间和精力。当以局部照明补充一般照明时，要按人的正常工作位置来测量工作点的照度，将照度计的光电池置于工作面上或进行视觉作业的操作表面上。

测量数据可用表格记录，同时将测点位置正确地标注在平面图上，但最好是在平面图的测点位置直接记录数据。在测点数目足够多的情况下，根据测得数据画出一张等照度曲线分布图则更为理想。

3. 注意事项

（1）照度计的精度　照度计有一级精度和二级精度。一级精度允许的误差为±4%，二级精度允许的误差为±8%。二级精度的照度计，通常不作为法定的照度检测仪表。

（2）照度计测量引起的误差　用数字照度计测量照度时，经常遇到数字不停变化的情况，变化幅度可达 1.6%～2.0%，让操作人员无法准确确定数据。即使在确保电源电压稳定的情况下，由于灯本身的细微变化、电网电压波动、环境温度的变化、硅光电池出现疲劳等均可以造成这种现象，特别是硅光电池出现的疲劳随测量时间而变化时。这是硅光电池的固有特性，它反映在光照度和其他工作条件不变时，照度计的响应值由大到小的变化。

（3）照度计数字跳动的处理　我国标准规定，照度计精度为一级时，允许误差为±4%，由于跨度为 8%，实际的操作似有过大之嫌。因此，在测量过程中常提出以下的建议：由于照度计随时间而变化，具有不稳定性，在照度计内设一个电子补偿线路，用于补偿照度计的响应值，使其达到即使随时受到日照的影响，响应值也基本不变的效果；灯光照度测量的误差分析，可以避免生产中对产品的错判或误判，减少损失，也可以使光计量校验人员在校量测量器具时做到心中有数。

（三）亮度的检测

光环境的亮度测量是在实际工作条件下进行的。选一个工作地点作为测量位置，从这个位置测量各表面的亮度，将得到的数据直接标注在同一个位置、同一个角度拍摄的室内照片上或以测量位置为观测点的透视图上。

亮度计的放置高度，以观察者的眼睛高度为准，通常站立时为 1.5m，坐下时为 1.2m。

需要测量亮度的表面是人经常注视，并且对室内亮度分布和人的视觉影响大的表面。这些表面主要有：①视觉作业对象；②贴近作业的背景，如桌面；③视野内的环境从不同角度看顶棚、墙面、地面；④观察者面对的垂直面，例如在眼睛高度的墙面；⑤从不同角度看灯具；⑥中午和夜间的窗户。

测量窗户的亮度时，应对透射过窗户看到的天空和室外景物分别进行测量，估算出它们所占的相应的面积。

（四）采光系数的检测

1. 原理

室内某一点的采光系数 C 可按下式确定：

$$C = \frac{E_n}{E_w} \tag{3—19}$$

式中 E_n——室内水平面上某一点由全阴天天空散射所产生的照度，lx；

E_w——室外无遮挡水平面上由全阴天天空散射光所产生的照度，lx。

根据定义，测量采光系数时室内外照度应同时测量。

2. 仪器

照度计两台。

3. 检测步骤

（1）采样位置　采光系数测量的测点通常在建筑物典型剖面和 0.8m 高水平工作面的交线上选定，间距一般为 2～4m，小房间取 0.5～1.0m。典型剖面是指房间中部通过窗中心和通过窗间墙的剖面，也可以选择其他有代表性的剖面。

（2）测量位置　测室外照度的光电池应平放在周围无遮挡的空旷地段或屋顶上，且无日照影响，离开遮挡物的距离至少是在光电池平面以上遮挡物高度的 6 倍远，如图 3—2 所示。

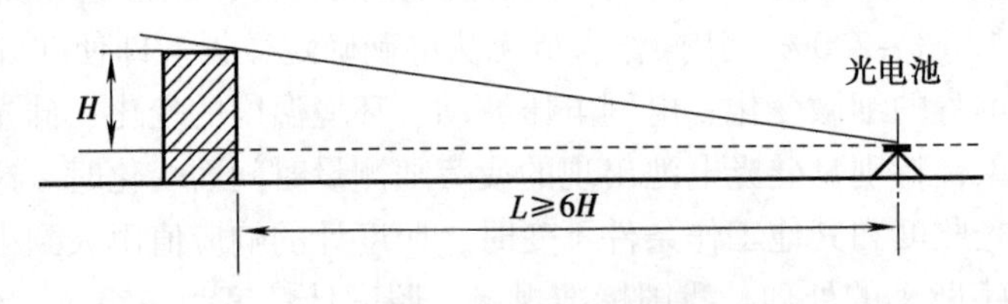

图 3—2　室外照度测点位置选择示意图

（3）测量时间　最好在一天中室外照度相对稳定的时间，即上午 10 时至下午 2 时之间进行测量，采光系数的测量最好在全阴天进行。

（4）计算　根据式（3—19）计算其采光系数。

4. 注意事项

应采用两台同型号的照度计同时测量，以减少因室内外两个读数时差所造成的采光系数测量误差。

（五）反射比和透射比的检测

1. 原理

反射比指反射光通量与入射光通量之比，透射比指透射光通量与入射光通量之比。

某表面的亮度取决于落在其上的光通量与该表面所能反射光线的能力，其反射光的多少与分布形式则取决于该材料表面的性质，以反射光与入射光的比值来表示，即该材料表面的反射比或反射率。完美的黑色表面的反射比为 0，亦即无论多少光落于其上都无亮度产生而全部被吸收；反之，完美白色表面的反射比为 1（反射率 100%，吸收率 0%）。

当样品的反射光作用于光电池表面时，产生的电信号输入直流放大器进行放大，并予以读数显示。

2. 仪器

（1）反射比仪或透射比仪。

（2）照度计或亮度计。

3. 检测步骤

（1）使用反射比仪或透射比仪测定：

1）开机预热。把探头与电控箱连接，同时接上电源，开机预热 15 ~ 20min。此时应把探头放在黑色标准板上为佳。

2）校零。把探头放在黑色标准板上，调整主机的校正旋钮，使主机数字显示为 00. 0，允许变动±0. 1。

3）校正标准值。把探头放在白色标准板上，调整主机的校正旋钮，使主机显示的数值与白色标准板的标定值一致，允许变动±0. 1。反复 2）和 3）若干次，使主机显示的数值满足校零、校正的要求。

4）测量反射光通量、入射光通量，并计算反射比。

（2）现场测光时，如果没有便携式的反射比仪或透射比仪，可以用照度计或亮度计来测量不同表面的反射比和窗玻璃透射比。检测方法如下：

1）选择一块适当的测量表面（不受直射光影响的漫反射面），将光电池紧贴在被测表面的一点上，受光面朝外，测出入射表面照度 E_i，然后将光电池翻转 180°，面向被测点，与被测面保持平行地渐渐移开，这时照度计读数逐渐上升。当光电池离开被测面相当距离（约 400mm，感光部分朝该表面且确定无阴影遮挡）时，照度趋于稳定（再远则照度开始下降），记下这时其所反射的照度 E_r。反射照度与表面照度之比即为该材料表面的反射比 ρ，即：

$$\rho = E_r / E_i \tag{3—20}$$

2）亮度计的光电池面向被测表面上一点，距离保持 400mm 左右，测得亮度 L_r，将已知反射比 ρ_0 的样卡一张（均匀漫反射材料，面积大于 300mm×300mm）盖在被测点上，测得亮度为 L_0，则：

$$\rho = (L_r / L_0)\rho_0 \tag{3—21}$$

3）选择天空扩散光照射的窗户（如北向的窗），先将光电池置于窗玻璃外侧一点，面向天空，贴紧玻璃，测得入射光照度 E_i；再将光电池移入窗内，贴紧窗玻璃内侧的同一点，面向窗外，测得透射光照度 E_t，计算透射比 τ：

$$\tau = E_t / E_i \tag{3—22}$$

4. 注意事项

（1）使用反射比仪或透射比仪测定时，为克服光电池的光照疲劳现象，在测试的间隙时间内应将探头放在黑色标准板上面。

（2）使用照度计或亮度计来测量在现场测量反射比或透射比时，由于测量对象不是标准试件，所以同一类材料或表面要多测几个点，取其平均值。

二、色彩的检测

（一）概述

色彩对人的影响力是客观存在的，作为视觉传达重要因素，它总是不知不觉中左右我们的情绪，影响我们的行为，比如高纯度红色使人兴奋，高明度黄色刺眼使人心慌等。

光的颜色和显色性在照明工程中十分重要，尤其在光色和显色性要求较高的场所。光源色的选择取决于光环境所要形成的气氛，光源色温不同，给人的感觉也不同。例如，照度水平低的“暖”色灯光（低色温）接近日暮黄昏的情调，能在室内创造亲切轻松的气氛；而希望能够使人们紧张、活跃、精神振奋地进行工作的房间，宜于采用照度水平高的“冷”色灯光（高色温）。

室内照明常用的光源按它们的相关色温可以分成三类，见表 3—4。其中第Ⅰ类暖色调适用于居住类场所，如住宅、旅馆、饭店以及特殊作业或寒冷气候条件；第Ⅱ类在工作场所应用最为广泛；第Ⅲ类冷色调适用于高照度场所、特殊作业或温暖气候条件下。

表 3—4　　不同相关色温光源的应用场所

光色分组	颜色特征	相关色温/K	适用场所举例
Ⅰ	暖	≤3 300	客房、卧室、病房、酒吧、餐厅等
Ⅱ	中间	3 300~5 300	办公室、教室、阅览室、诊室、检查室、机加工车间、仪表装配车间等
Ⅲ	冷	>5 300	热加工车间、高照度场所等

由于不同波长的光在视觉上所感受的色调不同，因此在舒适感方面有所不同。如对小于 3 300K 的暖色调的灯光在较低的照度下就可达到舒适感，而对大于 5 300K 的冷色调的灯光则需要较高的照度才能适应。

（二）色彩的检测方法

色彩的检测方法有目视比色法和反射型色度计法等。

1. 目视比色法

（1）原理　由色觉正常的观测者用蒙塞尔标准色卡与被测表面逐一比对，选出与被测色最接近的色卡。从色卡标注的数据资料上确定被测色的色调、明度和彩度，还可以得知它的色坐标和反射比。

（2）仪器　蒙塞尔标准色卡。

（3）检测步骤

1）用蒙塞尔标准色卡与被测表面逐一比对，选出与被测色最接近的色卡。

2）从色卡标注的数据资料上确定被测色的色调、明度和彩度，得知被测色的色坐标和反射比。

（4）注意事项　按照规定，目视比对应在标准光源照射下，或在北向晴天天空光下进行。不过，在现场灯光下比对也有实用价值。

2. 反射型色度计法

（1）原理 将测光头（探头）置于被测表面，打开标准灯，即能测出在标准灯照射下表面色的色坐标。

（2）仪器 反射型色度计。

（3）检测步骤

1）开机前的准备工作。将探头与主机用专用电缆连接好；将仪器后面板电源开关拨向“ON”位置。

2）开机。按下“ON”键，电源接通，仪器开始工作。

3）校零。将探头遮住，按一下“ZERO”键。

4）将探头对准目标进行采样。

5）采样结束，按功能键进行读数。

（4）注意事项

1）使用中应避免对探头和主机的强烈振动。

2）对于光源色，过去常用色温表测量灯光的色表，一般摄影用的色温表精度不高，而且不能测量低温色（<2 800K）温值。近年来研制的便携式入射型色度计，内装计算机处理测量数据，能直接显示灯光的色坐标的数字，使用方便。根据色坐标，在等温线图上很容易确定灯光的色温或相关色温。

目前使用比较广泛的现场测色的仪器还有各种彩色亮度计，这种测光与测色合为一体的精密仪器设有红、绿、蓝三种滤光器，它们分别与光电接收器匹配后的光谱响应符合 CIE 1931 标准色度，通过内装的微机控制、运算、处理，能直接指示出亮度、色坐标和色温等参数。它的优点是不接触被测表面，通过目视系统瞄准测量对象即可进行测量。另外，彩色亮度计测得的数据反映了一个室内环境在选用的光源照射下，经过各表面颜色相互反射后呈现的实际效果，因此更具有实用价值。

第四节 噪声的检测

一、噪声

（一）概述

1. 噪声的概念

由于物体振动而引起周围空气振动所产生的疏密波称为声波，其频率范围很广。当声波振动频率在 20Hz~20kHz 时，作用于人的鼓膜而产生的感觉称为声音。振动频率小于 20Hz 的声波称为次声，高于 20kHz 的称为超声，它们作用于人耳是不能引起听觉的。

杂乱无章、极不协调、为人们正常生活和工作所不需要的声音称为噪声。噪声既与声音的客观物理性质有关，又与人们的主观感觉和心理因素有关。从物理学上来讲，一切无规律的或随机的声信号叫噪声；从心理学角度来讲，凡是使人烦恼、厌恶，让人感到刺激、不需要的声音都可称为噪声。

噪声按机理分类为空气动力噪声、机械噪声、电磁噪声等；噪声按来源分类为交通噪声、工业噪声、建筑施工噪声、社会生活噪声等；噪声按强度是否随时间变化分类为稳态噪声、非稳态噪声。

2. 噪声污染及其危害

噪声污染一般是指人为活动引起的。噪声污染是物理性污染。物理性污染一般是局部性的，即一个噪声源不会影响很大的区域。另外，物理性污染没有后效作用，即噪声不会残存在环境中，噪声停止，污染立即消失。

噪声污染对人群的危害程度取决于噪声的强度和暴露时间的长短。噪声的危害是多方面的，具体表现为损伤听力、影响视力、干扰睡眠、能诱发多种疾病、危害儿童、毁坏仪器设备和建筑结构等。

3. 声音的物理特性和量度

（1）声功率、声强和声压　声功率是指单位时间内，声波通过垂直于传播方向某特定面积的声能量，用符号 W 表示，单位为 W。声强是指单位时间内，声波通过垂直于传播方向单位面积的声能量，用符号 I 表示，单位为 W/m^2。声压是指在声波传播过程中，空气压力相对于大气压力的变化，通常用符号 p 表示，单位为 Pa。声压有瞬时声压、峰值声压和有效声压，最常用的是有效声压，它是声压计测量的基础。

当频率为 1 000Hz 时，正常人耳刚好能听到的声音声压值约为 2×10^{-5}Pa，称为基准声压或听阈声压。使人耳感到疼痛的声压值约为 20Pa，称为痛阈声压。

（2）分贝、声功率级、声强级和声压级　能够引起人听觉的声波不仅要有一定的频率范围，而且还要有一定的声压范围，能引起人听觉的声压值范围为（2×10^{-5}）~ $20N/m^2$，变化范围高达 6 个数量级；同时，人体听觉对声音信号强弱刺激反应不是线性的，而是成对数关系。因此，通常用分贝来表示声学量值。

所谓分贝是指两个相同的物理量（例 A_I——被量度量和 A_0——基准量）之比取以 10 为底的对数并乘以 10。分贝符号为 dB，它是无量纲的，通常称为被量度量的“级”，在噪声测量中是很重要的参量。

1）声功率级（L_W）：

$$L_W = 10\lg(W/W_0) \tag{3—23}$$

式中　L_W——声功率级，dB；

W——声功率，W；

W_0——基准声功率，为 10^{-12}W。

2）声强级（L_I）：

$$L_I = 10\lg(I/I_0) \tag{3—24}$$

式中　L_I——声强级，dB；

I——声强，Pa；

I_0——基准声强，为 $10^{-12}W/m^2$。

3）声压级（L_p）：

$$L_p = 20\lg(p/p_0) \tag{3—25}$$

式中　L_p——声压级，dB；

p——声压，Pa；

p_0——基准声压，为 2×10^{-5}Pa。

4. 噪声的主观评价及评价参数

（1）响度、响度级与等响曲线　人耳对声音的感觉除与声波的声功率、声强、声压有关外，还与声波的频率有关，声压相同而频率不同的纯音听起来是不一样响的。所以引入“响度”这一概念来表示人耳判别噪声由轻到响的强度的判断。

响度用 N 表示，单位为 sone（宋）。1sone 的定义为声压级 40dB，频率为 1 000Hz，它是来自听者正前方的平面波的强度。如果另一个声音听起来比这个声音大 n 倍，则这个声音的响度为 $n$sone。响度级用 L_N 表示，给定一个声音，若其听起来与 1 000Hz 的纯音一样响，那么就把这个纯音的声压级数值称为这个声音的响度级，单位是 phon（方）。

利用与基准声音比较的方法，通过大量的试验，可以得到人耳听觉频率范围内一系列响度相等的声压级与频率的关系曲线，即“等响曲线”。该曲线为国际标准化组织（ISO）采用，所以又称为 ISO 等响曲线。

（2）计权声级　鉴于人耳对噪声强弱的感觉不仅与噪声的物理量有关，而且与人的生理和心理状态有关。为了模拟人耳对频率不同的声音感觉敏度不同的特性，在以声级计为代表的噪声测量仪内设计了一种特殊的滤波器，称为计权网络。通过计权网络测得的声压级，已不是客观物理量的声压级，而称为计权声压级或计权声级，简称声级。常用的有 A、B、C、D 四种计权网络，它们测出的值通常称为 A 声级、B 声级、C 声级和 D 声级。

计权网络中，A 计权网络是模拟 40phon 低强度噪声等响曲线的频率特性，曲线形状与等响曲线相反，对低频有较大的衰减；B 计权网络是模拟 70phon 中强度噪声等响曲线的频率特性，对低频有一定的衰减；C 计权网络是模拟 100phon 高强度噪声等响曲线的频率特性，对各种频率的声音基本上不衰减；D 计权网络是对噪度参数的模拟，专用于飞机噪声的测量。

经过对连续稳态噪声的大量实践研究，发现 A 计权声级能较好地表征噪声对人吵闹的主观感觉和人耳听力损伤程度，是一种较好的评价方法。因此现在一般都采用 A 声级作为噪声测量和评价的基本量。A 声级通常用符号 L_A 表示，单位是 dB（A）。采用声级计测量噪声时，应注明所用的计权声级。当采用 A 声级计时，常可省略标注计权声级。

（3）声级评价

1）等效连续 A 声级。国际标准化组织对等效连续 A 声级的定义是：在声场中某个位置、某一时间内，对间歇暴露的几个不同 A 声级，以能量平均的方法，用一个 A 声级来表示该时间内噪声的大小，这个声级就为等效连续 A 声级，用 L_{eq} 表示，单位是 dB（A）。其数学表达式为：

$$L_{eq} = 10\lg\left[\frac{1}{t_2 - t_1}\int_{t_1}^{t_2}\left(\frac{p_i}{p_0}\right)^2 dt\right] = 10\lg\left[\frac{1}{t_2 - t_1}\int_{t_1}^{t_2} 10^{0.1L_A} dt\right] \tag{3—26}$$

式中　L_{eq}——等效连续 A 声级，dB（A）；

(t_2-t_1)——测量时段的间隔，s；

L_A——噪声瞬时 A 计权声压级，dB（A）。

如果测量是在同样的采样时间间隔下，测试得到一系列 A 声级数据，则测量时段内的等效连续 A 声级可通过式（3—27）计算：

$$L_{eq} = 10\lg\left[\left(\sum 10^{0.1L_i}t_i\right)/T\right] \tag{3—27}$$

或

$$L_{eq} = 10\lg\left[\left(\sum 10^{0.1L_i}t_i\right)/n\right]$$

式中 L_{eq}——等效连续 A 声级，dB（A）；

L_i——等间隔时间 t_i 内读出的声级 dB（A），一般每 5s 读一个；

t_i——采样间隔时间，s；

t——总测量时间，s；

n——读得的声级总个数，一般为 100 或 200 个。

从等效连续 A 声级的定义中不难看出，对于连续的稳态噪声，等效连续 A 声级等于所测得的 A 计权声级。等效连续 A 声级由于较为简单，易于理解，而且又与人的主观反应有较好的相关性，因而已成为许多国内外标准所采用的评价量。

2）累积百分声级。累积百分声级是用于评价测量时间段内噪声强度时间统计分布特征的指标，指占测量时间段一定比例的累积时间内 A 声级的最小值，用 L_N 表示，单位是 dB（A）。最常用的是 L_{10}、L_{50} 和 L_{90}，其含义如下：

L_{10}——测量时间内有 10%的时间 A 声级超过值，相当于噪声的平均峰值；

L_{50}——测量时间内有 50%的时间 A 声级超过值，相当于噪声的平均中值；

L_{90}——测量时间内有 90%的时间 A 声级超过值，相当于噪声的平均本底值。

其计算方法是将测得的 100 个或 200 个数据按由大到小顺序排列，第 10 个数据或总数为 200 个的第 20 个数据即为 L_{10}，第 50 个数据或总数为 200 个的第 100 个数据即为 L_{50}，第 90 个数据或总数为 200 个的第 180 个数据即为 L_{90}。

如果测量的数据符合正态分布，则等效连续 A 声级和统计声级有式（3—28）和式（3—29）关系。

$$L_{eq} \approx L_{50} + \frac{d^2}{60} \tag{3—28}$$

$$d = L_{10} - L_{90} \tag{3—29}$$

此外，还有昼夜等效声级、噪声污染级、交通噪声指数、噪声的频谱分析等。

（4）声级评价方法

1）数据平均法。将全部网络中心测点测得的连续等效 A 声级做算术平均运算，所得到的算术平均值就代表某一区域或全市的总噪声水平。

2）图示法。城市区域环境噪声的测量结果，除了用上面有关的数据表示外，还可用城市噪声污染图表示。为了便于绘图，将全市各测点的测量结果以 5dB（A）为一等级，划分为若干等级（如 56~60，61~65，66~70……分别为一个等级），然后用不同的颜色或阴影线表示每一等级，绘制在城市区域的网格上，用于表示城市区域的噪声污染分布。由于一般环境噪声标准多以 L_{eq} 来表示，为便于同标准相比较，因此建议以 L_{eq} 作为环境噪声评价量来绘制噪声污染图。等级的颜色和阴影线规定用的表示方式见表 3—5。

表 3—5　　等级颜色和阴影线表示方式

噪声带/dB（A）	颜　色	阴影线
35 以下	浅绿色	小点，低密度
36~40	绿色	中点，中密度
41~45	深绿色	大点，大密度
46~50	黄色	垂直线，低密度
51~55	褐色	垂直线，中密度
56~60	橙色	垂直线，高密度
61~65	朱红色	交叉线，低密度
66~70	洋红色	交叉线，中密度
71~75	紫红色	交叉线，高密度
76~80	蓝色	宽条垂直线
81~85	深蓝色	全黑

（二）噪声检测仪

噪声检测仪一般是通过测定声场中的声压或声压中的频率分布来测量噪声值的，常用的有声级计、声频频谱仪、环境噪声自动监测仪、噪声数据采集器、磁带录音机、噪声实时分析仪等。以下以声级计与声级频谱仪为例详细讲解。

1. 声级计

传统的声级计多采用指针表头显示。现在的声级计多为数字显示，一般具有自动加权处理数据的功能，如 NA-26、TES-1350 数字式声级计。

（1）工作原理　声级计一般由电容式传声器、前置放大器、衰减器、放大器、频率计权网络以及有效值指示表等组成。声压信号被电容式传声器膜片接收后转变成电信号，经前置放大器变换后送到衰减器，再输入放大器进行定量放大。放大后的信号由计权网络进行频率计权后输出信号，再经均方根减波电路（RMS）检波后，送出信号，推动电表显示出声压级分贝值。

（2）声级计的分类　根据声级计在标准条件下测量 1kHz 纯音所表现出的精度，可将声级计分为四种类型，即 0 型、1 型、2 型、3 型，其精度分别为±0. 4dB（A）、±0. 7dB（A）、±1. 0dB（A）、±1. 5dB（A）。声级计仪器上有阻尼开关，具有模拟人耳听觉动态特性的“快挡”即 F 挡，测量起伏不大的稳定噪声；具有读取起伏波动信号超过 4dB（A）时的“慢挡”，即 S 挡，两种指示反应速度时间常数分别是 125ms 和 1 000ms。

一般的环境噪声监测，国家标准要求测量仪器精度为 2 型以上的积分式声级计及环境噪声自动检测仪器，其性能符合《电声学　声级计　第 1 部分：规范》（GB 3785. 1）和《电声学　声级计　第 2 部分：型式评价试验》（GB 3785. 2）的要求。

（3）声级计的使用　正确使用声级计可以减小测量误差。不同型号的声级计具有各自的功能特点，但使用前的校准是不可缺少的。声级计有两种校准方法：一种是用内部电信号进行灵敏度校准；另一种是使用标准声源（活塞发声器或声级标准器）进行绝对声压级校准。第二种方法校准的准确性较高，是经常采用的办法。其中，声级标准器（如 ND9 型）由晶体管振荡器和电声转换器两部分组成，产生频率为 1 000Hz、声压级为 94dB 的标准声源，由于 A、B、C、D 计权网络在 1 000Hz 处衰减为零，所以声级校准器在使用中与计权网络无关，是一种理想的袖珍型校准声源。

在有风的环境下测量噪声时，风压作用到传声器的膜片上产生风噪声，直接影响测量结果。此时应在传声器上装上一只风罩，用以衰减风压，声量却没有衰减，能提高在风环境下测量的准确性。但若风速太大，一般应停止测量。声级计周围应尽量避免有高大建筑物，同时测试者也应尽可能远离声级计。当反射波到达声级计处所经过的路程是直达波到达声级计处所经过路程的 3 倍以上，反射波产生的误差才可以忽略不计。

声级计是国家强检的计量仪器，每年应送交计量部门检定一次。

2. 声级频谱仪

声级频谱仪也称为频谱分析仪。在精密声级计上配用倍频程滤波器（应符合标准要求），即可对噪声进行频谱分析。滤波器将复杂的噪声成分分成若干个宽度的频带，测量时只允许某个特定的频带声音通过，此时表头指示的读数是该频带的声压级，而不是总的声压级。根据规定，通常需要使用 10 个频挡，即中心频率为 31. 5Hz、63Hz、125Hz、250Hz、500Hz、1 000Hz、2 000Hz、4 000Hz、8 000Hz、16 000Hz 的 10 个频挡。频谱分析仪能测量噪声中所包含的各种频带的声压级，故是进行噪声频谱分析不可缺少的仪器。

决定频谱分析仪的主要性能是滤波器。目前，傅立叶变换可把输入信号分解成分立的频率分量，可起着与滤波器类似的作用。借助快速傅立叶变换电路代替低通滤波器，能简化频谱分析仪的构成，分辨率增高，缩短测量时间，扩大扫频范围，是现代频谱分析仪的重要特点。

二、噪声的检测方法

（一）声环境功能区噪声检测

1. 测量仪器

测量仪器精度为 2 型及 2 型以上的积分平均声级计或环境噪声自动检测仪，其性能须符合国家标准的规定，并定期校验。测量前后使用声校准器校准测量仪器的示值偏差不得大于 0. 5dB（A），否则测量无效。声校准器应满足国家标准对 1 级或 2 级声校准器的要求。测量时传声器应加防风罩。

2. 测点选择

噪声敏感建筑物室内测量时，距离墙面和其他反射面至少 1m，距窗约 1. 5m 处，距离地面 1. 2~1. 5m 高，在门窗全打开状况下进行，并采用较该噪声敏感建筑物所在声环境功能区对应环境噪声限值低 10dB（A）的值作为评价依据。

3. 测量条件

测量应在无雨雪、无雷电天气，风速为 5m/s 以下时进行。

4. 测量时段

敏感建筑物室内测量时，应在周围环境噪声源正常工作条件下，视噪声源的运行工况，分别在昼间、夜间两个时段连续进行测量。根据环境噪声源的特征，可优化测量时间。

5. 测量记录

噪声测量时需做测量记录。记录内容应主要包括：测量日期、时间、地点及测定人员，使用仪器型号、编号及其校准记录，测定时间内的气象条件（风向、风速、雨雪等天气状况），测量项目及测定结果，测量依据的标准，测点示意图，声源及运行工况说明及其他应记录的事项。

（二）社会生活环境噪声检测

1. 测量仪器

测量仪器为积分平均声级计或环境噪声自动检测仪，其性能应不低于国家标准对 2 型仪器的要求。测量 35dB（A）以下的噪声应使用 1 型声级计，且测量范围应满足所测量噪声的需要。校准所用仪器应符合国家标准对 1 级或 2 级声校准器的要求。当需要进行噪声的频谱分析时，仪器性能应符合国家标准中对滤波器的要求。

测量仪器和校准仪器应定期检定合格，并在有效使用期限内使用；每次测量前、后必须在测量现场进行声学校准，其前、后校准示值偏差不得大于 0. 5dB（A），否则测量结果无效。

测量时传声器加防风罩。测量仪器时间计权特性设为“F”挡，采样时间间隔不大于 1s。

2. 测量条件

测量气象条件应在无雨雪、无雷电天气，风速为 5m/s 以下时进行。不得不在特殊气象条件下测量时，应采取必要措施保证测量准确性，同时注明当时所采取的措施及气象情况。测量工况应在被测声源正常工作时间进行，同时注明当时的工况。

3. 测点位置

根据社会生活噪声排放源、周围噪声敏感建筑物的布局以及比邻的区域类别，在社会生活噪声排放源边界布设多个测点，其中包括距噪声敏感建筑物较近以及受被测声源影响大的位置。

一般情况下，测点选在社会生活噪声排放源边界外 1m、高度 1. 2m 以上、距任一反射面距离不小于 1m 的位置。当边界有围墙且周围有受影响的噪声敏感建筑物时，测点应选在边界外 1m、高于围墙 0. 5m 以上的位置。

室内噪声测量时，室内测量点位设在距任一反射面至少 0. 5m 以上、距地面 1. 2m 高度处，在受噪声影响方向的窗户开启状态下测量。

社会生活噪声排放源的固定设备结构传声至噪声敏感建筑物室内，在噪声敏感建筑物室内测量时，测点应距任一反射面至少 0. 5m 以上、距地面 1. 2m、距外窗 1m 以上，在窗户关闭状态下测量。被测房间内的其他可能干扰测量的声源（如电视机、空调机、排气扇以及整流器较响的日光灯、运转时出声的时钟等）应关闭。

4. 测量时段

分别在昼间、夜间两个时段测量。夜间有频发、偶发噪声影响时同时测量最大声级。

被测声源是稳态噪声，采用 1min 的等效声级。

被测声源是非稳态噪声，测量被测声源有代表性时段的等效声级，必要时测量被测声源整个正常工作时段的等效声级。

5. 背景噪声测量

测量环境不受被测声源影响且其他声环境与测量被测声源时保持一致，测量时段与被测声源测量的时间长度相同。

6. 测量记录

噪声测量时需做测量记录，内容应主要包括：被测量单位名称及地址、边界所处声环境功能区类别、测量时气象条件、测量仪器、校准仪器、测点位置、测量时间、测量时段、仪器校准值（测前、测后）、主要声源、测量工况、示意图（边界、声源、噪声敏感建筑物、测点等位置）、噪声测量值、背景值、测量人员、校对人、审核人等相关信息。

7. 测量结果修正

噪声测量值与背景噪声值相差大于 10dB（A）时，噪声测量值不做修正。噪声测量值与背景噪声值相差在 3~10dB（A）之间时，噪声测量值与背景噪声值的差值取整后按表 3—6 进行修正。

表 3—6 测量结果修正表

差值	3	4~5	6~10
修正值	−3	−2	−1

噪声测量值与背景噪声值相差小于 3dB（A）时，应采取措施降低背景噪声后，视情况执行；仍无法满足要求的，应按环境噪声监测技术规范的有关规定执行。

练 习 题

1. 填空题

（1）室内环境舒适度反映了人体对室内环境的满意程度，一般包括________、________、________、________、________、________、________、________等。

（2）国际上常用的温标有________、________、________等。国际实用温标是国际单位制中 7 个基本单位之一。

（3）常用表示空气湿度的方法有________、________和________三种。

（4）光照的检测内容包括________、________、________、________。

（5）噪声按机理分类为________、________、________等；噪声按来源分类为________、________、________、________等；噪声按强度是否随时间变化分类为________、________。

2. 简答题

（1）温度有几种表示方法？它们有何关系？

（2）温度和湿度分别有哪些测定方法？

（3）新风量的检测原理是什么？怎样测定室内新风量？

（4）辐射热有哪些测定方法？

（5）简述照度计的工作原理。

（6）简述照度、亮度、采光系数的测量方法。

（7）声强和声压有什么关系？声强级和声压级是否相等？为什么？

（8）噪声的评价方法有哪些？

（9）社会生活噪声排放源的固定设备结构传声至噪声敏感建筑物室内时，测量时如何布点？

（10）试说明光通量与发光强度、照度与亮度间的区别和联系。

第四章 室内空气质量检测

本章学习目标

★ 了解室内空气质量检测的内容，了解可吸入颗粒物的来源、危害。

★ 熟悉氨、二氧化碳、一氧化碳、二氧化硫、二氧化氮、臭氧、可溶性重金属、甲醛、苯系物、总挥发性有机化合物、苯并［a］芘、可吸入颗粒物和细颗粒物的基础知识。

★ 掌握氨、二氧化碳、一氧化碳、二氧化硫、二氧化氮、臭氧、可溶性重金属、甲醛、苯系物、总挥发性有机化合物、苯并［a］芘、可吸入颗粒物和细颗粒物的检测原理和检测方法。

第一节　无机物的检测

一、氨

（一）概述

氨（NH_3）是一种无色、有强烈刺激性气味的气体，相对分子质量为 17.03，沸点为 −33.5℃，熔点为−77.8℃，对空气相对密度为 0.596 2，在标准状况下 1L 气体的质量为 0.770 8g，在室温下 0.6~0.7MPa 时可以液化（临界压力 11.137×10^7Pa），也易被固化成雪花状固体。液态氨的密度（0℃时）为 0.638g/mL。氨极易溶于水、乙醇、乙醚，当 0℃时每升水中能溶解 907g 氨，氨的水溶液呈碱性。氨可燃，当在空气中的体积比达到 16%~25%时能发生爆炸。氨在高温时会分解成氮和氢，有催化剂存在时可被氧化成一氧化氮和水。

室内氨主要来自建筑施工中使用的混凝土外加剂，制造化肥、合成尿素、合成纤维、燃料、塑料、镜面镀银、鞣革、制胶等工艺中也会产生氨。生活环境中的氨主要来自生物性废物如尸体、排泄物、生活污水等，包括理发店烫发剂、家具涂饰时所用的添加剂和增白剂等。当人接触的氨浓度为 553mg/m^{3}时会发生强烈的刺激症状，可耐受的时间为 1.25min；当人置于氨浓度为 3 500~7 000mg/m^{3}的环境时会立即死亡。

（二）氨的检测方法

氨的检测方法有靛酚蓝分光光度法、纳氏试剂法、次氯酸钠-水杨酸分光光度法、离子选择性电极法等。

1. 靛酚蓝分光光度法

（1）原理　空气中氨吸收在稀硫酸中，在亚硝基铁氰化钠及次氯酸钠存在下，与水杨酸生成蓝绿色的靛酚蓝染料，根据其颜色的深浅，比色定量，在波长 697.5nm 测定吸光度。

10mL 样品溶液中含 0.5~10μg 氨，按本法规定的条件采样 10min，样品可测浓度范围为 0.01~2mg/m^3，检测下限为 0.5μg/10mL；若采样体积为 5L 时，最低检出浓度为 0.01mg/m^3。

（2）仪器

1）气泡吸收管。气泡吸收管有 10mL 刻度线，出气口内径为 1mm，与管底距离应为 3~5mm。

2）空气采样器。空气采样器流量范围为 0~2L/min，流量稳定。使用前后，用皂膜流量计校准采样系统的流量，误差应小于±5%。

3）10mL 具塞比色管。

4）10mm 比色皿分光光度计。

（3）试剂　所用的试剂均为分析纯，水为无氨蒸馏水。

1）无氨蒸馏水。在普通蒸馏水中，加少量的高锰酸钾至浅紫色，再加少量氢氧化钠至呈碱性。蒸馏，取其中间蒸馏部分的水，加少量硫酸溶液呈微酸性，再蒸馏一次。

2）吸收液［c（H_2SO_4）= 0.005mol/L］。量取 2.8mL 浓硫酸加入水中，并稀释至 1L。临用时再稀释 10 倍。

3）水杨酸溶液（50g/L）。称取 10.0g 水杨酸［C_6H_4（OH）COOH］、10.0g 柠檬酸钠（$Na_3C_6O_7 \cdot 2H_2O$），加水约 50mL，再加 55mL 氢氧化钠溶液［c（NaOH）= 2mol/L］，用水稀释至 200mL。此试剂稍呈黄色，室温下可稳定一个月。

4）亚硝基铁氰化钠溶液（10g/L）。称取 1.0g 亚硝基铁氰化钠［$Na_2Fe(CN)_5 \cdot NO \cdot 2H_2O$］，溶于 100mL 水中，储于冰箱中可稳定一个月。

5）次氯酸钠溶液原液。次氯酸钠试剂，有效氯不低于 5.2%。取 1mL 次氯酸钠试剂原液，用碘量法标定其浓度。

标定方法：称取 2g 碘化钾（KI）于 250mL 碘量瓶中，加水 50mL 溶解，加 1.0mL 次氯酸钠（NaClO）试剂，再加 0.5mL 盐酸（体积分数 50%），摇匀，暗处放置 3min。用硫代硫酸钠标准溶液［c（$1/2Na_2S_2O_3$）= 0.1mol/L］滴定析出的碘，至溶液呈浅黄色时，加 1.0mL 新配制的淀粉指示剂（5g/L），继续滴定至蓝色刚刚褪去，即为终点，记录所用硫代硫酸钠标准溶液体积，按式（4—1）计算次氯酸钠试剂的浓度：

$$c(NaClO) = c(1/2Na_2S_2O_3)V(Na_2S_2O_3)/2 \qquad (4—1)$$

式中　c（NaClO）——次氯酸钠试剂的浓度，mol/L；

c（$1/2Na_2S_2O_3$）——硫代硫酸钠标准溶液浓度，mol/L；

V（$Na_2S_2O_3$）——硫代硫酸钠标准溶液用量，mL。

6）次氯酸钠溶液工作液［c（NaClO）= 0.05mol/L］。将原液用氢氧化钠溶液［c（NaOH）= 2mol/L］稀释成 0.05mol/L 的溶液，储于冰箱中可保存两个月。

7）氨标准溶液。标准储备液：称取 0.314 2g 经 105℃干燥 1h 的氯化铵（NH_4Cl），用少量水溶解，移入 100mL 容量瓶中，用吸收液稀释至刻度，此液 1.0mL 含 1.0mg 氨。

标准工作液：临用时，将标准储备液用吸收液稀释成 1.0mL，含 1.0μg 氨。

（4）检测步骤

1）采样。用一个内装 10mL 吸收液的气泡吸收管，以 0.5L/min 的流量，采气 5L，及时记录采样点的温度及大气压力。采样后，样品在室温下保存，于 24h 内分析。样品低温保存，最多保存 7 天。

2）标准曲线的绘制。取 10mL 具塞比色管 7 支，按表 4—1 制备标准色列管。

表 4—1　靛酚蓝分光光度法标准色列管

管　号	0	1	2	3	4	5	6
标准溶液体积/mL	0	0.5	1.0	3.0	5.0	7.0	10.0
水体积/mL	10.0	9.5	9.0	7.0	5.0	3.0	0
氨含量/μg	0	0.5	1.0	3.0	5.0	7.0	10.0

在以上各管中加入 0.5mL 水杨酸溶液，再加入 0.1mL 亚硝基铁氰化钠溶液和 0.1mL 次氯酸钠溶液，混匀，室温下放置 1h。用 10mm 比色皿，于波长 697.5nm 处，以水作参比，测定各管溶液的吸光度。以氨含量（μg）作横坐标，吸光度为纵坐标，绘制标准曲线，计算回归曲线的斜率。以斜率的倒数为样品测定的计算因子 B_s。标准曲线斜率应为（0.081±0.003）吸光度/μg。

3）样品测定。将样品溶液转入具塞比色管中，用少量的水洗吸收管，合并，使总体积为 10mL。再按制备标准曲线的操作步骤测定样品的吸光度。

在每批样品测定的同时，用 10mL 未采样的吸收液作试剂空白测定。

如果样品溶液吸光度超过标准曲线范围，则可用试剂空白稀释样品显色液后再分析。计算样品浓度时，要考虑样品溶液的稀释倍数。

（5）检测结果

1）将采样体积换算成标准状态下的采样体积，按式（4—2）计算：

$$V_0 = \frac{V_t T_0 p}{(273 + t) p_0} \tag{4—2}$$

式中　V_0——换算成标准状态下的采样体积，L；

V_t——采样体积，L；

T_0——标准状态下的热力学温度，273K；

p——采样时采样点的大气压力，kPa；

t——采样时采样点的温度，℃；

p_0——标准状态下的大气压力，101.325kPa。

2）按式（4—3）计算出空气中氨的浓度ρ_{NH_3}（mg/m^3）：

$$\rho_{NH_3}=\frac{(A-A_0)B_sD}{V_0} \tag{4—3}$$

式中　ρ_{NH_3}——氨的浓度，mg/m^3；

A——样品溶液吸光度；

A_0——试剂空白液吸光度；

B_s——由标准曲线得到的计算因子，μg/吸光度单位；

D——分析时样品溶液的稀释倍数；

V_0——换算为标准状态下（0℃，101.325kPa）的采样体积，L。

（6）注意事项　对已知的各种干扰物，本法已采取有效措施进行排除，常见的Ca^{2+}、Mg^{2+}、Fe^{3+}、Mn^{2+}、Al^{3+}等多种阳离子已被柠檬酸络合；2μg以上的苯氨有干扰，H_2S允许量为30μg。

2. 纳氏试剂法

（1）原理　空气中氨吸收在稀硫酸中，与纳氏试剂作用生成黄色化合物，根据着色深浅，比色定量。在波长425nm下，测定吸光度。

10mL样品溶液中含2~20μg氨，按本法规定的条件采样10min，样品可测质量浓度范围为0.4~4.0mg/m^3。检测下限为2μg/10mL，若采样体积为5L时，最低检出浓度为0.4mg/m^3。

（2）仪器

1）有10mL刻度线的气泡吸收管。

2）空气采样器。流量范围为0~2L/min，流量稳定。使用前后，用皂膜流量计校准采样系统的流量，误差应小于±5%。

3）10mL具塞比色管。

4）10mm比色皿的分光光度计。

（3）试剂　本法所用的试剂均为分析纯，水为无氨蒸馏水。

1）无氨蒸馏水。

2）吸收液[$c(H_2SO_4)=0.005mol/L$]。量取2.8mL浓硫酸加入水中，并稀释至1L。临用时再稀释10倍。

3）酒石酸钾钠溶液（500g/L）。称取50g酒石酸钾钠（$KNaC_4H_4O_6\cdot 4H_2O$）溶于100mL水中，煮沸，使其减少约20mL为止，冷却后，再用水稀释至100mL。

4）纳氏试剂。称取17g二氯化汞（$HgCl_2$）溶解于300mL水中，另称取35g碘化钾（KI）溶解在100mL水中，然后将二氯化汞溶液缓慢加入碘化钾溶液中，直至形成红色沉淀不溶为止，再加入600mL氢氧化钠溶液（200g/L）及剩余的二氯化汞溶液。将此溶液静置1~2天，使红色混浊物下沉，将上清液移入棕色瓶中（或用5#玻璃砂芯漏斗过滤），用橡皮塞塞紧后保存备用。此试剂几乎无色。纳氏试剂毒性较大，取用时必须十分小心，接触到皮肤时，应立即用水冲洗。

5）氨标准溶液。标准储备液：称取0.314 2g经105℃干燥1h的氯化铵（NH_4Cl），用少量水溶解，移入100mL容量瓶中，用吸收液稀释至刻度，此液1.0mL含1.0mg氨。

标准工作液：临用时，将标准储备液用吸收液稀释成1.0mL含2.0μg氨。

（4）检测步骤

1）采样。用一个内装10mL吸收液的气泡吸收管，以0.5L/min流量，采气5L，及时记录采样点的温度及大气压。采样后，样品在室温下保存，于24h内分析。

2）标准曲线的绘制。取10mL具塞比色管7支，按表4—2制备标准色列管。

表4—2　　纳氏试剂法标准色列管

管　号	0	1	2	3	4	5	6
标准溶液体积/mL	0	1.0	2.0	4.0	6.0	8.0	10.0
水体积/mL	10.0	9.0	8.0	6.0	4.0	2.0	0
氨含量/μg	0	2.0	4.0	8.0	12.0	16.0	20.0

在各管中加入0.1mL酒石酸钾钠溶液，再加入0.5mL纳氏试剂，混匀，室温下放置10min。用10mm比色皿，于波长425nm处，以水作参比，测定吸光度。以氨含量（μg）作横坐标，吸光度为纵坐标，绘制标准曲线，计算回归曲线的斜率。以斜率的倒数为样品测定的计算因子B_s。标准曲线斜率应为（0.014±0.002）吸光度/μg。

3）样品测定。将样品溶液转入具塞比色管中，用少量的水洗吸收管，合并，使总体积为10mL。再按制备标准曲线的操作步骤测定样品的吸光度。

在每批样品测定的同时，用10mL未采样的吸收液作试剂空白测定。

如果样品溶液吸光度超过标准曲线范围，则可用试剂空白稀释样品显色液后再分析。计算样品浓度时，要考虑样品溶液的稀释倍数。

（5）检测结果　将采样体积按式（4—2）换算成标准状态下的采样体积。

按式（4—3）计算空气中氨的浓度ρ_{NH_3}（mg/m^3）。

（6）注意事项

1）对已知的各种干扰物，本法已采取有效措施进行排除，常见的Ca^{2+}、Mg^{2+}、Fe^{3+}、Mn^{2+}、Al^{3+}等多种阳离子低于10μg不干扰，H_2S允许量为5μg，甲醛为2μg，丙酮和芳香胺也有干扰，但样品中少见。

2）含纳氏试剂的废液，应集中处理。处理方法为将废液收集在塑料桶中，当废水容量达到20L左右时，以曝气方式混匀废液，同时加入50mL氢氧化钠（400g/L）溶液，再加入50g硫化钠（$Na_2S \cdot 9H_2O$），10min后，慢慢加入200mL市售过氧化氢，静置24h后，抽取上层清液弃去。

3. 次氯酸钠-水杨酸分光光度法

（1）原理　氨被稀硫酸吸收液吸收后，生成硫酸铵。在亚硝基铁氰化钠存在下，氨离子、水杨酸和次氯酸钠反应生成蓝色化合物，根据颜色深浅，用分光光度计在698nm波长处进行测定。在吸收液为10mL，采样体积为10~20L时，测定范围为0.008~110mg/m³；对于高浓度样品，测定前必须进行稀释。本方法检出限为0.1μg/10mL，当样品吸收液总体积为10mL，采样体积为20L时，最低检出浓度为0.007mg/m³。

（2）仪器

1）流量范围为1~10L/min的空气采样泵。

2）10mL大型气泡吸收管。

3）10mL 具塞比色管。

4）分光光度计。

5）内装有玻璃棉的双球玻管。

（3）试剂

1）无氨水。

2）硫酸吸收液。硫酸溶液［c（$1/2H_2SO_4$）= 0.005mol/L］。

3）水杨酸-酒石酸钾钠溶液。称取 10.0g 水杨酸置于 150mL 烧杯中，加适量水，再加入 5mol/L 氢氧化钠溶液 15mL，搅拌使之完全溶解。另称取 10.0g 酒石酸钾钠（$KNaC_4H_4O_6 \cdot 4H_2O$）溶解于水，加热煮沸以除去氨。冷却后，与上述溶液合并移入 200mL 容量瓶中，用水稀释到标线，摇匀。此溶液 pH 为 6.0~6.5，储于棕色瓶中，至少可以稳定 1 个月。

4）亚硝基铁氰化钠溶液。称取 0.1g 亚硝基铁氰化钠［$Na_2Fe(CN)_5 \cdot NO \cdot 2H_2O$］，置于 10mL 具塞比色管中，加水至标线，摇动使之溶解，临用现配。

5）次氯酸钠溶液。市售商品试剂，可直接用碘量法测定其有效氯含量，用酸碱滴定法测定其游离碱量，方法如下：

①有效氯的测定。吸取次氯酸钠 1.0mL，置于碘量瓶中，加水 50mL、碘化钾 2.0g，混匀。加硫酸溶液［c（$1/2H_2SO_4$）= 6mol/L］5mL 后盖好瓶塞，混匀，于暗处放置 5min 后，用硫代硫酸钠标准溶液［c（$Na_2S_2O_3$）= 0.1mol/L］滴定至浅黄色，加淀粉溶液 1mL，继续滴定至蓝色刚消失为终点。按式（4—4）计算有效氯。

$$有效氯 = \frac{35.45cV}{1\,000} \times 100\% \tag{4—4}$$

式中 35.45——与 1L 硫代硫酸钠标准溶液［c（$Na_2S_2O_3$）= 1.0mol/L］相当的、以 g 表示的氯的质量；

c——硫代硫酸钠溶液浓度，mol/L；

V——滴定消耗硫代硫酸钠标准溶液体积，mL。

②游离碱的测定。吸取次氯酸钠溶液 1.0mL，置于 150mL 锥形瓶中，加适量水，以酚酞作为指示剂，用［c（HCl）= 0.1mol/L］盐酸标准溶液滴定至红色刚消失为终点。

取部分上述溶液，用氢氧化钠溶液稀释成为含有效氯浓度为 0.35%、游离碱浓度为［c（NaOH）= 0.75mol/L］（以 NaOH 计）的次氯酸钠溶液，储于棕色滴瓶中，可稳定一周。

无商品次氯酸钠溶液时，也可自行制备，方法为：将盐酸逐滴作用于高锰酸钾，用氢氧化钠溶液［c（NaOH）= 2mol/L］吸收逸出的氯气，即可得到次氯酸钠溶液。其有效氯含量标定方法同上所述。

6）氯化铵标准储备液。称取 0.785 5g 氯化铵，溶解于水，移入 250mL 容量瓶中，用水稀释至标线，此溶液每毫升含 1 000μg 氨。

7）氯化铵标准溶液。临用时，吸取氯化铵标准储备液 5.0mL 于 500mL 容量瓶中，用水稀释至标线，此溶液每毫升相当于含 10.0μg 氨。

（4）检测步骤

1）采样。采样系统由内装玻璃棉的双球玻管、吸收管、流量测量计和抽气泵组成，吸收瓶中装有 10mL 吸收液，以 1~5L/min 的流量采气 1~4min。采样时应注意在恶臭源下风向，捕集恶臭感觉最强烈时的样品。应尽快分析，以防止吸收空气中的氨。若不能立即分析，需转移到具塞比色管中封好，在2~5℃下存放，可存放一周。

2）绘制标准曲线。取7支10mL具塞比色管，按表4—3制备标准色列管。

表4—3　　次氯酸钠-水杨酸分光光度法标准色列管

管　号	0	1	2	3	4	5	6
氯化铵标准溶液/mL	0	0.2	0.4	0.6	0.8	1.0	1.2
氯含量/μg	0	2.0	4.0	6.0	8.0	10.0	12.0

向各管中加入1.0mL水杨酸-酒石酸钾钠溶液、2滴亚硝基铁氰化钠溶液，用水稀释至9mL左右，加入2滴次氯酸钠溶液，用水稀释至标线，摇匀，放置1h。用1cm比色皿于波长697nm处，以水为参比，测定吸光度。以扣除试剂空白（零浓度）的校正吸光度为纵坐标，氨含量为横坐标，绘标准曲线。

3）样品测定。取一定体积（视样品浓度而定）的样品溶液，并用吸收液定容到10mL具塞比色管中，按制作标准曲线的步骤进行显色，测定吸光度。

4）空白试验。用吸收液代替样品溶液，按上述样品测定法进行测定。

（5）检测结果　将采样体积按式（4—2）换算成标准状态下的采样体积。

采样环境中的氨浓度ρ（mg/m^3）用式（4—5）进行计算：

$$\rho = \frac{wV_t}{V_0 V_n} \tag{4—5}$$

式中　w——测定时所取样品溶液中的氨含量，μg；

V_t——样品溶液总体积，mL；

V_0——标准状态下的采气体积，L；

V_n——测定时所取样品溶液的体积，mL。

4. 离子选择性电极法

（1）原理　氨气敏电极为复合电极，以pH玻璃电极为指示电极，银-氯化银电极为参比电极。此电极对置于盛有0.1mol/L氯化铵内充液的塑料套管中，管底用一张微孔疏水薄膜与试液隔开，并使透气膜与pH玻璃电极间有一层很薄的液膜。当测定由0.05mol/L硫酸吸收液所吸收的空气中的氨时，加入强碱，使铵盐转化为氨，由扩散作用通过透气膜（水和其他离子均不能通过透气膜），使氯化铵电解质液膜层内$NH_4^+ \rightleftharpoons NH_3 + H^+$的反应向左移动，引起氢离子浓度改变，由pH玻璃电极测得其变化。在恒定的离子强度下，测得的电极电位与氨浓度的对数呈线性关系。由此，可从测得的电位值确定样品中氨的含量。本法检出限为0.7μg/10mL。当样品溶液总体积为10mL、采样体积为60L时，测定浓度范围为0.014~50mg/m^3。

（2）仪器

1）氨敏感膜电极。

2）精确到0.2mV的pH毫伏计。

3）带有用聚四氟乙烯包覆搅拌棒的磁力搅拌器。

4）气体采样器。流量范围为0~2L/min，流量稳定。使用前后，用皂膜流量计校准采样系统的流量，误差应小于±5%。

（3）试剂　除另有说明外，分析时均使用符合国家标准或专业标准的分析纯试剂。

1）无氨蒸馏水，可用下述方法之一制备：

①蒸馏法。向 1 000mL 的蒸馏水中加 0. 1mL 硫酸（ρ = 1. 84g/mL），在全玻璃装置中进行重蒸馏，弃去 50mL 初馏液，于具塞磨口的玻璃瓶中接取其余馏出液，密封，保存。

②离子交换法。将蒸馏水通过强酸性阳离子交换树脂柱，其流出液收集在具塞磨口的玻璃瓶中。

2）电极内充液［c（NH_4Cl）= 0. 1mol/L］。

3）碱性缓冲液。含有氢氧化钠［c（NaOH）= 5mol/L］和乙二胺四乙酸二钠盐［c（EDTA-2Na）= 0. 5mol/L］的混合溶液，储于聚乙烯瓶中。

4）吸收液。硫酸溶液［c（H_2SO_4）= 0. 05mol/L］。

5）氨标准储备液。1. 0mg/mL，称取 3. 141g 经 100℃ 干燥 2h 的氯化铵（NH_4Cl）溶于水中，移入 1 000mL 容量瓶中，稀释至标线，摇匀，此液 1. 0mL 含 1. 0mg 氨。

6）氨标准使用液。用氨标准储备液逐级稀释配制。

（4）检测步骤

1）采样。用一个内装 10mL 吸收液的气泡吸收管，以 1. 0L/min 流量，采气 60min，及时记录采样点的温度及大气压力。采样后，样品在室温下保存，于 24h 内分析。

2）仪器和电极的准备。按测定仪器及电极使用说明书进行仪器调试和电极组装。

3）标准曲线的绘制。吸取 10. 0mL 浓度分别为 0. 1mg/L、1. 0mg/L、10mg/L、100mg/L、1 000mg/L 的氨标准溶液于 25mL 小烧杯中，浸入电极后加入 1. 0mL 碱性缓冲液，搅拌，读取稳定的电位值 E（在 1min 内变化不超过 1mV 时，即可读数），在半对数坐标纸上绘制 E-log$c$ 的校准曲线。

4）测定。采样后，将吸收管中的吸收液倒入 10mL 容量瓶中，再以少量吸收液清洗吸收管，加入容量瓶，最后以吸收液定容至 10mL，将容量瓶中吸收液放入 25mL 小烧杯中，以下步骤与校准曲线绘制相同，由测得的电位值在校准曲线上查得气样吸收液中氨含量（mg/L），然后计算出大气中氨的浓度（mg/m³）。

（5）检测结果　将采样体积按式（4—2）换算成标准状态下的采样体积。

按式（4—6）计算出空气中氨的浓度 ρ（mg/m³）：

$$\rho = \frac{10\rho_0 D}{V_0} \times 1\,000 \qquad (4—6)$$

式中　10——样品体积；

ρ_0——吸收液中氨含量，mg/L；

D——稀释倍数；

V_0——换算成标准状态下的采样体积，L。

二、二氧化碳

（一）概述

二氧化碳（CO_2）在常态下是无色无味的气体，相对分子质量为 44.01，沸点为

-78.5℃，相对密度为 1.977（0℃时）。在标准状态下，1L 二氧化碳质量为 1.977g。二氧化碳易被液化，其再度为气体时，蒸发极快；未蒸发的液体凝结而成的雪花状固体被称为干冰。二氧化碳易溶于水，0℃时 1 体积水溶解 0.9 体积二氧化碳，60℃时 1 体积水溶解 0.36 体积二氧化碳，它也极易被碱吸收。

在正常大气中含二氧化碳 0.03%~0.05%，海平面上二氧化碳为 0.02%（400mg/m^3），郊区二氧化碳为 0.03%（600mg/m^3），大城市空气中二氧化碳可达 0.04%~0.05%（800~1 000mg/m^3）。

室内二氧化碳主要来自人体呼出气、燃料燃烧和生物发酵。人体呼出气中二氧化碳浓度为 4.0%（8 000mg/m^3）。室内二氧化碳水平受人均占有面积、吸烟和燃料燃烧等因素影响。正常情况下，室内二氧化碳浓度较低（<0.07%），属于清洁空气，人体感觉良好。由于人群聚集、燃料燃烧等因素，可使室内二氧化碳浓度升高。室内二氧化碳浓度超过 0.2%属于严重污染，浓度在 0.3%~0.4%时人呼吸加速，出现头疼、耳鸣、血压增加等症状，当浓度达到 8%以上就会引起死亡。二氧化碳是评价室内和公共场所空气质量的重要指标之一。

（二）二氧化碳的检测方法

二氧化碳的检测方法有不分光红外线气体分析法、气相色谱法和容量滴定法等。

1. 不分光红外线气体分析法

（1）原理　二氧化碳对红外线有选择性地吸收，在一定范围内，吸收值与其浓度呈线性关系，因此根据吸收值确定样品中二氧化碳的浓度。本法测定范围为 0~0.5%、0~1.5%两挡，最低检出浓度为 0.01%。若浓度范围超出最大值，应选择量程范围较大的仪器。

（2）仪器

1）二氧化碳不分光红外线气体分析仪。该分析仪结构和原理如图 4—1、图 4—2 所示。仪器主要性能指标如下：

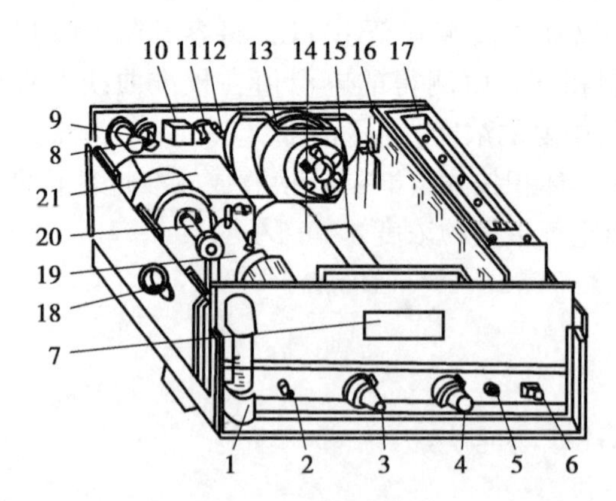

图 4—1　二氧化碳不分光红外线气体分析仪结构

1—流量计　2—泵开关　3—零点调节电位器　4—跨度调节电位器　5—低压差显示灯　6—电源开关　7—液晶数显表　8—保险　9—外接 12V 稳压电源供电　10—开关　11—外接 12V 稳压电源充电　12—充电指示灯　13—切换阀　14—过滤器　15—母板　16—线路板　17—电池盒　18—背带挂钩　19—气室　20—泵　21—光学部件

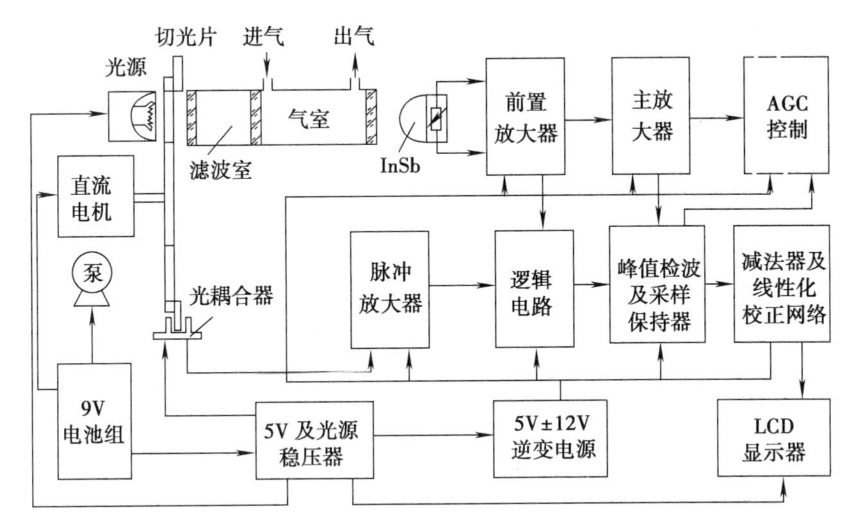

图 4—2　二氧化碳不分光红外线气体分析仪原理

①测量范围为 0~0.5%、0~1.5%两挡。

②重现性≤±1%满刻度。

③零点漂移≤±3%满刻度/4h。

④跨度漂移≤±3%满刻度/4h。

⑤温度附加误差为 10~80℃≤±2%满刻度/10℃。

⑥启动时间 30min。

⑦抽气流量 0.5L/min 左右。

⑧指针指示或数字显示到满刻度的 90%的时间（响应时间）<15s。

⑨一氧化碳干扰：1 000mL/m^3CO≤±（10%~15%）≤±2%满刻度/30min。

⑩记录仪 0~10mV。

2）采样袋。采样袋采用铝箔复合薄膜材料，充气容积 1~2L，使用前应检漏。

3）双联橡皮球。

4）流量范围为 0~1L/min（带调节阀）的流量计。

（3）试剂

1）于 120℃下干燥 2h 的变色硅胶。

2）无水氯化钙（分析纯）。

3）高纯氮气（纯度 99.99%）。

4）烧碱石棉（分析纯）。

5）二氧化碳标准气体（5%，CO_2/N_2标准气，储于铝合金钢瓶中）。

（4）检测步骤

1）采样。用双联橡皮球将现场空气打入铝箔复合薄膜或聚乙烯薄膜采气袋中，使之胀满后挤压放掉，如此反复 3~4 次。最后一次打满后密封进样口，采气 0.5L 或 1.0L，带回检测室分析。也可以将仪器带到现场间歇进样或连续测定空气中二氧化碳浓度。

2）仪器的启动和校准：

①仪器的启动和零点校准。仪器接通电源稳定30min后，用高纯氮气或空气经干燥管烧碱石棉进入过滤管后，进行零点校准。

②终点校准。用二氧化碳标准气进入仪器进样口，进行终点刻度校准。零点与终点校准重复2~3次，使仪器处于正常工作状态。

3）样品测定。将空气样品的铝箔复合薄膜采气袋接在装有变色硅胶或无水碳酸钙仪器的进气口，样品被自动抽到气室中，可从表头读出二氧化碳的浓度（%）。如果仪器带到现场使用，可直接测定现场空气中二氧化碳的浓度。仪器接上记录仪表，可长期监测空气中二氧化碳浓度。

（5）检测结果　仪器的刻度指示经过标准气体校准过后，样品中二氧化碳的浓度（%）由表头直接读出。

2. 气相色谱法

（1）原理　二氧化碳在色谱柱中与空气的其他成分完全分离后，进入热导检测器的工作臂，使该臂电阻值的变化与参与臂电阻值变化不相等，惠斯登电桥失去平衡而产生信号输出。在线性范围内，信号大小与进入检测器的二氧化碳浓度成正比，从而进行定性与定量测定。进样3mL时，测定浓度范围是0.02%~0.6%。

（2）仪器

1）流量范围为0~1L/min的流量计。

2）容积为400~600mL的铝箔复合膜采样袋。

3）注射器。注射器容积为2mL、5mL、10mL、20mL、50mL、100mL，体积误差<±1%。

4）双联橡皮球。

5）配备有热导检测器的气相色谱仪。

6）色谱柱。色谱柱长3m、内径4mm，不锈钢管内填充GDX-102高分子多孔聚合物，柱管两端填充玻璃棉。新装的色谱柱在使用前，应在柱温180℃、通氮气70mL/min条件下老化处理12h，直至基线稳定为止。

7）色谱条件

①柱箱温度为室温10~35℃。

②检测室温度为室温10~35℃。

③气化室温度为室温10~35℃。

④载气为氮气，50mL/min。

⑤记录仪满量程5mV，纸速5mm/min。

⑥进样量为用六通进样阀进样3.0mL。

（3）试剂

1）高分子多孔聚合物（GDX-102，60~80目，作色谱固定相）。

2）纯氮气（纯度为99.99%）。

3）二氧化碳标准气体（1%，铝合金钢瓶装，以氮气为本底气）。

（4）检测步骤

1）采样。用双联橡皮球，将现场空气打入采样袋内，使之胀满后放掉。如此反复5~6次，最后一次打满后，密封进样口，并写上标签，注明采样地点和时间等。

2）标准曲线的绘制。在5支100mL注射器中，用零空气将已知浓度的二氧化碳标准气体稀释成0.02%、0.04%、0.08%、0.16%、0.32%的5个浓度点的气体，另取零空气作为零浓度气体。每个浓度的标准气体，分别通过色谱仪的六通进样阀，量取3.0mL进样，得到各个浓度的色谱峰和保留时间。每个浓度操作3次，测量色谱峰高的平均值。以峰高平均值（mm）作纵坐标，二氧化碳浓度（%）为横坐标，绘制标准曲线，并计算回归的斜率，以斜率倒数 B_g（%/mm）作样品测定的计算因子。

3）测定校正因子。用单点校正法求校正因子。在样品测定同时，分别准确量取3.0mL零空气和与样品气浓度相接近的标准气体，按气相色谱最佳测试条件，通过六通阀进色谱仪测定，重复做3次，得峰高的平均值和保留时间。按式（4—7）计算校正因子。

$$f = \frac{\varphi_s}{h_s - h_0} \tag{4—7}$$

式中　f——校正因子，%/mm；

φ_s——标准气体浓度，%；

h_s——标准气体的平均峰高，mm；

h_0——零空气的平均峰高，mm。

4）样品测定。取3.0mL样品空气通过六通进样阀进色谱仪，按绘制标准曲线或测定校正因子的操作步骤进行测定。每个样品重复做3次，用保留时间确认二氧化碳的色谱峰，测量其峰高，得峰高的平均值（mm）。另取零空气按样品测定相同的操作步骤做空白测定。高浓度样品，应用零空气稀释至小于0.4%，再按相同的操作步骤进行分析。记录分析时的气温和大气压。

（5）检测结果

1）用标准曲线法查标准曲线定量，按式（4—8）计算浓度。

$$\varphi = (h - h_0)B_g \tag{4—8}$$

式中　φ——空气中二氧化碳浓度，%；

h——样品气峰高的平均值，mm；

h_0——零空气峰高的平均值，mm；

B_g——用标准气体绘制标准曲线得到的计算因子，%/mm。

2）单点校正法（按式4—9计算）：

$$\varphi = (h—h_0)f \tag{4—9}$$

式中　φ——空气中二氧化碳浓度，%。

h——样品气峰高的平均值，mm；

h_0——零空气峰高的平均值，mm；

f——用单点校正法得到的校正因子，%/mm。

3）根据分析时的气温和大气压，将测定浓度值按式（4—2）换算成标准状态下的浓度。

3. 容量滴定法

（1）原理　用过量的氢氧化钡溶液与空气中二氧化碳作用生成碳酸钡沉淀，采样后剩余的氢氧化钡用标准草酸溶液滴至酚酞试剂红色刚褪。由容量滴定法结果和所采集的空气样品体积，即可测得空气中二氧化碳的浓度。当采样体积为5L时，可测浓度范围为0.001%～0.5%。

（2）仪器

1）恒流采样器。流量范围为0～1L/min，流量稳定，可调恒流误差小于2%；采样前和采样后用皂膜流量计校准采样系统的流量，误差不大于5%。

2）吸收管。吸收液为50mL，当流量为0.3L/min时，吸收管多孔板阻力为392.27～490.33Pa，其尺寸要求如图4—3所示。

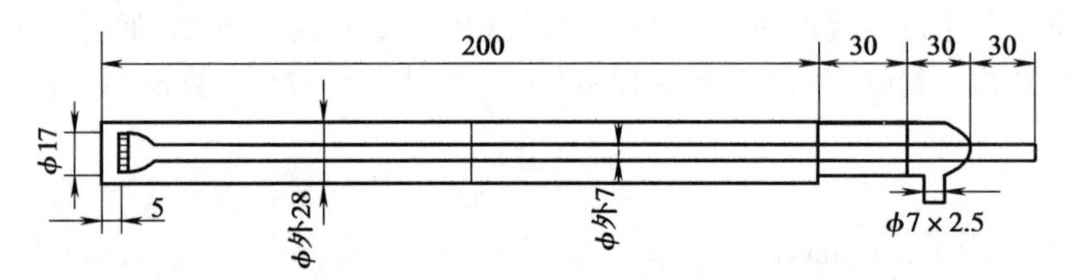

图4—3　二氧化碳吸收管的尺寸要求

3）酸式滴定管（50mL）。

4）碘量瓶（125mL）。

（3）试剂

1）稀吸收液（用于空气二氧化碳浓度低于0.15%时采样）。称取1.4g氢氧化钡[$Ba(OH)_2 \cdot 8H_2O$]和0.08g氯化钡（$BaCl_2 \cdot 2H_2O$）溶于800mL水中，加入3mL正丁醇，摇匀，用水稀释至1 000mL。

2）浓吸收液（用于空气二氧化碳浓度在0.15%～0.5%时采样）。称取2.8g氢氧化钡[$Ba(OH)_2 \cdot 8H_2O$]和0.16g氯化钡（$BaCl_2 \cdot 2H_2O$）溶于800mL水中，加入3mL正丁醇，摇匀，用水稀释至1 000mL。

3）草酸标准溶液。准确称取0.563 7g草酸（$H_2C_2O_4 \cdot 2H_2O$），用水溶解并稀释至1 000mL，此溶液1mL相当于标准状态下（0℃，101.325kPa）0.1mL二氧化碳。

4）酚酞指示剂。

5）正丁醇。

6）高纯氮气（纯度为99.99%）或经碱石灰管除去二氧化碳后的空气。

（4）检测步骤

1）采样。取一个吸收管（事先应充氮或充入经碱石灰处理的空气）加入50mL氢氧化钡吸收液，以0.3L/min流量，采样5～10min。采样后，吸收管的进、出气口用乳胶管密封，以免空气进入。

2）测定。采样后，吸收管送检测室，取出中间砂蕊管，加塞静置3h，使碳酸钡沉淀完全，吸取上清液25mL于碘量瓶中（碘量瓶事先应充氮或充入经碱石灰处理的空气），加入2滴酚酞指示剂，用草酸标准液滴定至溶液的颜色由红色变为无色，记录所消耗的草酸标准溶液的体积（mL）。同时吸取25mL未采样的氢氧化钡吸收液作空白滴定，记录所消耗的草酸标准溶液的体积（mL）。

（5）检测结果　将采样体积按式（4—2）换算成标准状态下采样体积。

按式（4—10）计算出大气中二氧化碳的浓度 φ_{CO_2}（%）。

$$\varphi_{CO_2} = \frac{20(V_2 - V_1)}{V_0} \tag{4—10}$$

式中 φ_{CO_2}——空气中二氧化碳的浓度，%；

V_2——滴定空白消耗草酸标准溶液的体积，mL；

V_1——滴定样品消耗草酸标准溶液的体积，mL；

V_0——换算为标准状态下（0℃，101.325kPa）的采样体积，L。

三、一氧化碳

（一）概述

一氧化碳（CO）为无色无味气体，相对分子质量为 28.0，对空气相对密度为 0.967。在标准状态下，1L 一氧化碳气体质量为 1.25g，100mL 水中可溶解 0.024 9mg（20℃）。一氧化碳燃烧时为淡蓝色火焰。

一氧化碳是炼焦、炼钢、炼铁、炼油、汽车尾气及家庭用煤的不完全燃烧产物。若没有室内燃烧污染源，室内一氧化碳浓度与室外是相同的。室内环境中的一氧化碳主要来源于人群吸烟、取暖设备及厨房，室内使用燃气灶或小型煤油加热器，其释放一氧化碳量是二氧化氮的 10 倍。厨房使用燃气灶 10~30min，一氧化碳水平为 12.5~50.0mg/m^3。一支香烟通常可产生大约 13mg 的一氧化碳，对于透气度高的卷烟纸，可以使卷烟完全燃烧，产生的一氧化碳量相对较少。在室外，汽油在汽车发动机中燃烧时排放出大量的一氧化碳。由于一氧化碳在空气中很稳定，如果室内通风较差，就会长时间滞留在室内。一氧化碳含量是室内空气污染监测常见检测指标之一，我国室内空气质量标准中规定室内空气一氧化碳限值为 10mg/m^3。

（二）一氧化碳的检测方法

一氧化碳的检测方法有非分散红外吸收法、不分光红外线气体分析仪法、气相色谱法、汞置换法、定电位电解法等。

1. 非分散红外吸收法

（1）原理 一氧化碳对以 4.5μm 为中心波段的红外辐射具有选择性吸收特征，在一定浓度范围内，吸收值与一氧化碳浓度呈线性关系，可根据吸收值确定样品中一氧化碳的浓度。本方法的测定范围为 0~62.5mg/m^3，检出限为 1.25mg/m^3。

（2）仪器

1）聚乙烯塑料采气袋、铝箔采气袋或衬铝塑料采气袋。

2）弹簧夹。

3）双联橡皮球。

4）非分散红外一氧化碳分析仪。

5）记录仪（0~10mV）。

（3）试剂

1）高纯氮气（99.99%）。

2）变色硅胶。

3）无水氯化钙。

4）霍加拉特（Hopcalite）氧化管（10～20 目颗粒）。霍加拉特氧化剂主要成分为氧化锰（MnO）和氧化铜（CuO），其作用是将空气中的一氧化碳氧化成二氧化碳，用于仪器调零。霍加拉特氧化剂在 100℃以下的氧化效率能达到 100%。为保证其氧化效率，在使用存放过程中应保持干燥。

5）一氧化碳标准气。

（4）检测步骤

1）采样。用双联橡皮球将现场空气抽入采气袋中，洗 3～4 次，采气 500mL，然后夹紧进气口。

2）启动。仪器接通电源，稳定 1～2h，将高纯氮气连接在仪器进气口，进行零点校准。

3）校准。将一氧化碳标准气连接在仪器进气口，使仪表指针指示在满刻度的 95%，重复 2～3 次。

4）样品测定。将采气袋连接在仪器进气口，由记录仪指示出一氧化碳的浓度（10^{-6}）。

（5）检测结果（按式 4—11 计算）

$$\rho = 1.25\varphi \tag{4—11}$$

式中 ρ——空气中一氧化碳质量浓度，mg/m^3；

1.25——一氧化碳体积分数（10^{-6}）换算为标准状态下质量浓度（mg/m^3）的换算系数；

φ——空气中一氧化碳体积分数，10^{-6}。

（6）注意事项

1）仪器启动后，必须充分预热，稳定 1～2h，再进行样品测定，否则将影响测定的准确度。

2）仪器一般用高纯度氮气调零，也可以用经霍加拉特氧化剂（加热到 90～100℃）净化后的空气调零。

3）为了确保仪器的灵敏度，在测定时，使空气样品经硅胶干燥后再进入仪器，防止水蒸气对测定值的影响。

4）仪器可连续测定。用聚四氟乙烯管将被测空气引入仪器中，接上记录仪，可进行 24h 或长期监测空气中一氧化碳浓度的变化情况。

2. 不分光红外线气体分析仪法

（1）原理　一氧化碳对不分光红外线有选择性地吸收，在一定范围内，吸收值与一氧化碳浓度呈线性关系，可根据吸收值确定样品中一氧化碳的浓度。本法测定范围为 0～$125mg/m^3$，最低检出浓度为 $0.125mg/m^3$。若浓度范围超出最大值，应选择量程范围较大的仪器。

（2）仪器

1）一氧化碳不分光红外线气体分析仪。一氧化碳不分光红外线气体分析仪结构原理如图 4—4 所示。仪器主要性能指标如下：

①测量范围 0～$125mg/m^3$。

②重现性≤0.5%（满刻度）。

③零点漂移≤±2%满刻度/4h。

④跨度漂移≤±2%满刻度/4h。

⑤线性偏差≤±1.5%满刻度。

⑥启动时间 30min~1h。

⑦抽气流量 0.5L/min。

⑧指针指示或数字显示到满刻度90%的时间（响应时间）<15s。

⑨记录仪 0~10mV。

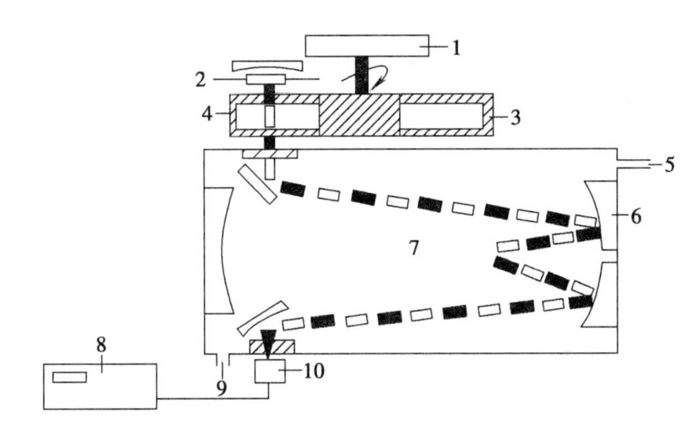

图4—4　一氧化碳不分光红外线气体分析仪结构原理

1—电动机　2—红外光源　3—气体滤波相关轮　4—带通滤光片　5—样气入口　6—反射镜　7—多通光学样品室　8—电气部件　9—样品出口　10—红外探测器

2）采样袋、双联橡皮球。

（3）试剂

1）变色硅胶（于120℃下干燥2h）。

2）无水氯化钙（分析纯）。

3）高纯氮气（纯度99.99%）。

4）霍加拉特氧化剂。

5）一氧化碳标准气体（50mg/m^3，CO/N_2标准气，储于铝合金瓶中）。

（4）检测步骤

1）采样。用双联橡皮球将现场空气打入铝箔复合薄膜或聚乙烯薄膜采气袋中，使之胀满后挤压放掉，如此反复3~4次，最后一次打满后密封进样口，采气0.5L或1.0L，带回检测室分析。也可以将仪器带到现场间歇进样或连续测定环境空气中一氧化碳浓度。

2）仪器的启动和校准：

①仪器调零。仪器接通电源稳定30min后，用高纯度氮气或空气经霍加拉特氧化管和干燥管进入仪器进气口，进行零点校准。

②终点校准。用一氧化碳标准气进入仪器进样口，进行终点刻度校准。调节仪器灵敏度电位器使仪器读数与一氧化碳标准气体浓度值相同。

零点与终点校准反复2~3次，使仪器处于正常工作状态。

3）样品测定。将空气样品的聚乙烯薄膜采气袋接在装有变色硅胶和仪器的进气口，样品被自动抽到气室中，可从表头读出一氧化碳的浓度。如果仪器带到现场使用，可直接测定现场空气中一氧化碳的浓度。仪器接上记录仪表，可长期监测空气中一氧化碳浓度。

（5）检测结果　按式（4—12）计算空气中一氧化碳浓度。

（6）注意事项　环境空气中非待测组分（如甲烷、二氧化碳、水蒸气等）能影响测定结果，但是采用串联式红外线检测器，可以大部分消除以上非待测组分的干扰。

3. 气相色谱法

（1）原理　一氧化碳在色谱柱中与空气的其他成分完全分离后，进入转化炉，在360℃镍（触媒）催化作用下，与氢气反应，生成甲烷，用氢火焰离子化检测器测定。

进样1mL时，测定浓度范围是0.5~50.0mg/m^3，检测下限为0.5mg/m^3。

（2）仪器

1）可控温为（360±1）℃的转化炉。

2）铝箔复合膜采样袋（容积400~600mL）。

3）注射器（2mL、5mL、10mL、100mL，体积误差<±1%）。

4）气相色谱仪（附氢火焰离子化检测器）。

5）色谱柱。长2m、内径2mm，不锈钢管内填充TDX-01碳分子筛，柱管两端填充玻璃棉。新装的色谱柱在使用前，应在柱温150℃、检温器温度180℃、通氮气60mL/min条件下老化处理10h。

6）转化柱。长15cm、内径4mm，不锈钢管内填充镍触媒（30~40目），柱管两端塞玻璃棉。转化柱装在转化炉内，一端与色谱柱连通，另一端与检测器相连。使用前，转化柱应在炉温360℃、通氢气60mL/min条件下活化10h。转化柱老化与色谱柱老化同步进行。当一氧化碳<180mg/m^3时，转化率>95%。

7）色谱条件

①色谱柱温度78℃。

②转化柱温度360℃。

③氢气（H_2）78mL/min。

④氮气（N_2）130mL/min。

⑤空气750mL/min。

（3）试剂

1）碳分子筛（TDX-01，60~80目作为固定相）。

2）纯空气（不含一氧化碳或一氧化碳含量低于本方法检出下限）。

3）镍触媒（30~40目，当一氧化碳<180mg/m^3、二氧化碳<0.4%时，转化率>95%）。

4）一氧化碳标准气体［一氧化碳含量10~50mg/m^3（铝合金钢瓶装），以氮气为本底气］。

（4）检测步骤

1）采样。用双联橡皮球，将现场空气打入采样袋内，使之胀满后放掉。如此反复4~5次，最后一次打满后，密封进样口，并写上标签，注明采样地点和时间等。

2）绘制标准曲线和测定校正因子。

①标准曲线的绘制：在5支100mL注射器中，用纯空气将已知浓度的一氧化碳标准气体稀释成0.5~50mg/m^{3}范围内4个浓度点的气体。另取纯空气作为零浓度气体。每个浓度的标准气体，分别通过色谱仪的六通进样阀，量取1mL进样，得到各个浓度的色谱峰和保留时间。每个浓度做3次，测量色谱峰高的平均值。以峰高平均值（mm）为纵坐标，一氧化碳浓度（mg/m^3）为横坐标，绘制标准曲线，并计算回归的斜率，以斜率倒数B_g作样品测定的计算因子。

②测定校正因子：在测定范围内，可用单点校正法求校正因子。在样品测定的同时，分别准确量取1.0mL零空气和与样品气浓度相接近的标准气体，按气相色谱最佳测试条件，通过六通阀进色谱仪测定，重复做3次，得峰高的平均值和保留时间。按式（4—12）计算校正因子。

$$f = \frac{\rho_s}{h_s - h_0} \tag{4—12}$$

式中 f——校正因子，mg/（m^3·mm）；

ρ_s——标准气体浓度，mg/m^3；

h_s——标准气体的平均峰高，mm；

h_0——零空气的平均峰高，mm。

3）样品测定。1.0mL样品空气通过六通进样阀进色谱仪，按绘制标准曲线或测定校正因子的操作步骤进行测定。每个样品重复做3次，用保留时间确认一氧化碳的色谱峰，测量其峰高，得峰高的平均值（mm）。另取零空气按样品测定相同的操作步骤做空白测定。高浓度样品，应用零空气稀释至小于50mg/m^3，再按相同的操作步骤进行分析。记录分析时的气温和大气压。

（5）检测结果

1）用标准曲线法查标准曲线定量，按式（4—13）计算浓度。

$$\rho = (h - h_0)B_g \tag{4—13}$$

式中 ρ——空气中一氧化碳浓度，mg/m^3；

h——样品气峰高的平均值，mm；

h_0——零空气峰高的平均值，mm；

B_g——用标准气体绘制标准曲线得到的计算因子，mg/（m^3·mm）。

2）用校正因子按式（4—14）计算浓度。

$$\rho = (h - h_0)f \tag{4—14}$$

式中 ρ——样品空气中一氧化碳浓度，mg/m^3；

h——样品气峰高的平均值，mm；

h_0——零空气峰高的平均值，mm；

f——用单点校正法得到的校正因子，mg/（m^3·mm）。

3）根据分析时的气温和大气压，将测定浓度值按式（4—2）换算成标准状态下的浓度。

4. 汞置换法

（1）原理 经净化后含一氧化碳的空气样品与氧化汞在180~200℃下反应，置换出汞蒸气。根据汞吸收波长 253. 7nm 紫外线的特点，利用光电转换检测出汞蒸气含量，再将其换算成一氧化碳浓度。

进样量 50mL 时测量范围为 0. 02～1. 25mg/m³，进样量 10mL 时测量范围为 0. 02～12. 5mg/m³，进样量 5mL 时测量范围为 0. 02～31. 3mg/m³，进样量 2mL 时测量范围为 0. 02～62. 5mg/m³。

（2）仪器

1）一氧化碳测定仪。测定仪器气路流程如图 4—5 所示。

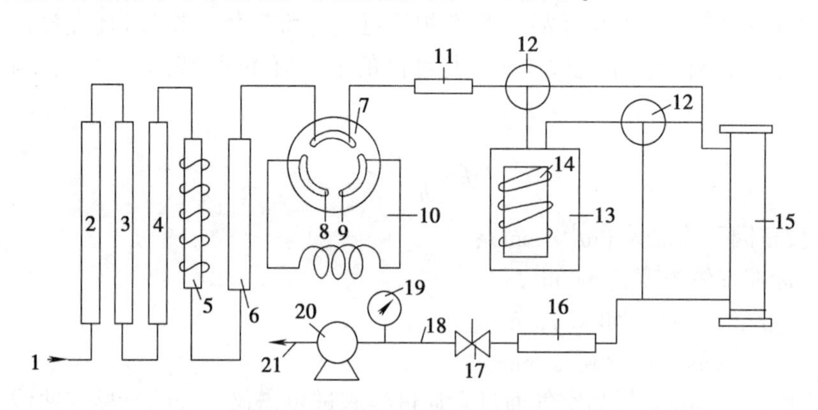

图 4—5　一氧化碳测定仪气路流程

1—进气口　2—分子筛过滤管　3—活性炭过滤管　4—硅胶过滤管　5—霍加拉特氧化管
6—气体流量计　7—六通阀　8—进样口　9—出样口　10—定量管　11—分子筛管　12—三通转换阀
13—反应炉　14—氧化汞反应室　15—吸收池　16—碘活性炭管　17—流量调节阀　18—毛细孔
19—真空表　20—真空泵　21—出气口

2）取样袋（500mL，双联橡皮球）。

3）氧化汞反应室。

（3）试剂

1）变色硅胶（120℃下干燥 2h）。

2）活性炭（20～40 目颗粒状，于 120℃烘干 4h）。

3）5A 分子筛和 13X 分子筛（球状，于 350～400℃下活化 4h）。

4）氧化汞（黄色）。直径为 0. 3～0. 8mm 颗粒，称 10g 二氯化汞（$HgCl_2$），在加热下溶于 100mL 水中，再称取 6g 氢氧化钠溶于 100mL 水中。待两液冷却到 30℃后，取 65mL 氢氧化钠溶液，边搅拌边加入 100mL 二氯化汞溶液中（不要反过来加）。生成氧化汞沉淀放置室温下约 1h，中间搅拌两次，然后用去离子水洗涤至无氯离子为止（用 1%硝酸银溶液检验）。抽滤，将沉淀物于 40℃下干燥，干燥后在暗处切成直径为 0. 3～0. 8mm 颗粒，于棕色瓶中密封保存备用。

5）霍加拉特氧化剂（10～20 目颗粒）。

6）碘活性炭。称 1 份质量碘、2 份质量碘化钾和 20 份质量水配成溶液，然后，加入约 10 份质量的活性炭，用力搅拌至溶液脱色后，用布把溶液滤去，取出活性炭，然后在 110℃下烘 1～2h，取出于棕色瓶中密封保存备用。

7）一氧化碳标准气（储于铝合金钢瓶中）。不确定度小于2%，浓度为1.25mg/m³、12.5mg/m³、31.3mg/m³和62.5mg/m³，或用动态方程配制所需浓度的一氧化碳标准气体。

（4）检测步骤

1）采样。用双联橡皮球，将现场空气打入采样袋内，使之胀满后放掉。如此反复4~5次，最后一次打满后，密封进样口，并写上标签，注明采样地点和时间等。

2）仪器的安装与检漏。

①安装：正确连接气路，电源开关置“关”的位置。

②检漏：仪器进气口与空气钢瓶相连接，仪器出气口封死。打开钢瓶阀门开关，调节减压阀使压力为0.2MPa，此时仪器应无流量指示，30min内压力下降不得超过0.02MPa。

3）仪器的启动。将仪器进气口与净化系统相连接，出气口与抽气泵相连接。接通电源，打开温度开关，启动抽气泵，调节流量为1.5L/min。旋动温控粗调钮和温控细调钮，使温度升至（180±0.3）℃，预热1~2h，待仪器稳定后进行校准。

4）仪器的校准。

①调零和调满度：接通记录仪电源，将仪器“量程选择”置所需量程挡，调“零点调节”电位器，使电表和记录仪指示零点，调“记录满度”电位器，使电表和记录仪指示满度。

②量程标定：取与所用量程范围相应浓度的一氧化碳标准气体，经六通阀定量管进样，标准气体的响应值应落在50%~90%量程范围内，进标准气体3次，测得标准气体响应（峰高或毫伏）平均值。

5）样品测定。将采集在采样袋中的现场空气样品，同样经六通阀定量管进样3次，测得空气样品的响应（峰高或毫伏）平均值。

（5）检测结果

1）空气中一氧化碳浓度按式（4—15）计算。

$$\rho = \frac{\rho_s h}{h_s} \tag{4—15}$$

式中　ρ——样品空气中一氧化碳浓度，mg/m³；

ρ_s——一氧化碳标准气体浓度，mg/m³；

h——样品气中一氧化碳平均响应值，mm或mV；

h_s——一氧化碳标准气体平均响应值，mm或mV。

2）一氧化碳体积分数换算成标准状态下质量浓度p（mg/m³）按式（4—16）计算。

$$\rho_0 = \frac{\varphi}{V} \times 28.01 \tag{4—16}$$

式中　ρ_0——标准状态下一氧化碳质量浓度，mg/m³；

φ——一氧化碳体积分数；

V——标准状态下的气体摩尔体积，当0℃、101.3kPa时，$B=22.41$；当25℃，101.3kPa时，$B=24.46$；

28.01——一氧化碳相对分子质量。

5. 定电位电解法

（1）原理　含一氧化碳的空气扩散流经传感器，进入电解槽，被电解液吸收，在恒电位工作电极上发生氧化反应。与此同时产生相的极限扩散电流，其大小与一氧化碳浓度成正比，按式 4—17 计算：

$$I = ZFSD\varphi/L \tag{4—17}$$

在工作条件下，电子转移数 Z、法拉第常数 F、反应面积 S、扩散常数 D、扩散层厚度 L 均为常数，因此，测得极间电流 I 即可获得一氧化碳浓度 φ。该方法检出限为 10^{-7}，测定范围为 $10^{-7} \sim 5\times10^{-4}$。

（2）仪器　定电位电解一氧化碳监测仪。

（3）试剂　一氧化碳标准气。

（4）检测步骤

1）测定前，装上电池，传感器在通电条件下放置 1~2h，使传感器获得内部的平衡。

2）用高纯度氮气调零或经霍加拉特氧化管（加热至 90~100℃）净化后的空气作零点，按仪器说明书校准零点。

3）用已知浓度的标准气按说明书规定的标定方法进行标定。为了保证仪器的测量精度，在使用过程中应定期进行标定。

4）测定。将仪器放置在高度为 1.5m 的采样点上，接通电源，使仪器指针指示值稳定 5min，调节零点（调零时，传感器进气孔的零位帽应盖严）。然后取下零位帽，让环境空气自然扩散进入传感器进气孔，如监测仪有内装抽气泵时，应以规定的流量抽气。待指示值稳定后读数。

5）测定结束后，切断电源，用零位帽将进气孔盖严。

（5）检测结果　按式（4—11）计算空气中一氧化碳质量浓度。

（6）注意事项

1）大多数便携式监测仪的电源开关只通断指示仪表部分，因此只要装上电池，不管电源开关处于何种位置，传感器都处于通电状态。

2）传感器稳定与否，可通过仪表读数获知，可将仪器处于“ON”位置，观察仪表读数是否稳定不变，读数稳定表示传感器已稳定，如读数不稳定，则表示传感器不稳定，需继续放置，直至稳定为止。

3）仪器若一周以上时间不用时，为防止电池腐烂漏液损坏仪器，应将电池取出，同时拔下传感器与仪器的接头。

4）有的仪器装有低电压指示信号，当仪器的电源电压降到一定值时，仪器显示屏左上角会显示出“LOBAT”，此时仪器尚能继续正常工作 10h，超过 10h，应更换新电池。

5）报警信号浓度可按说明书设定。

四、二氧化硫

（一）概述

二氧化硫（SO_2）为有强烈刺激性的无色气体，相对分子质量为 64.06，沸点为 -76.1℃。液态时的密度为 1.434g/mL，气态密度约为空气的 2.26 倍。在 20℃、0.3MPa 压力下能液化。二氧化硫易溶于水，1L 水在 0℃时，可溶解 76.8L，20℃时可溶解 39.4L，可溶于乙醇及乙醚。二氧化硫是一种还原剂，与氧化剂作用生成三氧化硫或硫酸。

煤燃烧不完全时排出大量污染物，二氧化硫是其中主要成分之一。室内烟草不完全燃烧也是二氧化硫的重要来源。二氧化硫对室内污染与家庭烹饪方式、通风换气情况、污染源强度、燃烧种类、室内结构以及室外二氧化硫浓度等因素有关，其主要来源为室内燃煤污染。

二氧化硫主要危害是刺激人体上呼吸道，它在人体组织液中的溶解度很高，所以，吸入空气中的二氧化硫很快会溶解消失在上呼吸道，很少进入深部气道及肺部。长期接触二氧化硫的人，一方面刺激上呼吸道引起支气管平滑肌反射性收缩，呼吸阻力增加，呼吸功能衰竭；另一方面刺激和损失黏膜，使黏膜分泌物增多变稠，纤毛运动受阻，免疫功能减弱，导致呼吸道抵抗力下降，诱发不同程度的炎症。长期接触二氧化硫对大脑皮质机能产生不良影响，使大脑生理能力下降，不利于儿童智力发育。

（二）二氧化硫的检测方法

二氧化硫的检测方法有甲醛吸收-盐酸副玫瑰苯胺分光光度法、紫外荧光法、库仑滴定法等。

1. 甲醛吸收-盐酸副玫瑰苯胺分光光度法

（1）原理　空气中的二氧化硫被甲醛缓冲溶液吸收后，生成稳定的羟基甲基磺酸，加碱后，与盐酸副玫瑰苯胺作用，生成紫红色化合物，比色定量。在波长 570nm 处测吸光度。

10mL 样品溶液中含 0.3～20μg 二氧化硫。若采样体积为 20L 时，则可测浓度范围为 0.015～1.0mg/m³；当用 50mL 吸收液，24h 采样体积为 300L，取 10mL 样品溶液测定时，最低检出浓度为 0.005mg/m³。

（2）仪器

1）多孔玻板吸收管（普通型，内装 10mL 吸收液）。

2）空气采样器。流量范围为 0.1～1.0L/min，流量稳定。采样前，用皂膜流量计校准采样系列在采样前和采样后的流量，流量误差应小于 5%。

3）25mL 具塞比色管。

4）分光光度计（10mm 比色皿）。

5）恒温水浴（在 0～40℃范围内，要求可控制温度误差为±1℃）。

6）可调定量加液器（5mL，加液管口内径为 1.5～2.0mm）。

（3）试剂

1）甲醛-邻苯二甲酸氢钾吸收液缓冲液。

①储备液：称量 2.04g 邻苯二甲酸氢钾和 0.364g 乙二胺四乙酸二钠（简称 EDTA-2Na）溶于水中，移入 1.0L 容量瓶中，再加入 5.3mL 37%的甲醛溶液，用水稀释至刻度。

②工作溶液：临用时，将上述吸收储备液用水稀释 10 倍。

2）氢氧化钠溶液［c（NaOH）= 2mol/L］。称取 8.0g 氢氧化钠溶于 100mL 水中制备。

3）氨基磺酸钠溶液（0.3%）。称取 0.3g 氨磺酸，加入 2mol/L 氢氧化钠溶液 3.0mL，用水稀释至 100mL。

4）盐酸溶液（1mol/L）。量取86mL浓盐酸（优级纯，$\rho_{20}=1.19g/mL$），用水稀释至1 000mL。

5）磷酸溶液（4.5mol/L）。量取307mL浓磷酸（优级纯，$\rho_{20}=1.69g/mL$），用水稀释至1 000mL。

6）盐酸副玫瑰苯胺溶液。

①储备液（0.25%）：称取0.125g盐酸副玫瑰苯胺（简称PRA，$C_{19}H_{18}N_3Cl \cdot 3HCl$），其纯度应达到质量检验标准，否则必须提纯，用1.0mol/L盐酸溶液稀释至50mL。

②工作液（0.025%）：吸取0.25%的储备液25mL，移入250mL容量瓶中，用4.5mol/L磷酸溶液稀释至刻度，放置24h后使用。此溶液避光密封保存。

7）碘液[$c(1/2I_2)=0.1mol/L$]。称取12.7g碘于烧杯中，加入40g碘化钾和25mL水，搅拌至全部溶解后，用水稀释至1L，储于棕色试剂瓶中。

8）淀粉指示剂溶液（2g/L）。称取0.2g可溶性淀粉，用少量水调成糊状物，慢慢倒入100mL沸水中，继续煮沸直到溶液澄清，冷却后储于试剂瓶中。

9）硫代硫酸钠溶液。

①硫代硫酸钠溶液［$c(Na_2S_2O_3)=0.1mol/L$］：称取26g硫代硫酸钠（$Na_2S_2O_3 \cdot 5H_20$）溶于1L新煮沸但已冷却的水中，加0.2g无水碳酸钠，储于棕色试剂瓶中，放置一周后标定其浓度，若溶液呈现浑浊时，应该过滤。

②标定方法：吸取25.0mL碘酸钾[$c(1/6KIO_3)=0.1mol/L$]标准溶液置于250mL碘量瓶中，加70mL新煮沸但已冷却的水，再加1g碘化钾，振荡至完全溶解后，再加1.2mol/L盐酸溶液10mL，立即盖好瓶塞、混匀。在暗处放置5min后，用硫代硫酸钠溶液滴定至淡黄色，加2g/L淀粉指示剂5mL，继续滴定至蓝色刚好褪去。硫代硫酸钠浓度按式（4—18）计算。

$$c(Na_2S_2O_3)=\frac{c(1/6KIO_3)\,V_{KIO_3}}{V_{Na_2S_2O_3}}；或\ c(Na_2S_2O_3)=\frac{0.1\times 25}{V_{Na_2S_2O_3}} \qquad (4—18)$$

式中 $c(Na_2S_2O_3)$——硫代硫酸钠溶液的浓度，mol/L；

$c(1/6\ KIO_3)$——碘酸钾标准溶液的浓度，mol/L；

V_{KIO_3}——吸取碘酸钾标准溶液体积，mL；

$V_{Na_2S_2O_3}$——滴加硫代硫酸钠溶液体积，mL。

③硫代硫酸钠溶液（0.05mol/L）：取50mL标定过的硫代硫酸钠溶液置于500mL容量瓶中，用新煮沸而且已冷却的水稀释至标线。

10）二氧化硫标准溶液。

①储备液：称取0.2g亚硫酸钠（Na_2SO_3）及0.01g乙二胺四乙酸二钠盐（EDTA-2Na）溶于200mL新煮沸并冷却的水中。此溶液每毫升含有相当于320~400μg的二氧化硫。溶液需放置2~3h后标定其准确浓度。

②标定方法：取一份20mL二氧化硫标准储备液，置于250mL碘量瓶中，加入50mL新煮沸的已冷却的水、20mL碘使用液，盖塞，摇匀，放置5min后，用0.05mol/L硫代硫酸钠标准溶液滴定至浅黄色，加入2mL淀粉溶液，继续滴定至溶液蓝色刚好褪去为终点。记录滴定硫代硫酸钠标准溶液的体积V（mL）。另取一份EDTA-2Na溶液20.0mL，用同样方法

进行空白试验。记录滴定硫代硫酸钠标准溶液的体积 V_0（mL）。二氧化硫标准溶液质量浓度按式（4—19）计算。

$$\rho = \frac{32c(Na_2S_2O_3)(V_0 - V)}{20} \times 1000 \qquad (4—19)$$

式中　ρ——二氧化硫标准溶液质量浓度，μg/L；

32——二氧化硫（$1/2SO_2$）的摩尔质量，g/mol；

c（$Na_2S_2O_3$）——硫代硫酸钠标准溶液的浓度，mol/L；

V_0——空白滴定所消耗硫代硫酸钠标准溶液的体积，mL；

V——二氧化硫标准溶液滴定所消耗硫代硫酸钠标准溶液的体积，mL。

按标定计算的结果，立即用吸收液稀释成每毫升含 25μg 二氧化硫的标准储备液。

工作溶液：用吸收液将标准储备液稀释成每毫升含 5μg 的二氧化硫标准工作液，储于冰箱可保存一个月。25℃以下室温条件可保存 3 天。

（4）检测步骤

1）采样。

①短时间采样（30～60min 样品）：用普通型多孔玻板吸收管，内装 8mL 吸收液，以 0. 5L/min 流量，采样 30～60min。

②连续采样（24h 样品）：用大型多孔玻板吸收管，内装 50mL 吸收液，以 0. 2～0. 3L/min 流量，采样 24h。

采样时吸收液温度应保持在 30℃以下；采样、运输、储存过程中要避免日光直接照射样品。及时记录采样点气温和大气压力。当气温高于 30℃时，样品若不能当天分析，应储于冰箱。

2）标准曲线的绘制。用 5. 0μg/mL 二氧化硫标准溶液，取 8 支具塞比色管，按表 4—4 制备标准色列管。

表 4—4　　甲醛吸收-盐酸副玫瑰苯胺分光光度法标准色列管

管　号	0	1	2	3	4	5	6	7
标准溶液体积/mL	0	0. 2	0. 4	0. 6	1. 0	2. 0	3. 0	4. 0
吸收溶液体积/mL	10. 0	9. 8	9. 6	9. 4	9. 0	8. 0	7. 0	6. 0
二氧化硫含量/μg	0	1. 0	2. 0	3. 0	5. 0	10. 0	15. 0	20. 0

各管中分别加入 0. 3%氨基磺酸钠溶液 1. 0mL、2. 0mol/L 氢氧化钠溶液 0. 5mL 和水 1. 0mL，充分混匀后，再用可调定量加器将 0. 025%PRA 溶液 2. 5mL 快速射入混合液中，立即盖塞颠倒混匀（如无可调定量加液器也可采用倒加 PRA 溶液：将加入氨基磺酸钠溶液、氢氧化钠溶液和水的混合溶液混匀后，再倒入事先装有 0. 025%PRA 的溶液 2. 5mL 的另一组比色管中，立即盖塞颠倒混匀），放入恒温水浴中显色。可根据不同季节的室温从表 4—5 中选择最接近室温的显色温度和时间。

表 4—5 显色温度与时间

显色温度/℃	10	15	20	25	30
显色时间/min	40	20	15	10	5
稳定时间/min	50	40	30	20	10

用最小二乘法计算标准曲线的回归方程（式 4—20）。

$$y = bx + a \tag{4—20}$$

式中 y——标准溶液吸光度 A 与试剂空白液吸光度 A_0 之差；

b——回归方程的斜率（由斜率倒数求得校准因子：$B_s = \frac{1}{b}$）；

x——二氧化硫含量，μg；

a——回归方程的截距。

在波长 570nm 处，用 1cm 比色皿，以水为参比溶液测定吸光度。以吸光度对二氧化硫含量（μg）绘制标准曲线。标准曲线斜率 b 应为（0.035±0.003）吸光度/μg 二氧化硫，相关系数应大于 0.999。以斜率倒数作为样品测定的计算因子 B_s（μg/吸光度）。

3）样品测定。样品中若有颗粒物，应离心分离除去。

将吸收管中的样品溶液全部移入 25mL 比色管中，用少量水洗涤吸收管，并入比色管中，加水补充体积为 10mL。样品放置 20min，以使臭氧分解。按标准曲线绘制的步骤操作测定。

在每批样品测定的同时，用 10mL 未采样的吸收液作试剂空白测定，并配制一个含 10μg 二氧化硫的标准控制管作样品分析中质量控制用。

样品溶液、试剂空白和标准控制管按标准曲线进行测定。样品的测定条件应与标准曲线的测定条件控制一致。

（5）检测结果 将采样体积按式（4—2）换算成标准状态下的采样体积。

按式（4—21）计算出大气中二氧化硫的浓度 ρ（SO_2）。

$$\rho(SO_2) = \frac{(A - A_0)B_s}{V_0} \tag{4—21}$$

式中 ρ（SO_2）——二氧化硫的质量浓度，mg/m^3；

A——样品溶液吸光度；

A_0——试剂空白液吸光度；

B_s——由标准曲线得到的计算因子，μg/吸光度单位；

V_0——换算为标准状态下（0℃，101.3kPa）的采样体积，L。

2. 紫外荧光法

（1）原理 紫外荧光法测定二氧化硫的原理如图 4—6 所示。由光源发射出的紫外光通过光源滤光片进入反应室。空气中二氧化硫分子抽入仪器的反应室，吸收紫外光生成激发态二氧化硫，当它回到基态时，放射出荧光紫外线，其放射荧光强度与二氧化硫浓度成正比。通过第二个滤光片，用光电倍增管接受荧光紫外线，并转化为电信号经过放大器输出，即可测量二氧化硫浓度。

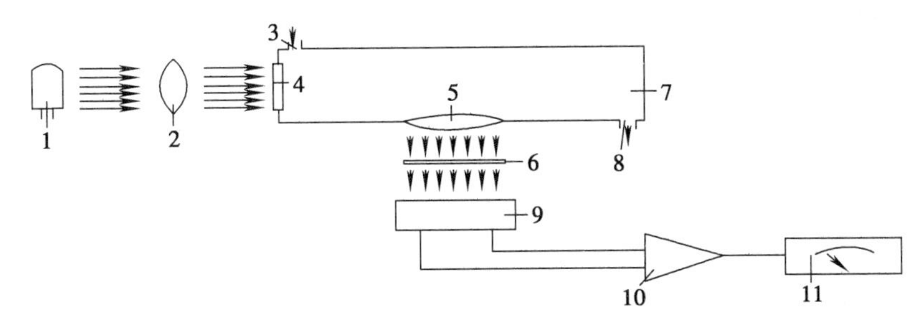

图 4—6　紫外荧光法测定二氧化硫原理

1—紫外光源　2—透镜　3—样品入口　4—光源滤光片　5—透镜　6—第二滤光片
7—反应室　8—样气出口　9—光电倍增管　10—放大器　11—电表

（2）仪器　紫外荧光法二氧化硫分析仪结构如图 4—7 所示。零气、标气或样气进入仪器由调零/标度电磁阀和样品电磁阀控制。样气经过渗透式干燥器脱水和经过去烃器排除某些烃类化合物后，再经阻力毛细管和去烃器进入荧光反应室。二氧化硫产生的荧光被光电倍增管接收和放大，转变成电信号被测量。流量计接在反应室的后面，与真空电压表、真空调节器和抽气泵相连。

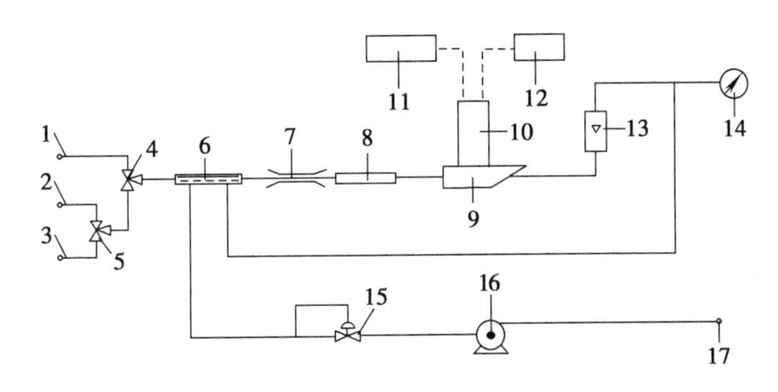

图 4—7　紫外荧光法二氧化硫分析仪的结构

1—采样　2—标度　3—零气　4—样品电磁阀　5—调零和标度电磁阀　6—渗透式干燥器
7—毛细管　8—去烃器　9—荧光反应器　10—光电倍增管　11—信号处理　12—电源
13—流量计　14—真空电压表　15—真空调节器　16—抽气泵　17—排空

（3）检测步骤

1）采样。空气样品以 500mL/min 的流量通过聚四氟乙烯管，抽入仪器。记录测定时的气温和大气压力。

2）仪器启动前准备。电源开关置于“关”挡，量程选择置于所需量程挡，进样三通阀置于“调零”位置。

3）启动和调零。接通电源启动外部泵，产生排气端的真空压力，调节流量 500mL/min。仪器预热 30min，并调“零点调节”电位器，使电表指零。

4）校准。把三通阀置于“标度”位置，通入二氧化硫标准气体标定仪器。调“标度调节”电位器，使电表指示值为标准气浓度。

5）测定。将进样三通阀旋至“测量”位置，通过聚四氟乙烯管抽进样气，即可读数。

（4）检测结果

1）从记录器上读取任一时间二氧化硫浓度。

2）将记录纸上的浓度和时间曲线进行积分计算（或与电子计算机连接），可以得到二氧化硫小时平均浓度和日平均浓度。

3）根据测定时的气温和大气压，将测定浓度值按式（4—2）换算成标准状态下的浓度。

如果仪器读数 φ 是体积浓度（mL/m^3），按式（4—22）换算成标准状态下（0℃，101.3kPa）的质量浓度 ρ_0（mg/m^3）。

$$\rho_0 = \frac{30.03\varphi}{22.4} \tag{4—22}$$

如果仪器浓度是质量浓度，直接读取浓度数值。

3. 库仑滴定法

（1）原理　二氧化硫分析器是根据动态库仑滴定原理制作的。被测空气连续地被抽入仪器，经过选择性过滤器，除去干扰物后，进入库仑池。库仑池有 3 个电极，即铂丝阳极、铂网阴极和活性炭参考电极。其工作原理如图 4—8 所示。

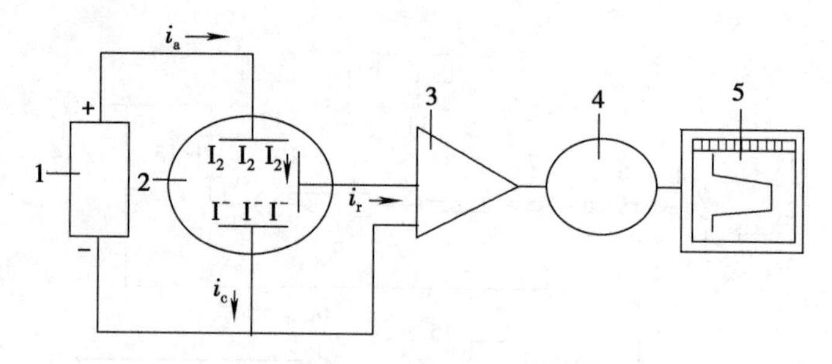

图 4—8　库仑池的工作原理

1—恒流电源　2—库仑池　3—放大器　4—电表　5—记录器

i_a—阳极电流　i_c—阴极电流　i_r—参考极电流

电解液为碱性碘化钾溶液，由恒流电源供电，电流从阳极流入，经阴极和参考电极流出。滴定试剂是碘标准溶液，它是由阳极氧化碘离子而产生的（$2I^- = I_2 + 2e$）。抽入的空气带动电解液循环流动，碘分子被带到阴极后，又被还原成碘离子（$I_2 + 2e = 2I^-$）。如果库仑池没有其他反应，当碘浓度达到动态平衡后，阳极氧化的碘和阴极还原的碘相等，即阳极电流等于阴极电流（$i_a = i_c$），这时参考电极没有电流输出。若气样中含有二氧化硫，它就与碘分子产生下列反应：

$$SO_2 + I_2 + 2H_2O = SO_4^{2-} + 2I^- + 4H^+$$

这个反应在库仑池中是定量进行的，每一个二氧化硫分子消耗一个碘分子。这样就降低了流入阴极的碘分子浓度，也就是降低了阴极电流。降低的部分由参考电极流出。活性炭参考电极的反应为：[C（氧化态）$+ne \rightarrow$ C（还原态）]，阳极电流等于阴极电流和参考电极电之和（$i_a = i_c + i_r$）。因此，参考电极电流与二氧化硫浓度成正比。根据法拉第电解定律可导出关系式（4—23）。

$$\rho = \frac{0.02i_r}{Q} \tag{4—23}$$

式中　ρ——二氧化硫质量浓度，mg/m^3；

i_r——参考电极电流，pA；

Q——进入库仑池中气样的流量，L/min。

当 $Q = 0.25L/min$ 时，$\rho = 0.08i_r$，这样测定参考电极电流大小就可算出二氧化硫浓度。参考电极电流经放大器放大后，由电表或记录器（或与电子计算机连用）以二氧化硫浓度（mg/m^3）指示出来。

（2）仪器　二氧化硫分析器的气路流程如图 4—9 所示。空气经过活性炭过滤器净化后作为零气，抽入库仑池，调仪器零点。测量时，先将三通阀旋至测量挡，样气经选择性过滤器除去干扰气体，再进入库仑池，从库仑池出来的气体经除水器、加热器、流量调节阀和稳流器后由泵排出。需要时，通入标准气体于库仑池，对仪器进行刻度校正。

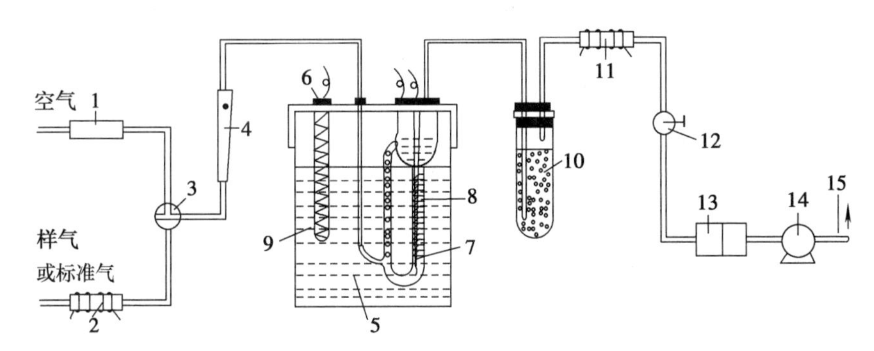

图 4—9　二氧化硫分析器的气路流程

1—活性炭过滤器　2—选择性过滤器（外部加热）　3—进样三通阀　4—流量计　5—库仑池
6—活性炭参考电极　7—铂丝阳极　8—铂网阴极　9—电解液　10—除水器　11—加热器
12—流量调节阀　13—稳流器　14—抽气泵　15—排气管

（3）检测步骤

1）采样。空气样品以 250mL/min 流量，通过聚四氟乙烯管，抽入仪器。记录测量时的气温和大气压。

2）仪器启动前准备。装好仪器，加入电解液，更换各种过滤剂和干燥剂。检查仪器电路系统是否正常和气路系统是否漏气。

3）启动。进样三通阀在“调零”位置，量程选择在 $0 \sim 4mg/m^3$ 挡。接通电源，调节流量计为 250mL/min，仪器工作稳定 2h 后，调节“调零电位器”使电表指零。

4）调零和测定。将“量程选择”开关放到所需要的挡位上，进样三通阀旋至“调零”位置，调节“调零电位器”使电表指零。稳定后，将进样三通阀旋至“测量”位置，20min 后即可读数。每 24h 调零一次，每次 30min。

5）校准。由于仪器是按电化学定量反应测定空气中的二氧化硫，所以在正常工作状态时无须校准。如果仪器出现故障时，用二氧化硫标准气体校正仪器读数，每次 30min，检验仪器读数的可靠性和仪器是否正常工作。

（4）检测结果

1）在记录器上读取任一时间的二氧化硫质量浓度（mg/m^3）。

2）将记录纸上的浓度和时间曲线进行积分计算（或与电子计算机联用），可以得到二氧化硫的小时平均质量浓度和日平均质量浓度（mg/m^3）。

3）根据测量时的气温和大气压力，将测定浓度值按式（4—2）换算成标准状态下的浓度。

五、二氧化氮

（一）概述

二氧化氮为刺激性气体，在室温下呈红棕色，相对分子质量为46.01，熔点为-10.8℃，沸点为21.2℃，对空气相对密度为1.58，在标准状态下，1L二氧化氮的质量为2.056 5g。气态时，以二氧化氮形式存在（红褐色），固态时，以四氧化二氮形式存在（白色），具有腐蚀性和较强的氧化性，易溶于水，在阳光作用下能形成一氧化氮及臭氧。

室内环境二氧化氮主要是由于烹饪和取暖过程中燃料的燃烧，以及吸烟时产生。氮氧化物难溶于水，故对上呼吸道的刺激作用较小，而易于侵入呼吸道深部细支气管和肺泡，当时可无明显症状或上呼吸道刺激症状，如咽部不适、干咳等。常经6~7h潜伏期后出现迟发性肺水肿、成人呼吸窘迫综合征。此外，氮氧化物还可对中枢神经系统、心血管系统等产生危害作用。

（二）二氧化氮的检测方法

测定二氧化氮的一般方法是基于二氧化氮与芳香族胺反应生成偶氮染料。此法早期所使用的重氮化试剂主要是α-萘胺和对氨基苯磺酸。后来广泛采用格里斯-萨尔茨曼（Griess-Saltzman）法，是用盐酸萘乙二胺和对氨基苯磺酸溶液作吸收显色剂，NO_2^-与其反应生成玫瑰红色偶氮化合物，比色定量，称为改进的萨尔茨曼法。

二氧化氮的检测方法有盐酸萘乙二胺分光光度法、化学发光法等。

1. 盐酸萘乙二胺分光光度法

（1）原理　空气中的二氧化氮在采样吸收过程中生成的亚硝酸与对氨基苯磺酰胺进行重氮化反应，再与*N*-（1-萘基）乙二胺盐酸盐作用生成紫红色的偶氮染料。根据其颜色的深浅，比色定量，在波长540~550nm处测吸光度。

对于短时间采样（60min以内），测定范围为10mL样品溶液中含0.15~7.5mgNO_2^-。若以采样流量为0.4L/min采气时，可测浓度范围为0.03~1.7mg/m^3；对于24h采样，测定范围为50mL样品溶液中含0.75~37.5μgNO_2^-。若采样流量为0.2L/min，采气288L时，可测浓度范围为0.003~0.15mg/m^3。

（2）仪器

1）多孔玻板吸收管。根据采样周期不同，采用两种不同体积的吸收管。应按下面的检查方法检查吸收管的气泡分散是否均匀：在采样条件下，吸收效率不应小于98%；多孔玻板吸收管，在测定范围内，$NO_2 \rightarrow NO_2^-$的经验转换系数为0.89。若采用新设计的采样管，必须用已知浓度的标准气体测定其$NO_2 \rightarrow NO_2^-$的经验转换系数，测定方法如下：

用装有10mL吸收液的吸收管，按采样操作条件采集标准气体，当吸收管内二氧化氮浓度达到 0. 5μg/mL 左右时取下，15min 后测定其吸光度，得吸收液中二氧化氮的量。用测得的二氧化氮量除以标准气体二氧化氮的量（由标准气体浓度乘以采样体积而得），求得 NO_2（气）→NO_2（液）的经验转换系数 *K*。在测定范围内，*K* 值 95%概率的置信区间应为 0. 89±0. 01，否则吸收管不得使用。

多孔玻板吸收管用于 60min 之内的样品采集，可装 10mL 吸收液。在流量为 0. 4L/min 时，吸收管的滤板阻力应为 4~5kPa，通过滤板后的气泡应分散均匀。检查方法如下：

①多孔性检查：每支吸收管在采样前应测定滤板阻力，以及通过滤板后的气泡分散的均匀性。阻力不符合要求的和气泡分散不均匀的吸收器不宜使用。

②采样效率的测定：所用的每支吸收管应测定其采样效率。用两支吸收管串联，按采样操作条件采集环境空气。当第一个吸收管中二氧化氮浓度约 0. 5μg/mL 时，停止采样。15min 后，分别测定前后管的二氧化氮含量，用第一管中二氧化氮含量除以第一管和第二管 NO_2^- 含量之和，计算采样效率，它应不小于 0. 98。

2）大型多孔玻板吸收管。用于 1~24h 样品采集，可装吸收液 50mL，在流量 0. 2L/min 时，吸收管的滤板阻力为 3~5kPa，通过滤板后的气泡应分散均匀。

3）空气采样器。流量范围为 0. 2~0. 5L/min，流量稳定。采样前，用皂膜流量计校准采样系列在采样前和采样后的流量，流量误差应小于 5%。

4）10mm 比色皿分光光度计。

5）渗透管配气装置（配气系统中流量误差应小于 2%）。

（3）试剂　所有试剂均为分析纯，但亚硝酸钠应为优级纯。所用水为无 NO_2^- 的二次蒸馏水，即一次蒸馏水中加少量氢氧化钡和高锰酸钾后再重蒸馏，所制水的质量以不使吸收液呈淡红色为合格。

1）*N*-（1-萘基）乙二胺盐酸储备液。称取 *N*-（1-萘基）乙二胺盐酸盐 0. 45g，溶于 500mL 水中。

2）吸收液。称取 4g 对氨基苯磺酰胺、10g 酒石酸和 100mg 乙二胺四乙酸二钠盐，溶于 400mL 热水中。冷却后，移入 1L 容量瓶中。加入 *N*-（1-萘基）乙二胺盐酸盐储备液 100mL，混匀后，用水稀释至刻度。此溶液存放在 25℃暗处可稳定 3 个月，若出现淡红色，表示已被污染，应弃之重配。

3）显色液。称取 4g 对氨基苯磺酰胺、10g 酒石酸与 100mg 乙二胺四乙酸二钠盐，溶于 400mL 热水中。冷却至室温，移入 500mL 容量瓶中，加入 *N*-（1-萘基）乙二胺盐酸盐 90mg，用水稀释至刻度。显色液保存在暗处 25℃以下，可稳定 3 个月。如出现淡红色，表示已被污染，应弃之重配。

4）亚硝酸钠标准溶液。

①亚硝酸钠标准储备液：精确称量 375mg 干燥的优级纯亚硝酸钠和 0. 2g 氢氧化钠，溶于水中，移入 1L 容量瓶中，并用水稀释至刻度。此标准溶液的浓度为 1mL 含 NO_2^-250μg，保存在暗处，可稳定 3 个月。

②亚硝酸钠标准工作液：精确量取亚硝酸钠标准储备液 10mL，于 1L 容量瓶中，用水稀释至刻度，此标准溶液 1mL 含 NO_2^-2. 5μg。此溶液应在临用前配制。

5）二氧化氮渗透管。购置经准确标定的二氧化氮渗透管，渗透率为 0. 1~2. 0μg/min，不确定度为2%。

（4）检测步骤

1）采样。

①短时间采样（30~60min样品）：用普通型多孔玻板吸收管，内装10mL吸收液，标记吸收液的液面位置，以0.4L/min流量，采样5~25L。

②连续采样（24h样品）：用大型多孔玻板吸收瓶内装50mL吸收液，标记吸收液的液面位置，以0.2L/min流量，采气288L。

采样、运输、储存过程中要避免日光直接照射样品。样品溶液呈粉红色，表明已吸收了二氧化氮。采样期间，可根据吸收液颜色，确定是否终止采样，并及时记录采样点的气温和大气压。

2）标准曲线的绘制。用亚硝酸钠标准工作液制备标准曲线，取6支25mL容量瓶，按表4—6制备标准溶液系列管。

表4—6 NO_2^-标准溶液系列管

管　号	0	1	2	3	4	5
标准工作液/mL	0	0.7	1.0	2.0	5.0	7.0
NO_2^-含量/（μg/mL）	0	0.07	0.1	0.2	0.5	0.7

各瓶中，加入12.5mL显色液，再加水到刻度，混匀，放置15min。用10mm比色皿，在波长540~550nm处，以水作参比，测定各瓶溶液的吸光度。以NO_2^-含量（μg/mL）为横坐标，吸光度为纵坐标，绘制标准曲线，并计算回归直线的斜率，以斜率的倒数作为样品测定时的计算因子B_s。

3）样品测定。采样后，用水补充到采样前的吸收液体积，放置15min，按标准液制备曲线操作，测定样品溶液的吸光度A。

在每批样品测定的同时，用10mL未采样的吸收液作试剂空白测定，并配制一个含10μg二氧化氮的标准控制管，作样品分析中的质量控制用。

样品溶液、试剂空白和标准控制管按标准曲线进行测定。样品的测定条件应与标准曲线的测定条件控制一致。

如样品吸光度超过校准曲线上限，则可用吸收液稀释后再测定。

（5）检测结果　按式（4—24）计算出空气中二氧化氮的浓度ρ_{NO_2}。

$$\rho_{NO_2}=\frac{(A-A_0)B_sV_1D}{V_0K} \tag{4—24}$$

式中　ρ_{NO_2}——二氧化氮的浓度，mg/m³；

A——样品溶液吸光度；

A_0——试剂空白液吸光度；

B_s——由标准曲线得到的计算因子，μg/吸光度单位；

V_1——采样用的吸收液的体积，mL；

D——分析时样品溶液的稀释倍数；

V_0——换算为标准状态下（0℃，101.325kPa）的采样体积，L；

K——$NO_2 \rightarrow NO_2^-$ 的经验转换系数，0.89。

2. 化学发光法

（1）原理　氮氧化物分析器是根据一氧化氮和臭氧气相发光反应的原理制成的。被测空气连续被抽入仪器，氮氧化物经过 NO_2—NO 转化器后，以一氧化氮的形式进入反应室，再与臭氧反应产生激发态二氧化氮 NO_2^*，当 NO_2^* 回到基态时放出光子。

光子通过滤光片，被光电倍增管接收，并转变为电流，经放大后而被测量。电流大小与一氧化氮浓度成正比例。用二氧化氮标准气体标定仪器的刻度，即得知相当于二氧化氮量的氮氧化物（NO_x）的浓度。

仪器中与 NO_2—NO 转化器相对应的阻力管是为测定一氧化氮用的，这时的气样不经转化器而经此旁路，直接进入反应室，测得一氧化氮量，则二氧化氮量等于氮氧化物量减一氧化氮量。

（2）仪器

1）氮氧化物分析器。氮氧化物分析器如图4—10所示。一路空气经过滤器干燥纯化后，在臭氧发生器中产生一定浓度的臭氧化的空气，进入反应室作为反应气体；另一路与一个三通进样阀相连。调零时，空气经净化后作为零气进入反应室，调仪器零点。校准时，将标准气（一氧化氮或二氧化氮经转化器）送入反应室，标定仪器的刻度。测量时，样气经过灰尘过滤器进入反应室。另外，旋转转化器前的测量选择三通阀可以分别测定 NO_x、NO 和 NO_2（NO_2等于 NO_x-NO）。

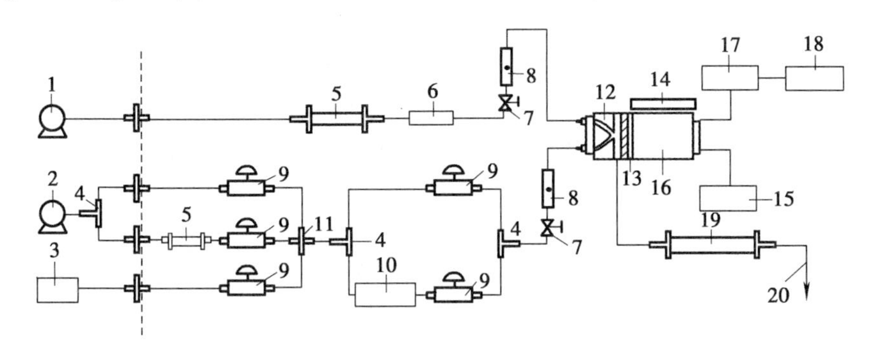

图4—10　氮氧化物分析器

1—零空气薄膜泵　2—样气薄膜泵　3—氮氧化物标准源　4—三通　5—硅胶、活性炭过滤器　6—臭氧发生器　7—针阀　8—流量计　9—关闭阀　10—NO_2-NO 转化炉　11—四通　12—反应室　13—滤光片　14—半导体制冷器　15—高压电源　16—光电倍增管　17—放大器　18—显示器　19—活性炭过滤器　20—排气

2）渗透管配制气体装置。

（3）检测步骤

1）采样。空气样品通过聚四氟乙烯管以 1L/min 的流量被抽入仪器，记录测量时的气温和大气压。

2）仪器启动前准备。电源开关置于“关”的位置，量程选择置于所需的量程挡，测量选择置于“NO_x”或“NO”位置，采样三通阀置于“调零”位置。

3）启动和调零。接通电源，调节臭氧化空气流量和采样流量至仪器规定值；使仪器稳定运转 2h，调“零点调节”电位器，使电表指零。

4）校准。进样三通阀旋至“校正”位置，将一氧化氮标准气体或二氧化氮标准气体通过 NO_2—NO 转化器通入仪器，进行刻度校准。调“标度调节”电位器，使电表指示二氧化氮标准气浓度值。

5）测量。将进样三通阀置于“测量”位置，样气通过聚四氟乙烯管被抽进仪器，即可读数。

（4）检测结果

1）在记录器上读取任一时间的一氧化氮和氮氧化物（换算成二氧化氮）以及二氧化氮浓度。

2）将记录纸上的浓度和时间曲线进行积分计算，可得到一氧化氮和氮氧化物（换算成二氧化氮）以及二氧化氮小时和日平均浓度。

3）根据测量时的气温和大气压，将测定浓度值按式（4—2）换算成标准状态下的浓度。

六、臭氧

（一）概述

臭氧（O_3）是氧的同素异形体，相对分子质量为 48，为无色气体，有特殊臭味。臭氧沸点为-112℃，熔点为-251℃，相对密度为 1.65。在常温、常压下，1L 臭氧质量为 2.144 5g，在常温下分解缓慢，在高温下分解迅速，形成氧气。臭氧是已知的最强的氧化剂之一，可以将二氧化硫氧化成三氧化硫或硫酸，将二氧化氮氧化成五氧化二氮或硝酸。臭氧和烯烃反应生成醛，是其特性反应。臭氧在紫外线的作用下，与烃类和氮氧化物发生光化学反应，形成具有强烈刺激作用的有机化合物，称为光化学烟雾。臭氧在水中的溶解度比较高，是一种高效消毒剂，可作为生活饮用水的消毒剂使用。

臭氧主要来自室外的光化学烟雾，室内的电视机、复印机、激光印刷机、负离子发生器、紫外灯、电子消毒柜等在使用过程中也都能产生臭氧。室内的臭氧可以氧化空气中的其他化合物而自身还原成氧气，还可被室内多种物体所吸附而衰减，如橡胶制品、纺织品、塑料制品等。当大气中的臭氧浓度为 0.1mg/m^{3}时，可引起鼻和喉头黏膜的刺激；臭氧浓度在 0.1~0.2mg/m^{3}时，引起哮喘发作，导致上呼吸道疾病恶化，同时刺激眼睛，使视觉敏感度和视力降低。臭氧浓度在 2mg/m^{3}以上时可引起头痛、胸痛、思维能力下降，严重时可导致肺气肿和肺水肿。

（二）臭氧的检测方法

臭氧的检测方法有靛蓝二磺酸钠分光光度法和化学发光法等。

1. 靛蓝二磺酸钠分光光度法

（1）原理　空气中的臭氧在磷酸盐缓冲剂的存在下与吸收液中蓝色的靛蓝二磺酸钠等反应，褪色生成靛红二磺酸钠。在 610nm 处，测量吸光度。采样体积为 5~30L 时，适用于测定空气中臭氧的浓度范围为 0.03~1.2mg/m^3。

（2）仪器

1）采样探头。硼硅玻璃管或聚四氟乙烯管，内径约为6mm，尽量短些，最长不超过2m，配有朝下的空气入口。

2）多孔玻板吸收管。内装10mL吸收液，以0.5L/min流量采气时，玻板阻力为4～5kPa，气泡分散均匀。

3）空气采样器。流量范围0～1.0L/min，采样前、后用皂膜流量计或湿式流量计校准采样系统的流量，误差应小于±5%。

4）带20mm比色器皿分光光度计。

5）臭氧发生器。

6）紫外吸收式臭氧测定仪。

（3）试剂　除另有说明，分析时均使用符合国家标准的分析纯试剂和重蒸馏水或同等纯度的水。

1）溴酸钾标准储备溶液[$c(1/6KBrO_3)=0.1mol/L$]。称取1.391 8g溴酸钾（优级纯，180℃烘2h）溶于水，移入500mL容量瓶中，用水稀释至标线。

2）溴酸钾-溴化钾标准溶液[$c(1/6KBrO_3)=0.01mol/L$]。吸取10mL溴酸钾标准储备溶液于100mL容量瓶中，加入1g溴化钾（KBr），用水稀释至标线。

3）硫代硫酸钠标准储备溶液［$c(Na_2S_2O_3)=0.1mol/L$］。

4）硫代硫酸钠标准工作溶液［$c(Na_2S_2O_3)=0.005mol/L$］。临用前用硫代硫酸钠标准储备溶液稀释。

5）硫酸溶液（3mol/L）。

6）淀粉指示剂（2g/L）。称取0.2g可溶性淀粉，用少量水调成糊状，慢慢倒入100mL沸水中，煮沸至溶液澄清。

7）磷酸盐缓冲溶液［$c(KH_2PO_4-Na_2HPO_4)=0.05mol/L$］。称取6.8g磷酸二氢钾（$KH_2PO_4$）和7.1g无水磷酸氢二钠（$Na_2HPO_4$），溶于水，稀释至1 000mL。

8）靛蓝二磺酸钠（$C_{16}H_{18}Na_2O_8S_2$）。简称IDS，分析纯或化学纯。

①IDS标准储备溶液：称取0.25g靛蓝二磺酸钠（IDS），溶于水，移入500mL棕色容量瓶中，用水稀释至标线，摇匀，24h后标定。此溶液于20℃以下暗处存放可稳定2周。

②标定方法：吸取IDS标准储备液20mL于250mL碘量瓶中，加入20mL溴酸钾-溴化钾标准溶液，再加入5mL水，盖好瓶塞，放入（16±1）℃水浴中，至溶液温度与水温平衡时，加入5mL硫酸溶液，立即盖好瓶塞，混匀并开始计时，在（16±1）℃水浴中，于暗处放置（35±1）min。加入1g碘化钾（KI）立即盖好瓶塞摇匀至完全溶解，在暗处放置5min后，用硫代硫酸钠标准工作液滴定至红棕色刚好褪去呈现淡黄色，加5mL淀粉指示剂，继续滴定至蓝色消褪呈现亮黄色。两次平行滴定所用硫代硫酸钠标准溶液的体积之差不得大于0.1mL。IDS溶液相当于臭氧的质量浓度ρ（$\mu gO_3/mL$）按式（4—25）计算。

$$\rho=\frac{48(c_1V_1-c_2V_2)\times10^3}{4V} \tag{4—25}$$

式中　ρ——IDS溶液相当于臭氧的质量浓度，$\mu gO_3/mL$；

48——臭氧的摩尔质量，g/mol；

c_1——溴酸钾-溴化钾标准溶液的浓度，mol/L；

V_1——溴酸钾-溴化钾标准溶液的体积，mL；

c_2——滴定用硫代硫酸钠标准溶液的浓度，mol/L；

V_2——滴定用硫代硫酸钠标准溶液的体积，mL；

4——计量因数；

V——IDS 标准储备溶液的体积，mL。

③IDS 标准工作溶液：将标定后的 IDS 标准储备溶液用磷酸盐缓冲溶液稀释成每毫升相当于 1.0μg 臭氧的 IDS 标准工作溶液。此溶液于 20℃以下暗处存放可稳定 1 周。

④IDS 吸收液：取 IDS 储备溶液 25mL，用磷酸盐缓冲溶液稀释至 1L。此溶液于 20℃以下暗处存放，可使用 1 个月。

（4）检测步骤

1）采样。用尽量短的一小段硅橡胶管，对接两支内装 IDS 吸收液 10mL 的多孔玻板吸收管，罩上黑布套，以 0.5L/min 流量采气 5~30L。

当第一支吸收管中的吸收液褪色约 60%时，应立即停止采样。当确信空气中臭氧浓度较低，不会穿透时，可用棕色吸收管采样。

在样品的采集、运输及存放过程中，应严格避光。样品保存在暗处存放 7 天。记录采样时的温度和大气压。

2）校准曲线的绘制。用 IDS 溶液绘制标准曲线：取 6 支 10mL 具塞比色管，按表 4—7 制备标准色列管。

表 4—7　　臭氧标准色列管

管　号	0	1	2	3	4	5
IDS 标准工作溶液体积/mL	10.0	8.0	6.0	4.0	2.0	0
磷酸盐缓冲溶液体积/mL	0	2.0	4.0	6.0	8.0	10.0
臭氧含量/（μg/mL）	0	0.2	0.4	0.6	0.8	1.0

各管摇匀，用 20mm 比色皿，在波长 610nm 处，以水为参比测量吸光度。以臭氧含量为横坐标，以零管样品的吸光度（A_0）与各标准样品管的吸光度（A）之差（A_0-A）为纵坐标，用最小二乘法计算标准曲线的回归方程式（4—26）：

$$y = bx + d \tag{4—26}$$

式中 y——（A_0-A）；

b——回归方程的斜率，吸光度，mL/（μg · 2cm）；

x——臭氧含量，μg/mL；

d——回归方程的截距。

用已知浓度的臭氧标准气体绘制工作曲线：借助于臭氧发生器和配气装置，制备浓度范围为 50~1 000μg/m³的至少 4 种浓度的臭氧标准气体。标准气体的浓度用紫外吸收法或气相滴定法测定。同时用 IDS 吸收液按上述步骤采样、测量样品的吸光度。根据采样体积、臭氧标准气体的浓度和分析时吸收液的总体积，计算采集到样品溶液中的臭氧浓度（μg/mL）。以样品溶液的浓度为横坐标，以空白试验样品的吸光度（A_0）与样品的吸光度（A）之差（A_0-A）为纵坐标，用最小二乘法计算工作曲线的回归方程。

3）样品测定。在吸收管的入口端串接一个玻璃尖嘴，用吸耳球将前、后两支吸收管中的样品溶液挤入一个25mL（或50mL）容量瓶中，第一次尽量挤净，然后每次用少量水，反复多次洗涤吸收管，洗涤液一并挤入容量瓶中，再滴加少量水至标线。按绘制标准曲线方法测量样品的吸光度。

4）空白试验。用与样品溶液同一批配制的IDS吸收液，按上述方法测量吸光度。

（5）检测结果

1）若用IDS标准溶液制备标准曲线时，可按式（4—27）计算空气中臭氧的浓度。

$$\rho = \frac{(A_0 - A - a_1)V}{b_1 V_0} \tag{4—27}$$

式中　ρ——空气中臭氧的浓度，mg/m^3；

A_0——空白试验样品的吸光度；

A——样品溶液的吸光度；

a_1——由IDS溶液标准曲线测得的校准曲线的截距；

V——样品的总体积，mL；

b_1——由IDS溶液标准曲线测得的校准曲线斜率，吸光度，mL/（μg · 2cm）；

V_0——换算为标准状态下的采样体积，L。

2）若用已知浓度的臭氧标准气体制备工作曲线时，可按式（4—28）计算空气中臭氧的浓度。

$$\rho = \frac{(A_0 - A - a_2)V}{b_2 V_0} \tag{4—28}$$

式中　a_2——由用已知浓度的臭氧标准气体绘制工作曲线测得的校准曲线的截距；

b_2——由用已知浓度的臭氧标准气体绘制工作曲线测得的校准曲线的斜率，吸光度，mL/（μg · 2cm）。

所得结果表示至整数位。

（6）注意事项

1）二氧化氮对臭氧的测定产生正干扰，约为其质量浓度的6%。空气中二氧化硫、硫化氢、过氧乙酰硝酸酯（PAN）和氟化氢的浓度高于750$\mu g/m^3$、110$\mu g/m^3$、1 800$\mu g/m^3$和2.5$\mu g/m^3$时，会干扰臭氧的测定。

2）空气中氯气、二氧化氯的存在使臭氧的测定结果偏高。但在一般情况下，这些气体的浓度很低，不会造成显著误差。

2. 化学发光法

（1）原理　化学发光法是依据世界卫生组织（WHO）全球监测系统测定大气中臭氧的标准方法。臭氧分析器是根据臭氧和乙烯气相化学发光反应的原理制成的，当被分析的样气被连续抽进仪器的反应室时，与乙烯反应产生激发态的甲醛（$HCHO^*$）。当$HCHO^*$回到基态时，放出光子。

光子通过光电倍增管和放大器后，转变为电流，并被放大，电流大小与臭氧浓度成正比。用臭氧标准气体标定仪器的刻度值，即能测得臭氧的浓度。仪器可接记录仪或与电子计算机相连接，测定范围为0.1~2.0mg/m^3。

（2）仪器

1）臭氧分析器。臭氧分析器如图4—11所示。钢瓶中乙烯气经稳压阀、稳流阀、流量计（20mL/min）进入反应室，作为反应气体。空气经过活性炭过滤器净化后作为零气，抽入反应室，调节仪器零点。然后将臭氧发生器产生的标准臭氧吸入反应室，标定仪器的刻度。测量时，将三通阀旋至测量挡，样气经粉尘过滤器进入反应室测量。反应后的气体经抽气泵、流量计进入去烃装置，乙烯在此被烧尽后排出。

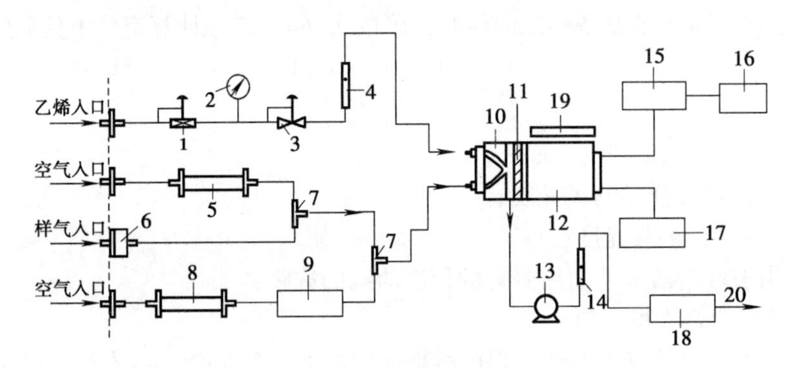

图4—11 臭氧分析器

1—稳压阀 2—压力表 3—稳流阀 4—流量计 5—过滤器 6—粉尘过滤器 7—进样三通阀 8—过滤器 9—标准臭氧发生器 10—反应室 11—石英片 12—电倍增管 13—抽气泵 14—流量计 15—放大器 16—记录信号系统 17—高压电源 18—乙烯处理装置 19—制冷器 20—排气

仪器主要技术指标如下：

①测量范围（分4个量程挡）：0～0.25mg/m^3、0～0.5mg/m^3、0～1.0mg/m^{3}和0～2.0mg/m^3。

②响应时间（达到最大值90%）<45s。

③线性误差<±2%F.S（F.S为满刻度）。

④重现性<±2%F.S。

⑤零点飘移<±2%F.S（24h内）。

⑥标度飘移<±2%F.S（24h内）。

⑦噪声<±1%F.S。

⑧抗干扰能力：总干扰相当量<0.005mg/m^3。

⑨反应室的工作压力：大气压。

2）臭氧标准气体发生装置。臭氧浓度用紫外光度法标定。

（3）试剂

1）粒状活性炭。

2）粒状5A分子筛。

3）乙烯钢瓶气（纯度99.5%以上）。

（4）检测步骤

1）采样。空气样品通过聚四氟乙烯导管，以400mL/min的流量抽入仪器。

2）仪器启动前准备。电源开关置于“关”挡，量程选择置于所需量程挡，进样三通阀置于“调零”位置。

3）启动和调零。接通电源，调节乙烯钢瓶气减压阀使压力表指在0.1~0.15MPa，调节乙烯气流量为20mL/min，空气流量为400mL/min。使仪器稳定运转2h，调节“零点调节”电位器，使电表指零。

4）校准。将进样三通阀旋至“测量”位置，通入臭氧标准气体标定仪器刻度。调节“标度调节”电位器，使电表指示标准气浓度值。

5）测定。将进样三通阀旋至“测量”位置，通过聚四氟乙烯管抽进气样，即可读数。记录测定时的气温和大气压。

（5）检测结果

1）从记录器上读取任一时间的臭氧浓度（mg/m^3）。

2）将记录纸上的浓度与时间曲线进行积分计算（或与电子计算机连接），可以得到臭氧小时平均浓度和日平均浓度（mg/m^3）。

（6）注意事项

1）臭氧与乙烯气相发光反应，发射300~600nm的连续光谱，峰值波长为435nm。

2）当固定样气流量为600mL/min和800mL/min时，响应值与乙烯流量成正比。当乙烯流量为20mL/min、样气流量为600mL/min时，有最大的响应值。考虑到仪器灵敏度与减少乙烯用量，并使排出的混合气在去烃装置中能达到最佳的除烃效果，故选择样气流量为400mL/min，乙烯流量为20mL/min。

七、可溶性金属元素

（一）概述

不同的可溶性金属元素存在于空气中的状态不相同，例如汞常常以蒸气状态存在，而金属铅（Pb）、镉（Cd）、铬（Cr）、锰（Mn）、镍（Ni）和锌（Zn）等则多以气溶胶形式存在，以烟、雾、尘等形式分散在空气中。室内空气中金属的主要来源为室外汽车尾气以及较近的冶炼厂、矿山产生的废气和烟尘的侵入，以及室内装饰材料脱落形成的尘埃。可溶性金属元素进入空气中后，由于性质不同，对人体危害也不同。可溶性金属元素的检测方法见表4—8。

表4—8　室内空气中主要可溶性金属元素的检测方法

金属	检测方法
铅	原子吸收分光光度法、氢化发生原子吸收分光光度法、催化极谱法、双硫腙比色法、中子活化法、电感耦合等离子体发射光谱法、X射线荧光法
镉	原子吸收分光光度法、双硫腙比色法、催化极谱法
汞	原子吸收分光光度法、冷原子吸收法、沉淀比色法、双硫腙比色法、中子活化法、试纸法、碘化亚铜检气管法
铬	原子吸收分光光度法、二苯碳酰二肼比色法
锰	原子吸收分光光度法
镍	原子吸收分光光度法
锌	原子吸收分光光度法

采集室内颗粒物金属样品多用小流量空气颗粒物采样器。该采样器选用玻璃纤维滤纸、聚氯乙烯滤膜、微孔滤膜等滤料，采样后对滤料进行预处理、消化有机物、酸提取金属元素和浓缩等前处理步骤，再用仪器如原子吸收光谱或其他化学方法进行分析。

应用原子吸收光谱分析法，也有不作前处理操作的，如将空气样品作为助燃剂直接导入燃烧器里，对被测金属元素进行定量。

（二）铬、锰、镉、镍、锌、铜的检测

悬浮颗粒物中的痕量金属（如铅、镉、锌等）是重要的污染物之一。这些颗粒物中的金属元素多来源于人为污染，主要存在于粒径≤2.5μm 的细颗粒物中。颗粒物中至少有 10 种以上痕量金属对人体具有生物毒性，以镉（Cd）、砷（As）、铍（Be）、硒（Se）、镍（Ni，羰基镍）等为代表的金属元素及其化合物，不但对人体具有毒害作用，而且还具有致癌作用。

1. 原理

空气颗粒物中的铬、锰、镉、镍、锌、铜及其化合物被采集在滤料上，经硫酸-氢氟酸法消解，然后用硝酸浸出，以离子态的形式定量地转移到溶液中，于 357.9nm（铬）、279.5nm（锰）、228.8nm（镉）、232.0nm（镍）、213.9nm（锌）、324.7nm（铜）等的各个特征谱线，用原子吸收分光光度法分别定量检测。

2. 仪器

（1）二段可吸入颗粒物采样器（$D_{50}=10\mu m$、$\delta_g=1.5$）。

（2）高温熔炉。

（3）微量注射器（10μL、20μL）。

（4）铂坩埚或裂解石墨坩埚（20~30mL）。

（5）原子吸收分光光度计（配石墨炉装置）。

（6）铬、锰、镉、镍、锌、铜等元素空心阴极灯。

3. 试剂

试验用水均为去离子水或石英亚沸高纯蒸馏水。

（1）滤料：聚氯乙烯滤膜或 0.8μm 微孔滤膜。用聚氯乙烯滤膜测锰时，滤膜本底值低时可直接使用，否则需用 1mol/L 盐酸溶液浸泡过夜，洗净晾干后方可使用。

（2）优级纯硝酸（$\rho_{20}=1.42g/mL$）。

（3）盐酸（1+1）。用浓盐酸（$\rho_{20}=1.19g/mL$，优级纯）和水体积比 1∶9 配制而成。

（4）优级纯氢氟酸（400mL/L）。

（5）硫酸溶液（7mL/L）。用优级纯硫酸配制。

（6）硝酸溶液（0.16mol/L）。

（7）碘化钾溶液（1.0mol/L）。

（8）抗坏血酸溶液（50g/L）　称取 5g 抗坏血酸溶解于水并稀释至 100mL，临用时配制。

（9）甲基异丁基酮。

（10）标准溶液：分别准确称取 0.5g 铬、锰、镉、镍、锌、铜 6 种光谱纯或优级纯金属（99.99%），用 5mL 盐酸溶液（1+1）、5mL 硝酸溶液溶解，移入 500mL 容量瓶中，用水稀释至刻度，混匀。此溶液1mL含相应元素1mg。储于聚乙烯瓶中，冰箱内保存。临用时，精确吸取10mL于100mL容量瓶中，滴加1mL硝酸溶液，用水稀释至刻度。此混合标准溶液1mL含铬、锰、镉、镍、锌、铜各元素100μg。

4. 检测步骤

（1）采样　用可吸入颗粒物采样器按设定的流量采样 $2m^3$，记录采样时的温度和大气压。采样后将样品滤纸放入干燥器中干燥、恒重，进行颗粒物浓度测定后，再将样品滤纸采样面向里对折，装入清洁纸袋中封口，置于干燥器中备用。

（2）测定条件　根据原子吸收分光光度计型号和性能，制定分析各元素的最佳测定条件，表4—9中的部分金属测定条件可供选用。

表4—9　　原子吸收分光光度法各元素的测定条件

测定条件	元素（波长/nm）		
	铬（357.9）	镉（228.8）	镍（232.0）
干燥温度与时间	150℃，15s	150℃，15s	150℃，15s
灰化温度与时间	1 000℃，30s	350℃，30s	1 100℃，30s
原子化温度与时间	2 600℃，6s	1 700℃，6s	2 600℃，6s
烧净温度与时间	2 700℃，5s	2 000℃，5s	2 700℃，5s
线性范围/（ng/mL）	1.5~50	0.1~2.0	200~400
背景（氘灯）	不扣除	扣除	不扣除

（3）绘制标准曲线　取6只100mL容量瓶，按表4—10加入100μg/mL铬、锰、镉、镍、锌、铜标准溶液，用0.16mol/L硝酸溶液稀释至刻度，制备各待测元素的标准系列。

表4—10　　几种金属元素的混合标准系列

编　号	0	1	2	3	4	5
混合标准溶液体积/mL	0	0.5	1.0	2.0	3.0	5.0
铬（Cr）浓度/（μg/mL）	0	0.5	1.0	2.0	3.0	5.0
混合标准溶液体积/mL	0	0.5	1.0	2.0	3.0	5.0
锰（Mn）浓度/（μg/mL）	0	0.5	1.0	2.0	3.0	5.0
混合标准溶液体积/mL	0	0.2	0.4	0.6	0.8	1.0
镉（Cd）浓度/（μg/mL）	0	0.2	0.4	0.6	0.8	1.0
混合标准溶液体积/mL	0	0.5	1.0	2.0	3.0	5.0
镍（Ni）浓度/（μg/mL）	0	0.5	1.0	2.0	3.0	5.0

续表

编　号	0	1	2	3	4	5
混合标准溶液体积/mL	0	0.2	0.5	1.0	2.0	3.0
锌（Zn）浓度/（μg/mL）	0	0.2	0.5	1.0	2.0	3.0
混合标准溶液体积/mL	0	0.5	2.0	4.0	6.0	8.0
铜（Cu）浓度/（μg/mL）	0	0.5	2.0	4.0	6.0	8.0

将原子吸收分光光度计调至最佳测试条件，测定标准系列各浓度点的吸光度（或峰高），每个浓度点做 3 次测定，得吸光度（或峰高）的平均值。以各元素浓度（μg/mL）为横坐标，吸光度（或峰高）平均值为纵坐标，绘制标准曲线，并计算回归线的斜率。以斜率倒数作为样品测定的计算因子 B_s。

（4）测定校正因子　在测定范围内，可用单点校正法求校正因子。与样品测定的同时，分别取试剂空白溶液和与样品金属 6 种元素浓度相接近的标准溶液，按原子吸收分光光度计的最佳测试条件做原子吸收法测定，重复做 3 次，测得吸光度或峰高（mm）的平均值，按式（4—29）求校正因子。

$$f = \frac{\rho_s}{h_s - h_0} \tag{4—29}$$

式中　f——校正因子，μg/mL 或 μg/（mL · mm）；

ρ_s——标准溶液浓度，μg/mL；

h_s——标准溶液平均吸光度或峰高，mm；

h_0——空白溶液平均吸光度或峰高，mm。

（5）样品测定　取样品滤料的一半进行分析，将样品滤料置于铂坩埚或裂解石墨坩埚中，加入 7mL/L 的硫酸溶液 2mL，使样品充分润湿，浸泡 1h。然后在电热板上加热，小心蒸干。将坩埚置于高温［（400±10）℃］熔炉中加热 4h，至有机物完全消解。停止加热，待炉温降至 300℃以下时，取出坩埚，冷却至室温，加 3~5 滴氢氟酸，摇动使其中残渣溶解。在电热板上小心加热至干，再加 7~8 滴硝酸，继续加热至干，用 0.16mol/L 硝酸溶液将样品定量转移至 10mL 容量瓶中，并稀释至刻度，混匀，静置 1h，取上清液按标准曲线的绘制或测定校正因子的操作步骤，做原子吸收法测定。每个样品重复做 3 次，得吸光度或峰高（mm）的平均值。

在每批样品测定的同时，取相同面积未采样的滤料，按相同操作步骤做试剂空白测定。

5. 检测结果

（1）标准曲线法　按式（4—30）分别计算 6 种元素浓度。

$$\rho_i = \frac{10(h_i - h_{0i})B_{si}S_1}{1\,000V_0E_{si}S_2} \tag{4—30}$$

式中　ρ_i——空气中铬、锰、镉、镍、锌、铜浓度，mg/m³；

10——制备样品溶液的体积，mL；

h_i——样品溶液平均吸光度或峰高，mm；

h_{0i}——空白溶液平均吸光度或峰高，mm；

B_{si}——用标准溶液绘制标准曲线得到的计算因子，μg/mL 或 μg（mL·mm）；

S_1——样品滤料的总过滤面积，cm^2；

V_0——换算成标准状态下的采样体积，m^3；

E_{si}——由试验确定的在滤料上各种元素的平均洗脱效率；

S_2——分析时所取滤料的过滤面积，cm^2。

（2）单点校正法　按式（4—31）分别计算 6 种元素浓度。

$$\rho_i = \frac{10(h_i - h_{0i})f_i S_1}{1\,000 V_0 E_{si} S_2} \tag{4—31}$$

式中　f_i——用单点校正法得到的校正因子，μg/mL 或 μg（mL·mm）。

6. 注意事项

（1）按规定条件操作，除镉外，其他金属未见到明显干扰。如测定镉时可用碘化钾-甲基异丁基酮（KI-MIBK）进行萃取分离，以消除干扰；如用石墨炉法测定，则可用氘灯扣除背景，消除干扰。

（2）用碘化钾-甲基异丁基酮萃取镉的分析步骤。取适量样品溶液，加入 0. 1mol/L 硝酸溶液使总体积为 25mL，加 1mol/L 碘化钾溶液 5mL、5%抗坏血酸溶液 2. 5mL，摇匀。加入 5mL 甲基异丁基酮，振摇 1. 5min，静置分层后，小心地沿瓶壁加入水，使有机相上升到瓶颈部，将吸样毛细管插入有机相中吸样进行测定。

第二节　有机物的检测

一、甲醛

（一）概述

甲醛（HCHO）是无色、具有强烈刺激性气味的气体，相对分子质量为 30. 03，气体相对密度为 1. 04，略重于空气，易溶于水、醇和醚。其 35%～40%水溶液统称福尔马林，此溶液在室温下极易挥发，加热更甚。甲醛易聚合成多聚甲醛，这是甲醛水溶液浑浊的原因。甲醛的聚合物受热易发生解聚作用，在室温下能放出微量的气态甲醛。

在室外，甲醛来自空气污染中的工业废气、汽车尾气、光化学烟雾等，它们在一定程度上均可排放或产生一定量的甲醛，但是这一部分含量很少。城市空气中甲醛的年平均浓度是 0. 005～0. 01mg/m^3，一般不超过 0. 03mg/m^3，这部分气体在一些时候可进入室内，是构成室内甲醛污染的一个来源。室内甲醛的来源主要有两方面：一是来自燃料和烟叶的不完全燃烧；二是来自建筑材料、装饰物品及生活用品等化工产品，如来自化妆品、清洁剂、杀虫剂、消毒剂、防腐剂、印刷油墨、纸张等。燃料燃烧时可有大量甲醛产生，厨房内甲醛浓度日变化曲线呈现峰形，这与烹饪时间有关。室内来自装饰化工产品的甲醛浓度日变化曲线的升降比较缓慢，与室内温度升降有关。甲醛在室内的浓度变化，主要与污染源的释放量和释放规律有关，也与污染源的使用期限，室内温度、湿度以及通风程度等因素有关。

甲醛浓度达到0.06~0.07mg/m³时，儿童就会发生轻微气喘；当室内空气中甲醛含量为0.1mg/m³时有异味和不适感；达到0.5mg/m³时，可刺激眼睛，引起流泪；达到0.6mg/m³时，可引起咽喉不适或疼痛；浓度更高时，可引起恶心呕吐，咳嗽胸闷，气喘甚至肺水肿；达到30mg/m³时，会立即致人死亡。通常情况下，人类在居室中接触的一般为低浓度甲醛，但是研究表明，长期接触低浓度的甲醛（0.017~0.068mg/m³），虽然引起的症状强度较弱，但也会对人的健康有较严重的影响。

（二）甲醛的检测方法

甲醛的检测方法有AHMT分光光度法、酚试剂分光光度法、乙酰丙酮分光光度法、气相色谱法、定电位电解法和气体检测管法等。

1. AHMT分光光度法

（1）原理　空气中甲醛被吸收液吸收，在碱性溶液中与4-氨基-3-联氨-5-巯基-1，2，4-三氮杂茂（AHMT）缩合反应，经高碘酸氧化生成6-巯基-5-三氮杂茂［4，3-b］-S-四氮杂苯紫红色化合物，溶液颜色深浅与甲醛含量成正比。可比色定量，在波长550nm下，测定溶液吸光度。

本法测定范围为2mL样品溶液中含0.2~3.2μg甲醛。若采样流量为1L/min，采样体积为20L时，则测定浓度范围为0.01~0.16mg/m³。本法检出限为0.7μg/10mL。

（2）仪器

1）气泡吸收管。有5mL和10mL刻度线。

2）空气采样器。流量范围为0.1~2.0L/min，流量稳定。使用时，用皂膜流量计校准采样器的流量，流量误差应小于5%。

3）10mL具塞比色管。

4）分光光度计（用10mm比色皿）。

（3）试剂　本法所用试剂除标明外，均为分析纯，所用水均为蒸馏水。

1）吸收液。称取1.0g三乙醇胺，0.26g偏重亚硫酸钠和0.25g乙二胺四乙酸二钠（EDTA）溶于水中并稀释至1 000mL。

2）氢氧化钾溶液（0.2mol/L）。取28g氢氧化钾溶于适量蒸馏水中，稍冷后，加蒸馏水至100mL。所制备的溶液4mL加蒸馏水至100mL即为0.2mol/L。

3）AHMT溶液（5%）。取0.5gAHMT溶于0.5mol/L的盐酸溶液100mL中，此溶液置于棕色瓶中，暗处保存。

4）高碘酸钾溶液（1.5%）。取1.5g高碘酸钾（KIO_4）于0.2mol/L的氢氧化钾溶液100mL中，置于水浴上加热使其溶解。

5）碘标准溶液[$c(1/2I_2)=0.1mol/L$]。称量40g碘化钾，溶于25mL水中，加入12.69g升华碘，待碘完全溶解后，用水定容至1 000mL。置于棕色瓶中，暗处保存。

6）碘酸钾标准溶液[$c(1/6\ KIO_3)=0.1mol/L$]。准确称量3.566 8g，经105℃烘干2h的碘酸钾（优级纯），溶解于水中，移入1 000mL容量瓶中，再用水稀释至刻度。

7）淀粉溶液（0.5%）。称量0.5g可溶性淀粉，用少量水调成糊状后，再加刚煮沸的水至100mL，并煮沸2~3min至溶液透明。冷却后，加入0.1g水杨酸保存。

8）硫代硫酸钠标准溶液［$c(Na_2S_2O_3)=0.1mol/L$］。称量26g硫代硫酸钠（$Na_2S_2O_3$·

$5H_2O$)，溶于新煮沸冷却的水中，加入1g无水碳酸钠，再用水稀释至1 000mL。将溶液储于棕色瓶中，如浑浊应过滤，放置一周后，标定其准确浓度。

标定方法：准确量取0.1mol/L碘酸钾标准溶液25mL，于250mL碘量瓶中，加入75mL新煮沸冷却的水，加3g碘化钾及10mL冰乙酸溶液，摇匀后，暗处放置3min，用待标定的0.1mol/L硫代硫酸钠标准溶液滴定析出的碘，至淡黄色。加入0.5%淀粉溶液1mL，呈蓝色，再继续滴定至蓝色刚刚褪去，即为终点。记录所用硫代硫酸钠溶液体积（V）。平行滴定两次，两次所用硫代硫酸钠溶液体积误差不超过0.05mL，取平均值。其准确浓度用式（4—32）计算。

$$c(Na_2S_2O_3) = 0.1 \times \frac{25}{V} \tag{4—32}$$

9）甲醛标准溶液。

①储备溶液：量取2.8mL含量为36%~38%的甲醛溶液，放入1L容量瓶中，加水稀释至刻度。此溶液1mL约含1mg甲醛。其准确浓度用下述碘量法标定。此液可稳定存放3个月。

标定方法：准确量取20mL待标定的甲醛储备溶液，于250mL碘量瓶中，加入20mL碘标准溶液、1mol/L氢氧化钠溶液15mL，放置15min。加入0.5mol/L硫酸溶液20mL，再放置15min，用0.1mol/L的硫代硫酸钠标准溶液滴定，直至溶液呈现淡黄色时，加入0.5%淀粉溶液1mL，继续滴定至恰使蓝色褪尽为止。记录所用硫代硫酸钠标准溶液体积（V）。同时，用水作试剂空白滴定，记录空白滴定所用硫代硫酸钠溶液的体积（V_0）。样品滴定和空白滴定各重复两次，两次滴定所用硫代硫酸钠的体积误差不超过0.05mL，取平均值。甲醛储备溶液的浓度c用式（4—33）计算。

$$\rho_{HCHO} = \frac{(V_0 - V)cM}{2V_s} \tag{4—33}$$

式中 ρ_{HCHO}——甲醛储备溶液浓度，mg/mL；

c——硫代硫酸钠溶液的浓度，mol/L；

V——标定甲醛消耗硫代硫酸钠溶液的体积，mL；

V_0——空白消耗硫代硫酸钠溶液的体积，mL；

M——甲醛的摩尔质量（$M=30$），g/mol；

V_s——标定时所取甲醛标准储备溶液的体积（此标定为20mL），mL。

②甲醛标准溶液：临用时，将甲醛标准储备溶液用水稀释成20μg/mL。立即再取此溶液10mL，加入100mL容量瓶中，用吸收液稀释至刻度。此甲醛溶液为2μg/mL。

10）硫酸溶液（0.5mol/L）、盐酸溶液（0.5mol/L）和氢氧化钠溶液（1mol/L）。

（4）检测步骤

1）采样。用一个内装10mL吸收液的气泡吸收管，以1L/min流量采气20L。记录采样时的温度和大气压。

2）标准曲线的绘制。用2μg/mL甲醛标准溶液，取7支10mL具塞比色管，按表4—11制备标准色列管。

表 4—11　　AHMT 分光光度法标准色列管

管　号	0	1	2	3	4	5	6
标准溶液体积/mL	0	0.1	0.2	0.4	0.8	1.2	1.6
吸收溶液体积/mL	2.0	1.9	1.8	1.6	1.2	0.8	0.4
甲醛含量/μg	0	0.2	0.4	0.8	1.6	2.4	3.2

于标准色列管中，依次加入 5mol/L 氢氧化钾溶液 1mL 和 0.5mol/L AHMT 溶液 1mL，轻轻摇动数次，使其均匀。放置 20min，加入 1.5%高碘酸钾溶液 0.5mL，充分振摇 5min，用 10mm 比色皿，以水作参比，在波长 550nm 条件下，测定各管溶液的吸光度。以甲醛含量为横坐标，吸光度为纵坐标，绘制标准曲线，并计算回归线的斜率，以斜率倒数为样品测定的计算因子 B_s。

3）样品测定。采样后，用少量吸收液补充至采样前吸收液的体积，准确吸取 2mL 样品于 10mL 比色管中，按标准曲线绘制的操作步骤，测定样品的吸光度。每批样品测定的同时，用 2mL 未采样的吸收液，按相同步骤做试剂空白测定。

（5）检测结果　将采样体积按式（4—2）换算成标准状态下的采样体积。

空气中的甲醛浓度按式（4—34）计算。

$$\rho = \frac{5(A - A_0)B_s}{V_0} \quad 或 \quad \rho = \frac{(A - A_0)B_s V_1}{V_0 V_2} \tag{4—34}$$

式中　ρ——空气中的甲醛质量浓度，mg/m^3；

A——样品溶液的吸光度；

A_0——试剂空白溶液的吸光度；

B_s——用标准溶液绘制标准曲线得到的计算因子，μg/吸光单位；

V_0——标准状态下的采样体积，L；

V_1——采样时吸收液的体积，mL；

V_2——分析时取样品的体积，mL。

（6）注意事项

1）空气中共存的二氧化氮和二氧化硫对测定无干扰。

2）在室温下就能显色，且 SO_3^{2-}、NO_2^- 共存时不干扰测定，灵敏度比较高。

3）乙醛、丙醛、正丁醛、丙烯醛、丁烯醛、乙二醛、苯（甲）醛、甲醇、乙醇、正丙醇、正丁醇、仲丁醇、异丁醇、异戊醇、乙酸乙酯对本法无影响。

2. 酚试剂分光光度法

（1）原理　空气中的甲醛被酚试剂溶液吸收，反应生成嗪，嗪在酸性溶液中被三价铁离子氧化生成蓝绿色化合物。根据颜色深浅，比色定量，在波长 630nm 条件下，测定吸光度。

若用 5mL 甲醛样品溶液，测定范围为 0.1~1.5μg。当采样体积为 10L 时，则可测浓度范围为 0.01~0.15mg/m^3。

（2）仪器

1）气泡吸收管（普通型，有 10mL 刻度线）。

2）空气采样器。流量范围为0～1L/min，流量稳定。使用时，用皂膜流量计校准采样系列在采样前和采样后的流量，流量误差应小于5%。

3）10mL具塞比色管。

4）分光光度计（用10mm比色皿）。

（3）试剂

1）吸收液原液。称取0.1g酚试剂（盐酸-3-甲基-2-苯并噻唑酮腙，分子式为

CH_3 N C=N—NH_2·HCl S，简称MBTH）加水溶解，倒入100mL具塞量筒中，加水至刻度。放冰箱保存，可稳定3天。

2）吸收液。吸取5mL吸收液原液，加95mL水，混匀，即为吸收液。采样时临用现配。

3）盐酸溶液（0.1mol/L）。量取8.2mL盐酸加水稀释至1L。

4）硫酸铁铵溶液（10g/L）。称量1.0g硫酸铁铵［$NH_4Fe(SO_4)_2 \cdot 12H_2O$］，用0.1mol/L盐酸溶液溶解，并稀释至100mL。

5）标准溶液。配制及标定方法同AHMT分光光度法。临用时，用吸收液稀释成2μg/mL甲醛的标准溶液。此标准溶液可以稳定24h。

（4）检测步骤

1）采样。用一个内装5mL吸收液的气泡吸收管，以0.5L/min流量，采气10L。记录采样时的温度和大气压力。采样后应在24h内分析。

2）标准曲线的绘制。用2μg/mL甲醛标准溶液，取8支10mL具塞比色管，按表4—12制备标准色列管。

表4—12　　酚试剂分光光度法标准色列管

管　号	0	1	2	3	4	5	6	7
标准溶液体积/mL	0	0.1	0.2	0.4	0.8	1.2	1.6	2.0
吸收溶液体积/mL	5.0	4.9	4.8	4.6	4.2	3.8	3.4	3.0
甲醛含量/μg	0	0.2	0.4	0.8	1.6	2.4	3.2	4.0

于标准色列各管中，加入10g/L硫酸铁铵溶液0.4mL，混匀，放置15min，用10mm比色皿，以水作参比，在波长630nm条件下，测定各管溶液的吸光度。以甲醛含量为横坐标，吸光度为纵坐标，绘制标准曲线，并计算回归线的斜率。以斜率的倒数作为样品测定的计算因子B_s。

3）样品测定。采样后，将样品溶液全部转入比色管中，用少量吸收液洗吸收管，合并使总体积为5mL。然后，按绘制标准曲线的操作步骤测定吸光度（A）。在每批样品测定的同时，用5mL未采样的吸收液按相同操作步骤作空白试剂，测定空白溶液的吸光度（A_0）。

（5）检测结果　将采样体积按式（4—2）换算成标准状态下的采样体积。

空气中的甲醛浓度按式（4—35）计算。

$$\rho = \frac{2(A - A_0)B_s}{V_0} \quad 或 \quad \rho = \frac{(A - A_0)B_sV_1}{V_0V_2} \tag{4—35}$$

式中 ρ——空气中的甲醛浓度，mg/m^3；

A——样品溶液的吸光度；

A_0——试剂空白溶液的吸光度；

B_s——用标准溶液绘制标准曲线得到的计算因子，μg/吸光单位；

V_0——标准状态下的采样体积，L；

V_1——采样时的吸收液体积，mL；

V_2——分析时的取样品体积，mL。

（6）注意事项

1）室温低于15℃时，显色不完全，应在25℃水浴中恒温操作。

2）硫酸锰滤纸的制法。取浓度为100g/L的硫酸锰（$MnSO_4$）水溶液10mL，滴加到250cm^2玻璃纤维滤纸上，风干后切成2mm×5mm的碎片，装入415mm×150mm的“U”形玻璃管中。采样时，将此管接在甲醛吸收管之前。此法制成的硫酸锰滤纸，吸收二氧化硫的效能受空气湿度影响很大。当相对湿度大于88%，采气速度为1L/min，二氧化硫浓度为1mg/m^3时，能消除95%以上的二氧化硫，此滤纸可维持50h有效。当相对湿度为15%～30%时，吸收二氧化硫的效能逐渐降低。所以相对湿度很低时，应换用新制备的硫酸锰滤纸。

3）本法显色反应是甲醛与酚试剂反应生成嗪，适宜pH范围为3～7，而以pH=4～5为最好。

3. 乙酰丙酮分光光度法

（1）原理　空气中的甲醛被乙酰丙酮的铵盐溶液吸收，沸水浴加热生成黄色化合物，在波长412nm处测定，比色定量。

若用5mL样品溶液，甲醛测定范围为0.5～10μg，当采样体积为40L时，则可测浓度范围为0.025～0.5mg/m^3。

（2）仪器

1）气泡吸收管（普通型，有10mL刻度线）。

2）空气采样器。流量范围为0.1～1.0L/min，流量稳定。使用时，用皂膜流量计校准采样系列在采样前和采样后的流量，流量误差应小于5%。

3）10mL具塞比色管。

4）分光光度计（用10mm比色皿）。

（3）试剂

1）显色剂（0.5%乙酰丙酮溶液）。称量25g乙酸铵，加少量水溶解，加3mL乙酸及0.5mL新蒸馏的乙酰丙酮溶液，混匀再加水溶至100mL。在低温下，调整溶液的pH=6，此溶液可稳定20天左右。

2）吸收液。临用时，用50mL显色剂加250mL水。

3）甲醛标准储备溶液。配制及标定方法同AHMT标准储备溶液。

4）甲醛标准溶液。临用时，将甲醛标准储备溶液用吸收液稀释成5μg/mL甲醛标准溶液。

5）碘化钾溶液（0.1g/mL）。

6）碘溶液［c（$1/2I_2$）=0.1mol/L］。称量40g碘化钾，溶于25mL水中，加入12.69g

升华碘，待碘完全溶解后，用水定容至 1 000mL。置于棕色瓶中，暗处保存。

7）硫代硫酸钠标准溶液［c（$Na_2S_2O_3$）= 0.1mol/L）］。称量 26g 硫代硫酸钠（$Na_2S_2O_3 \cdot 5H_2O$），溶于新煮沸冷却的水中，加入 1g 无水碳酸钠，再用水稀释至 1L。储于棕色瓶中，如浑浊应过滤。放置一周后，标定其准确浓度。

8）淀粉溶液（1%）。称量 1g 可溶性淀粉，用少量水调成糊状后，再加刚煮沸的水至 100mL，并煮沸 2~3min 至溶液透明。冷却后，加入 0.1g 水杨酸保存。

（4）检测步骤

1）采样。用一个内装 10mL 吸收液的气泡吸收管，以 0.5L/min 流量，采气 40L。记录采样时的温度和大气压。

2）标准曲线的绘制。用 5.0μg/mL 甲醛标准溶液，取 8 支 10mL 具塞比色管，按表 4—13 制备标准色列管。

表 4—13　乙酰丙酮分光光度法标准色列管

管　号	0	1	2	3	4	5	6	7
标准溶液体积/mL	0	0.1	0.2	0.4	0.8	1.2	1.6	2.0
吸收溶液体积/mL	5.0	4.9	4.8	4.6	4.2	3.8	3.4	3.0
甲醛含量/μg	0	0.5	1.0	2.0	4.0	6.0	8.0	10.0

在标准色列各管中，加入 0.5%显色剂 1mL，混匀，沸水浴加热 3min，取出冷却。用 10mm 比色皿，以水作参比，在波长 412nm 条件下，测定各管溶液吸光度。以甲醛含量为纵坐标，吸光度为横坐标，绘制标准曲线，并计算回归线的斜率。以斜率倒数作为样品测定的计算因子 B_s。

3）样品测定。采样后，用少量水补充至采样前吸收液的体积，量取 5mL 样品溶液于 10mL 的比色管中。再按标准曲线绘制的操作步骤，测定样品溶液吸光度。在每批样品测定的同时，用未采样的吸收液，按相同的操作步骤做试剂空白测定。

（5）检测结果　将采样体积按式（4—2）换算成标准状态下的采样体积。空气中的甲醛浓度按式（4—35）计算。

（6）注意事项

1）采样效率。串联两个普通型气泡吸收管，前管吸收效率达 100%。

2）酚含量 15mg、乙醛含量 3mg 以下，不干扰测定。

3）含有甲醛的溶液中加乙酰丙酮和铵盐混合液后加热，生成 3，5-二乙酰基-1，4-二氢二甲基吡啶，在 412nm 波长时具有最大吸收。

4）乙酰丙酮试剂配制前，需新蒸馏。否则试剂不纯，影响结果。

5）微量甲醛的水溶液极不稳定，标准溶液配制后，应立即做标准曲线。

6）本反应保持溶液 pH=6 时，显色稳定。因此，溶液中需加入乙酸铵-乙酸缓冲溶液。

7）反应需沸水浴加热 3min 才能显色完全，稳定 12h 以上。若在室温下，反应缓慢，显色随时间逐渐加深，2h 后才趋于稳定。

4. 气相色谱法

（1）原理　空气中甲醛在酸性条件下吸附在涂有 2，4-二硝基苯肼（2，4-DNPH）的

6201 担体上，生成稳定的甲醛腙。用二氧化碳洗脱后，经 OV-1 色谱柱分离，用氢火焰离子化检测器测定，以保留时间定性，峰高定量。可测浓度范围为 0.02~1.0mg/m^3。

（2）仪器

1）气相色谱仪（配氢火焰离子检测器）。

2）空气采样器。流量范围为 0.2~1.0L/min，流量稳定。使用时，用皂膜流量计校准采样系列在采样前和采样后的流量，流量误差应小于 5%。

3）采样管。用长 100mm、内径 5mm 的玻璃管，内装 150mg 吸附剂，两端用玻璃棉堵塞，采样管两端用塑料帽密封，装在具塞试管中，密封备用。

4）5mL 具塞比色管。

5）微量注射器（10μL，体积刻度应校正）。

6）色谱条件。根据气相色谱仪的型号和性能，制定能分析甲醛的最佳测试条件：色谱柱柱长 2m、内径 3mm 的玻璃管，内装 OV-1+Shimalitew（80~100 目）色谱担体；柱温 230℃；检测室温度 260℃；气化室温度 260℃；载气（N_2）流量 70mL/min；氢气流量 40mL/min；空气流量 450mL/min。

（3）试剂　本法所用试剂纯度为分析纯，水为二次蒸馏水。

1）二硫化碳（需重新蒸馏进行纯化）。

2）2，4-二硝苯胺（DNPH）溶液。称重 0.5g2，4-DNPH 于 250mL 容量瓶中，用二氯甲烷稀释至刻度。

3）盐酸溶液（2mol/L）。

4）吸附剂。6201 担体（60~80 目）10g，用 40mL2，4-DNPH 二氯甲烷饱和溶液分两次涂敷，减压干燥，备用。

5）甲醛标准溶液。配制和标定方法见 AHMT 分光光度法。

6）色谱担体［Shimalitew（80~100 目）］。

7）色谱固定液（OV-1）。

（4）检测步骤

1）采样。采样时，取下采样管两端的塑料密封帽。将采样管的进气口玻璃棉取出，向管内吸附剂上加一滴（约 50μL）2mol/L 盐酸溶液，然后再用玻璃棉堵好。将加入盐酸溶液的一端垂直朝下，另一端连接空气采样器。以 0.5L/min 的流量，采气 50L，采样后，将管的两端套上塑料帽，装在具塞试管中密封，送回检测室分析。记录采样时的温度和大气压。

2）绘制标准曲线和测定校正因子。在做样品测定的同时，绘制标准曲线或测定校正因子。

①标准曲线的绘制：取 5 支采样管，各管取下一端玻璃棉，直接向吸附剂表面滴加一滴（约 50μL）2mol/L 盐酸溶液。然后，用微量注射器分别准确加入甲醛标准溶液（1mL 含 1mg 甲醛），制成在采样管中的吸附剂上甲醛含量为 1~20μg 范围内有 4 个浓度点的标准管，另一支采样管不加甲醛作为零浓度点，再填上玻璃棉，反应 10min。将各管内吸附剂分别移入 5 个 5mL 具塞比色管中，各加入 1mL 二硫化碳，稍加振摇，浸泡 30min 进行洗脱，即为甲醛洗脱溶液标准系列管。然后准确量取 5μL 各个浓度点的标准洗脱液，进色谱柱，得色谱峰和保留时间。每个浓度点需要重复做 3 次，测量峰高的平均值（mm）。以甲醛的浓度

（μg/mL）为横坐标，平均峰高（mm）为纵坐标，绘制标准曲线，并计算回归线的斜率，以斜率的倒数作为样品测定的计算因子 B_s。

②测定校正因子：在测定范围内，可用单点校正法求校正因子。在样品测定同时，分别取两支采样管，一支不加甲醛标准做试剂空白测定，另一支加与样品洗脱浓度相接近的甲醛标准溶液，分别按绘制标准曲线的操作步骤，在气相色谱最佳测试条件下进样测定，重复做3次，得峰高的平均值和保留时间。按式（4—36）计算校正因子。

$$f = \frac{\rho_0}{h_s - h_0} \tag{4—36}$$

式中 f——校正因子，μg/（mL·mm）；

ρ_0——标准溶液的浓度，μg/mL；

h_s——标准溶液的平均峰高，mm；

h_0——试剂空白溶液的平均峰高，mm。

3）样品测定。采样后，将采样管内吸附剂全部转移入5mL具塞比色管中，加入1mL二硫化碳，稍加振摇，浸泡30min。准确量取5μL洗脱液，在气相色谱最佳测试条件下按绘制标准曲线或测定校正因子的操作步骤进样测定。每个样品重复做3次，用保留时间确认甲醛的色谱峰，测量其峰高，得峰高的平均值（mm）。

在每批样品测定的同时，取未采样的采样管，按相同操作步骤做试剂空白的测定。

（5）检测结果

1）标准曲线法。按式（4—37）计算空气中甲醛的浓度。

$$\rho = \frac{(h - h_0)B_s V_1}{V_0 E_s} \tag{4—37}$$

式中 ρ——空气中甲醛浓度，mg/m³；

h——样品溶液峰高的平均值，mm；

h_0——试剂空白溶液峰高的平均值，mm；

B_s——用标准溶液绘制标准曲线得到的计算因子，μg/（mL·mm）；

V_1——样品洗脱溶液总体积，mL；

V_0——换算成标准状况下的采样体积，L；

E_s——由实验确定的平均洗脱效率。

2）单点校正法。按式（4—38）计算空气中甲醛的浓度。

$$\rho = \frac{(h - h_0)fV_1}{V_0 E_s} \tag{4—38}$$

式中 f——用单点校正法得到的校正因子，μg/（mL·mm）；

其他符号同式（4—37）。

5. 定电位电解法

（1）原理 含甲醛的空气扩散流经传感器，进入电解槽，被电解液吸收，在恒电位工作电极上发生氧化反应。

与此同时产生对应的极限扩散电流，其大小与甲醛浓度成正比，按式4—39计算：

$$I = ZFSD\rho/L \tag{4—39}$$

在工作条件下，电子转移数 Z、法拉第常数 F、反应面积 S、扩散常数 D、扩散层厚度 L 均为常数，因此，测得极间电流 I 即可获得甲醛浓度 ρ。

（2）仪器　定电位电解甲醛检测仪，以美国环境传感器公司生产的 Z-300 型为例，主要参数为：检测范围 0~30mg/L；相对湿度 15%~90%；分辨率 0.01mg/L；重现性 1%；读数零点漂移<0.03；尺寸 120mm×63mm×38mm；质量 170g；电源 9V 积层电压；操作温度 0~40℃。

（3）检测步骤

1）操作方法：

①按“ON/OFF”键，开机（或关机）。

②当显示“Cap On Plebs Y”时，安上电极帽，按“YES”键。

③屏幕显示“Warmup Wait”。

④当屏幕显示“F1 On Press Y”时，移开电极帽，安上过滤器 F1（黄色），并按“YES”键，“Stabilizing”显示在屏幕上。

⑤等待响声出现后，显示“F2 On Press Y”，移开 F1 并迅速按上过滤器，并按“YES”键。

⑥在响声后可读出甲醛浓度值，连续检测模式下每 10s 显示 1 个数值，断续测量模式下一次测量显示 1 个数值。

⑦要进行新的测量，按“NEW”键，重复上述测量步骤。

2）测量时间选择：

①在关机状态下同时按住“OK”键和“YES”键（不要松开），再按“ON/OFF”键开机，直至屏幕上出现“Change RyeMin”，松开“OK”键和“YES”键。

②按“YES”键，出现“Min=0（0~90）UpDownOK”，此时按“YES”键数值增加，按“NO”键数据减少，以此调整测量时间（0~90min 任选）。时间设定后，按“OK”键确认，仪器回到初始测量提示，开始以新设定的时间测量（连续测量）。

③选 Min=0，为断续测量模式，Min=1~90 任意数值为连续测量模式。

3）低电压显示。仪器左上“LOWBAT”小灯闪烁时更换电池。

（4）注意事项

1）仪器体积较小，便于携带，利于现场使用，操作简便，测量快速，可进行瞬时及连续检测。

2）该类仪器受一定的外环境影响，特别是与其他污染物共存时测量结果偏高。

6. 气体检测管法

（1）原理　甲醛与盐酸羟胺反应生成氯化氢使指示剂变色，由黄色变为桃红色，干扰气体为其他醛类、酮类及酸性气体。

甲醛与二甲苯、发烟硫酸反应生成一种缩合物并伴随颜色变化，由白色变为茶黄色，干扰气体为其他醛类、酮类及苯乙烯。

气体检测管法有如下特点：测定迅速，检测管可以在几分钟之内测出环境中有害物质的浓度；灵敏度高，最高灵敏度可达 0.01mg/L，能够检出浓度为 mg/L 级的常见污染物质；采气量小，一般采样体积在几十毫升至几升；检测管能够测定无机和有机的各种性质的物质，可用于工矿企业工作环境中有害气体的测定，也可以检测工厂设备的管道泄漏情况以及大气、室内空气污染的测定等；检测范围有（0.01~0.48）$\times10^{-6}$、（0.1~4.0）$\times10^{-6}$两种。

（2）仪器　采用气体检测管法测定各种有害物质，仪器装置包括气体检测管、手动采样器及其他部件。

1）气体检测管装置。检测管是一种填充显色指示粉的玻璃管，管外印有刻度，管内的指示粉用吸附了显色剂的载体制成，如图4—12所示。当被测空气通过检测管时，有害物质与指示粉迅速发生化学反应，被测物质浓度的高低，将导致指示粉产生相应的变色长度。根据指示粉颜色变化长度从而对有害物质进行快速的定性和定量分析。

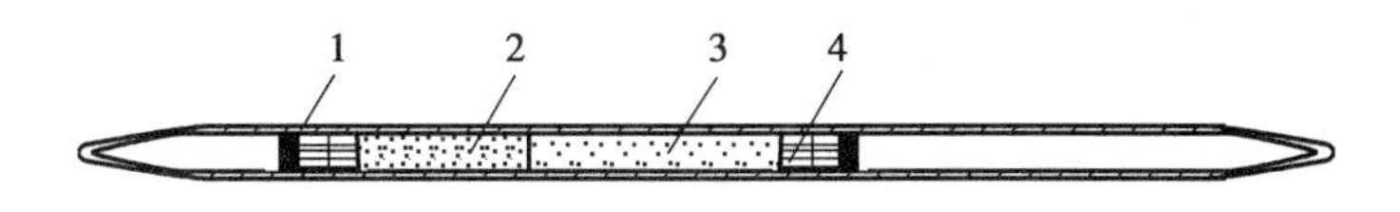

图4—12　检测管的基本结构

1—堵塞物　2—变色柱　3—指示粉　4—保护剂

2）手动采样器装置。采样器结构如图4—13所示。

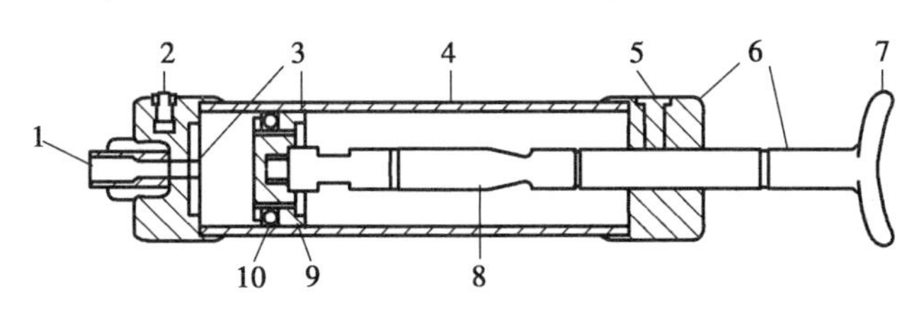

图4—13　手动采样器

1—检测管接口　2—切断口　3—单向阀　4—圆筒　5—闭锁螺钉
6—导向标志　7—手柄　8—活塞杆　9—活塞　10—活塞环

使用手动采样器采样时，先拉动手柄，使活塞筒内呈负压状态，气流经过检测管从检测管接口进入活塞筒，采样完毕。推进活塞，气体从活塞的排气孔通向单向阀，由后盖排出。

（3）检测步骤

1）取出甲醛气体检测管，将检测管的两端封口折断，然后再把检测管插在采样器的进气口上（检测管上的进气箭头指向采样器），对准所测气体，转动采样器手柄，使手柄上的红点与采样气后段盖上的红线相对。拉开手柄到所需位置（100mL或50mL，由采样器上的卡锁定位）固定。等待2~3min，当检测管变色的前端不再往前移动时，取下检测管，从检测管上即可读出所测气体的浓度。

2）测量完毕转动手柄使红点与刻线错开，将手柄推回原位。

3）当检测管要求的采气量大于100mL时，不用拔下检测管，直接再拉手柄第二次取气。

（4）注意事项

1）采样前，应对采样器的气密性进行试验。

2）检测管和采样器连接时，应注意检测管所标明的箭头指示方向。作业现场存在有干扰气体时，应使用相应的预处理管，并注意正确的连接方法。

3）在使用现场的温度超过规定温度范围时，应用温度校正表对测量值进行校正。使用检测管时要注意检查有效期。检测管应与相应的采样器配套使用。

4）对于双刻度检测管应注意刻度值的正确读法。

二、苯系物

（一）概述

苯（C_6H_6）标准状态下为无色（或浅黄色）透明油状液体，具有强烈的芳香气味，易挥发为蒸气，相对分子质量为78.11，密度为0.978g/mL（20℃），熔点为5.5℃，沸点为80.1℃，蒸气相对密度（对空气）为2.71。苯蒸气与空气可形成爆炸性混合物。苯微溶于水，易溶于乙醚、乙醇、氯仿、二硫化碳等有机溶剂中。苯在工农业生产中主要用作脂肪、油墨、涂料及橡胶的溶剂，以及用作种子油和坚果油的提取，在印刷业和皮革工业中用作溶剂，也用于制造洗涤剂、农业杀虫剂，在精密光学仪器和电子工业可用作溶剂和清洗剂。在日常生活中，苯也用作装饰材料、人造板家具中的黏合剂和油漆、涂料、空气消毒剂、杀虫剂等的溶剂。苯对皮肤、眼睛和上呼吸道有刺激作用，吸入液态苯能引起肺水肿和肺出血。苯可以造成皮肤脱脂引起红斑、起疱干燥和鳞状皮炎。急性中毒是在短时间内吸入高浓度苯蒸气引起的，主要影响中枢神经系统功能，出现兴奋或酒醉感及头痛、头晕、恶心、步态不稳等症状，重症者可出现昏迷、抽搐，严重时可因呼吸及循环系统衰竭而死亡，同时伴有黏膜刺激症状。慢性苯中毒者开始时齿龈和鼻黏膜处有类似坏血病的出血症，易引起皮肤出血，并伴有头晕、头痛、乏力和失眠等症状。慢性苯中毒经治疗后是可以恢复的。女性对苯及其同系物的危害较男性敏感。苯是人类已公认的致癌物。

甲苯（C_7H_8）标准状态下为无色透明液体，有类似苯的芳香气味，不溶于水，可混溶于苯、醇、醚等多数有机溶剂中，沸点为110.6℃，相对密度为0.87，其蒸气对空气相对密度为3.14，易燃，有毒。甲苯主要来源于一些溶剂、香水、洗涤剂、墙纸、胶黏剂、油漆等，在室内环境中吸烟产生的甲苯量也是十分可观的。据美国国家环境保护局（EPA）的统计数据显示，无过滤嘴香烟、主流烟草中甲苯含量是100~200μg，侧/主流烟草甲苯浓度比值1.3。甲苯进入体内以后约有48%在体内被代谢，经肝、脑、肺和肾最后排出体外，在这个过程中会对神经系统产生危害。实验证明，当血液中甲苯浓度达到1 250mg/m^3时，接触者的短期记忆能力、注意力、持久性以及感觉运动速度均显著降低。

二甲苯（C_8H_{10}）通常以邻二甲苯、对二甲苯和间二甲苯等异构体形式存在，标准状态下为无色透明液体，具有芳香气味，不溶于水，能与乙醇、乙醚、丙酮等有机溶剂混溶，易燃有毒。二甲苯来源于溶剂、杀虫剂、聚酯纤维、胶带、胶黏剂、墙纸、油漆、湿处理影印机、压板制成品和地毯等。二甲苯可经呼吸道、皮肤及消化道吸收，其蒸气经呼吸道进入人体，有部分经呼吸道排出，吸收的二甲苯在体内分布以脂肪组织和肾上腺中最多，后依次为骨髓、脑、血液、肾和肝。工业用二甲苯三种异构体的毒性略有差异，均属低毒类。吸入高浓度的二甲苯可使食欲丧失、恶心、呕吐和腹痛，有时可引起肝肾可逆性损伤。二甲苯也是一种麻醉剂，长期接触可使神经系统功能紊乱。

（二）苯系物的检测方法

1. 原理

苯系物的检测方法主要为气相色谱法。

空气中苯、甲苯、二甲苯用活性炭管采集，然后用二硫化碳提取，用毛细管色谱柱分离，氢火焰离子化检测器检测，用保留时间定性，峰高或峰面积定量。

当采样量为 10L，热解吸为 100mL 气体样品，进样 1mL 时，苯、甲苯和二甲苯的检出下限分别为 0.005mg/m³、0.01mg/m³和 0.02mg/m³；若用 1mL 二硫化碳提取的液体样品，进样 1μL 时，苯、甲苯和二甲苯的检出下限分别为 0.025mg/m³、0.05mg/m³和 0.1mg/m³。

2. 仪器

（1）活性炭采样管：用长 150mm、内径为 3.5～4.0mm、外径 6mm 的玻璃管，装入 100mg 椰子壳活性炭，两端用少量玻璃棉固定。装好管后再用纯氮气于 300～350℃温度条件下吹 5～10min，然后套上塑料帽封紧管的两端。此管放于干燥器中可保存 5 天。若将玻璃管熔封，此管可稳定保存 3 个月。

（2）空气采样器：流量范围为 0.2～1.0L/min，流量稳定。采样前，用皂膜流量计校准采样系列在采样前和采样后的流量，流量误差应小于 5%。

（3）注射器（1mL、100mL）。

（4）微量注射器（1μL、10μL）。

（5）具塞刻度试管（2mL）。

（6）热解吸装置：热解吸装置主要由加热器、控温器、测温表及气体流量控制器等部分组成，调温范围为 100～400℃，控温精度±1℃，热解吸气体为氮气，流量调节范围为 50～100mL/min，读数误差±1mL/min。所用的热解吸装置的结构应使活性炭管能方便地插入加热器中，并且各部分受热均匀。

（7）色谱柱：长 2m、内径为 4mm 的不锈钢柱，内填充聚乙二醇 6000-6201 担体（5：100）固定相，长 3m、内径 0.53mm 非极性石英毛细管柱。

（8）气相色谱仪（附氢火焰离子化检测器）。

（9）色谱条件：根据所用气相色谱仪的型号和性能，制定能分析苯、甲苯和二甲苯的最佳的色谱分析条件，性能指标为色谱柱温度 90℃、检测室温度 150℃、气化室温度 150℃、载气（氮）50mL/min。

3. 试剂

（1）苯、甲苯、二甲苯（均为色谱纯）。

（2）二硫化碳：分析纯，需经纯化处理，如果有杂峰出现要用硫酸甲醛处理，重蒸馏后经色谱检验无杂峰方可使用。

二硫化碳的纯化方法：二硫化碳用 5%的浓硫酸甲醛溶液反复提取，直至硫酸无色为止，用蒸馏水洗二硫化碳至中性再用无水硫酸钠干燥，重蒸馏，储于冰箱中备用。

（3）色谱固定液（聚乙二醇 6000）。

（4）6201 担体（60～80 目）。

（5）椰子壳活性炭（20～40 目，用于装活性炭采样管）。

（6）高纯氮：氮的质量分数为 99.99%或更高，用装有 5A 分子筛和活性炭的净化管净化。

4. 检测步骤

（1）采样　在采样地点打开活性炭管，两端孔径至少 2mm，与空气采样器入气口垂直连接，以 0.5L/min 的速度，抽取 10L 空气。

采样后，将管的两端套上塑料帽，并记录采样时的地点、温度和大气压力。尽快分析，样品可保存 5 天。

（2）绘制标准曲线和测定计算因子　在做样品分析的相同条件下，绘制标准曲线和测定计算因子。

1）用混合标准气体绘制标准曲线。用微量注射器准确吸取 1μL 的苯、甲苯和二甲苯（于20℃时，1μL 苯重 0.878 7mg，甲苯重 0.866 9mg，邻、间、对二甲苯分别重 0.880 2mg、0.864 2mg、0.861 1mg）分别注入 100mL 注射器中，以氮气为本底气，配成一定浓度的标准气体。取一定量的苯、甲苯和二甲苯标准气体分别注入同一个 100mL 注射器中相混合，再用氮气逐级稀释成 0.02~2.0μg/mL 范围内 4 个浓度点的苯、甲苯和二甲苯的混合气体。取 1mL 进样，测量保留时间及峰高。每个浓度重复 3 次，取峰高的平均值。分别以苯、甲苯和二甲苯的含量（μg/mL）为横坐标，平均峰高（mm）为纵坐标，绘制标准曲线，并计算回归线的斜率，以斜率的倒数 B_s 作为样品测定的计算因子。

2）用标准溶液绘制标准曲线。在 3 个 50mL 容量瓶中，先加入少量二硫化碳，用 10μL 注射器准确量取一定量的苯、甲苯和二甲苯分别注入容量瓶中，加二硫化碳至刻度，配成一定浓度的储备液。临用前取一定量的储备液用二硫化碳逐级稀释成苯、甲苯和二甲苯含量为 0.005μg/mL、0.01μg/mL、0.05μg/mL 和 0.2μg/mL 的混合标准液。分别取 1μL 进样，测量保留时间及峰高。每个浓度重复 3 次，取峰高的平均值，以苯、甲苯和二甲苯的含量（μg/mL）为横坐标，平均峰高（mm）为纵坐标，绘制标准曲线，并计算回归线的斜率，以斜率的倒数 B_s 作样品测定的计算因子。

（3）样品测定

1）实际样品采样管的解吸操作。将已采样的活性炭管与 100mL 注射器相连，置于热解吸装置上，用氮气以 50~60mL/min 的速度于 350℃ 下解吸，解吸体积为 100mL，取 1mL 解吸气进色谱柱，用保留时间定性、峰高（mm）定量。每个样品做 3 次分析，求峰高的平均值。同时，取一个未采样的活性炭管，按样品管同样操作，测定空白管的平均峰高。

2）二硫化碳提取法进样。将活性炭倒入具塞刻度试管中，加 1mL 二硫化碳，塞紧管塞，放置 1h，并不时振摇。取 1μL 进色谱柱，用保留时间定性、峰高（mm）定量。每个样品做 3 次分析，求峰高的平均值。同时，取一个未经采样的活性炭管按样品管同样操作，测量空白管的平均峰高（mm）。

5. 检测结果

将采样体积按式（4—2）换算成标准状态下的采样体积。

（1）用热解吸法时，空气中苯、甲苯和二甲苯浓度按式（4—40）计算。

$$\rho = \frac{(h - h_0)B_g}{V_0 E_g} \times 100 \tag{4—40}$$

式中 ρ——空气中苯、甲苯或二甲苯的浓度，mg/m^3；

h——样品峰高的平均值，mm；

h_0——空白管的峰高，mm；

B_g——计算因子，μg/（mL·mm）；

V_0——换算成标准状态下的采样体积，L；

E_g——由实验确定的热解吸效率。

（2）用二硫化碳提取法时，空气中苯、甲苯或二甲苯浓度按式（4—41）计算。

$$\rho = \frac{(h - h_0)B_s}{V_0 E_s} \times 1\ 000 \tag{4—41}$$

式中 B_s——计算因子，μg/（mL·mm）；

E_s——由实验确定的二氧化硫提取效率；

其他符号同式（4—40）。

三、总挥发性有机化合物

（一）概述

总挥发性有机化合物（TVOC）是利用 tenaxGC 或 tenaxTA 采样，非极性色谱柱（极性指数小于 10）进行分析，保留时间在己烷和正十六烷之间的挥发性有机化合物。它可作为室内空气质量（IAQ）的指示性指标，但并不是空气采样中挥发性有机化合物（VOCs）的总浓度。根据世界卫生组织（WHO）定义，挥发性有机化合物是指在常压下，沸点为 50～260℃状态下的各种有机化合物。挥发性有机化合物主要成分有烷类、芳烃类、烯类、卤烃类、酯类、醛类、酮类及其他有机化合物等。

世界卫生组织根据化合物的沸点将室内有机污染物分成 4 类，见表 4—14。而在对室内有机污染物的检测方面基本上以挥发性有机化合物代表有机物的污染状况。挥发性有机化合物是一类重要的室内空气污染物，目前，已鉴定的有 300 多种，除醛类以外，常见的还有苯、甲苯、二甲苯、三氯乙烯、三氯甲烷、萘、甲苯二异氰酸酯（TDI）等。它们各自的浓度往往不高，但若干种挥发性有机化合物共同存在于室内时，其联合作用是不可忽视的。由于它们种类多，单个组分的浓度低，常用总挥发性有机化合物表示室内空气中挥发性有机化合物总的质量浓度。当室内空气质量好坏不是因人的呼吸，而是因建筑物内装饰材料和用品所造成时，总挥发性有机化合物是表征室内污染程度的一项重要指标。

表 4—14　　室内有机污染物分类

分　类	缩　写	沸点范围/℃	采样吸附材料
气态有机化合物	VVOCs	小于 0 或 50～100	活性炭
挥发性有机化合物	VOCs	50～100 或 240～260	Tenax，石墨化的碳黑/活性炭
半挥发性有机化合物	SVOCs	240～260 或 380～400	聚氨酯泡沫塑料/XAD-2
颗粒状有机化合物	POM	大于 380	滤纸

室内空气中挥发性有机化合物的来源与室内甲醛类似，且更为广泛，主要来源有建筑材料、室内装饰材料和生活及办公用品，家用燃料和烟草的不完全燃烧，人体排泄物，室外的工业废气、汽车尾气、光化学烟雾等。目前，有关挥发性有机化合物健康效应的研究远不及甲醛清楚，由于挥发性有机化合物并非单一的化合物，各化合物之间的协同作用（相加、相乘、拮抗和独立作用）关系较难了解。世界各国不同时间地点所测的挥发性有机化合物的组分也不相同，这些问题给挥发性有机化合物健康效应的研究带来了一系列的困难。一般认为，正常的、非工业性的室内环境挥发性有机化合物浓度水平还不至于导致人体的肿瘤和癌症。研究表明暴露在高浓度挥发性有机化合物的工作环境中可导致人体的中枢神经系统、肝、肾和血液中毒，个别过敏者即使在低浓度下也会有严重反应，通常情况下表现的症状如眼睛不适，感到炽热、干燥、沙眼、流泪；喉部不适，感到咽喉干燥，呼吸不畅，气喘、支气管哮喘；头疼，难以集中精神、眩晕、疲倦、烦躁等。

（二）总挥发性有机化合物的测定方法

室内空气中总挥发性有机化合物的测定方法有气相色谱法和光离子化法等。

1. 气相色谱法

（1）原理　热解吸/毛细管气相色谱法，以 tenaxGC 或 tenaxTA 作吸附剂，用吸附管采集一定体积的空气样品，空气流中的挥发性有机化合物保留在吸附管中。采样后，将吸附管加热，解吸挥发性有机化合物，待测样品随惰性载气进入毛细管气相色谱仪。用保留时间定性，峰高或峰面积定量。

采样前处理和活化采样管吸附剂，可使干扰减到最小；选择合适的色谱柱和分析条件能将多种挥发性有机化合物分离，使共存物干扰问题得以解决。

本法适用于浓度范围为 0.5μg/m^3~100mg/m^{3}的空气中挥发性有机化合物的测定。

（2）仪器

1）吸附管。吸附管用长 90mm、内径 5mm、外径 6.3mm 的内壁抛光的不锈钢管制成，采样入口一端有标记，可以装填一种或多种吸附剂，应使吸附层处于解吸仪的加热区。吸附管中可填装 200~1 000mg 的吸附剂，两端用少量玻璃棉固定。如果在一支吸附管中使用多种吸附剂，吸附剂应按照吸附能力增加的顺序排列，并用玻璃纤维毛隔开，吸附能力最弱的装填在吸附管的采样入口端。

2）空气采样泵。恒流空气个体采样泵，流量范围为 0.02~0.5L/min，流量稳定。用皂膜流量计校准采样系列在采样前和采样后的流量，流量误差应小于 5%。

3）注射器。1mL 气体注射器，10μL 气体注射器，10μL 液体注射器。

4）气相色谱仪。氢火焰离子化检测器、质谱仪检测器或其他合适的检测器。

5）色谱柱。非极性（极性指数小于 10）石英毛细管柱。

6）热解吸仪。能对吸附管进行二次热解吸，并将解吸气用惰性载气体带入气相色谱仪，解吸温度、解吸时间和载气流速是可调的，冷阱可将解吸样品进行浓缩。

7）液体外标法制备标准系列的注射装置。常规气相色谱进样口，可以在系统中使用也可以独立装配，保留进样口载气连线，进样口出口可与吸附管相连。

（3）试剂　分析过程中使用的试剂应为色谱纯；如果为分析纯，需经纯化处理，保证色谱分析无杂峰。

1）挥发性有机化合物。为了校正浓度，需将挥发性有机化合物作为试剂，可以采用液体外标法或气体外标法将其注入吸附管。

2）稀释溶剂。液体外标法所用的稀释溶剂应为色谱纯，在色谱流出曲线中应与待测化合物分离。

3）吸附剂。使用的吸附剂粒径为 0.18~0.25mm（60~80 目），吸附剂在装管前都应在其最高使用温度下，用惰性气流加热活化处理 20h。为了防止二次污染，吸附剂应在清洁空气中冷却至室温后，储存和装管。解吸温度应低于活化温度。由制造商装好的吸附管使用前也需活化处理。

4）高纯氮（质量分数为 99.99%）。

（4）检测步骤

1）采样。将吸附管与采样泵用硅橡胶管连接。个体采样时，采样管垂直安装在呼吸带；固定位置采样时，选择合适的采样位置，打开采样泵，调节流量，以保证在适当的时间内获得所需的采样体积 1~10L。如果总样品量超过 1mg，采样体积应相应减少。记录采样开始和结束时的时间、采样流量、温度和大气压力。

采样后将管取下，密封管的两端或将管放入可密封的玻璃管中。样品应尽快分析，样品可保存 14 天。

2）解吸和浓缩。将吸附管安装在热解吸仪上，加热，使挥发性有机化合物从吸附剂上解吸下来，并被载气流带入冷阱，进行预浓缩，载气流的方向与采样时的方向相反。然后再以低流速从冷阱上解吸，经传输线进入毛细管气相色谱仪。传输线的温度应足够高，以防止待测成分凝结。由于热解吸条件常因试验条件不同而有差异，因此，应根据所用热解吸仪的型号和性能，制定出最佳解吸条件。解吸条件可选择的参数见表 4—15。

表 4—15　解吸条件参数

解吸温度/℃	250~325
解吸时间/min	5~15
解吸气流量/（mL/min）	30~50
冷阱的制冷温度/℃	-180~+20
冷阱的加热温度/℃	250~350
冷阱的吸附剂/mg	40~100（如果使用，应与吸附管相同）
载气	氦气或高纯氮气
分流比	样品管和二级冷阱之间以及二级冷阱和分析柱之间的分流比应根据空气中的浓度来选择

3）色谱条件。选择非极性或弱极性色谱柱，可选用膜厚度为 1~5μm，长 5m，内径 0.22mm 的石英毛细管柱，固定相可以是二甲基硅氧烷或 7%的氰基丙烷、7%的苯基、86%的甲基硅氧烷。柱操作条件为程序升温，初始温度 50℃保持 10min，以 5℃/min 的速率升温至 250℃。

4）标准曲线的绘制。

①气体外标法：用泵准确抽取 100μg/m^3 的标准气体 100mL、200mL、400mL、1L、2L、

4L、10L 通过吸附管，制备标准系列。

②液体外标法：利用测定仪器中的进样装置，取 1～5μL 含液体组分 100μg/mL 和 10μg/mL 的标准溶液注入吸附管，同时用 100mL/min 的惰性气体通过吸附管，5min 后取下吸附管密封，制备标准系列。

③用热解吸气相色谱法分析吸附管标准系列，以扣除空白后峰面积的对数为纵坐标，以单一组分量的对数为横坐标，绘制标准曲线。

5）样品分析。每支样品吸附管按绘制标准曲线的操作步骤（即相同的解吸和浓缩条件及色谱分析条件）进行分析，用保留时间定性、峰面积定量。

（5）检测结果　将采样体积按式（4—2）换算成标准状态下的采样体积。

1）样品中待测组分的浓度按式（4—42）计算。

$$\rho = \frac{m_1 - m_0}{V_0} \times 1\,000 \tag{4—42}$$

式中　ρ——样品中单一组分的浓度，μg/m³；

m_1——样品管中组分的质量，μg；

m_0——空白管中组分的质量，μg；

V_0——换算成标准状态下的采样体积，L。

2）总挥发性有机化合物的计算。对保留时间在正己烷和正十六烷之间的所有化合物进行分析。计算总挥发性有机化合物，包括色谱图中从正己烷到正十六烷之间的所有化合物。根据单一的校正曲线，对尽可能多的挥发性有机化合物定量，至少应对 10 个最高峰值进行定量，最后与总挥发性有机化合物一起列出这些化合物的名称和浓度。计算已鉴定和定量的挥发性有机化合物的浓度 S_{id}，用甲苯的响应系数计算未鉴定的挥发性有机化合物的浓度 S_{un}，S_{id}与 S_{un}之和为总挥发性有机化合物的浓度或值。

如果检测到的化合物超出了总挥发性有机化合物定义的范围，那么这些信息应该添加到其值中。

2. 光离子化法

光离子化法（PID）测量挥发性有机化合物简便快速，易于普及推广使用，而且以该原理制成的挥发性有机化合物气体分析仪已经形成较为成熟的产品，如美国 RAE 公司、PE 公司、HNU 公司、MSA 公司，日本的纪本公司等都有该类仪器，这类仪器在美国的使用已非常普及。

（1）原理　选用 10.6eV 能量的 UV 灯作为光源，这种高能紫外辐射可使空气中大多数挥发性有机化合物电离，但仍保持空气中的基本成分 N_2、O_2、CO_2、H_2O 等不被电离，被测物质进入离子化室，经灯源照射后电离，然后测量电离电流的大小，就可知道总挥发性有机化合物的含量。

光离子化挥发性有机化合物气体检测仪的核心部件是 UV 灯和离子化池，被测物质进入离子化池，在 UV 灯的辐射下电离，所形成的电离电流经放大后，以数字信号的形式进行显示。

（2）仪器　光离子化检测的主要技术指标（以美国 RAE 公司的产品为例），见表 4—16。

表 4—16　　RAE 公司挥发性有机化合物气体测定仪主要技术指标

质量	553g（带充电电池）		
检测器	FID 光离子化检测器（9.8eV、10.6eV、11.7eV）		
电池	镍氢充电电池或 4 节 AA 碱性电池		
电池工作时间	连续工作 10h，通过变压器连接充电		
显示	超大屏幕显示以及 LED 背景灯		
范围、分辨率和响应时间	范围	分辨率	响应时间
	0~999μg/L	1μg/L	<5s
	10~99.9mg/L	0.1mg/L	<5s
	100~199mg/L	1mg/L	<5s
精度	$\pm2\times10^{-8}$或读数的 10%		
校正系数	内存 102 种有机气体校正系数		
标定	二点校正，零点及标准气体校正		
按键	一键操作，两键编程		
直接读数	瞬时值		
	平均值		
	STEL 值及峰值电池电压		
	仪器工作时间		
报警设置	单独设置 TWA、STEL 和峰值的报警界限值		
操作模式	泄漏检测与劳动卫生检测两种卫生模式		
声光报警	90dB 蜂鸣器及 LED 闪动指示		
机外报警	可选振动报警		
报警模式	锁定或自动设定		
数据记录	可存储 15 000 个数据，显示信息包括仪器序列号、用户编号、被测地点编号、日期及时间		
数据传输	通过 RS-232 接口，向计算机下载数据或向仪器传输		
采样泵	内置式，流速 400mL/min。流速过低时将自动关闭		
温度和湿度	-10~40℃，0~95%相对湿度（无冷凝）		

（3）检测步骤　这种仪器的使用方法较简单，主要的按键及使用方法如图 4—14 所示。

光离子化检测仪采用的紫外灯管一般是 10.6eV 或是 11.7eV，但电离电位低于 10.6eV 或 11.7eV 的物质均可被光源电离，因而可被测量。经过试验测得可被光离子化检测仪测量的物质有 300 多种。

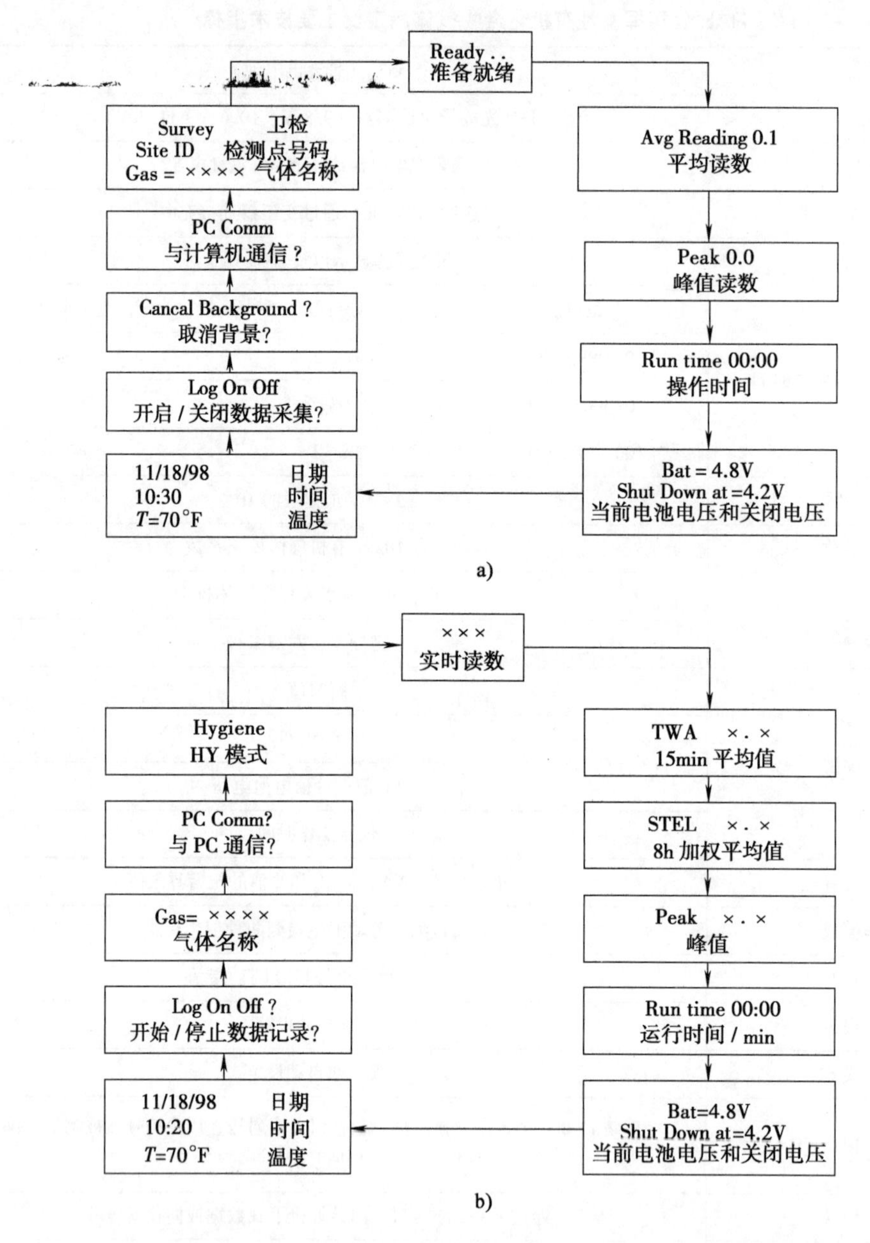

图 4—14 RAE PGM-7240 手持式挥发性有机化合物气体检测仪简便使用方法

a）（调查 SU 模式）手动开启/停止测试及特定暴露值的显示

b）（卫检 HY 模式）自动测试，连续操作与数据采集，计算额外的暴露值

四、苯并［a］芘

（一）概述

苯并［a］芘是多环芳香烃类化合物，又名 3，4 苯并芘（简称 BaP），化学式 $C_{20}H_{12}$，相对分子质量为 252，沸点为 475℃，熔点为 170℃，相对密度为 1.351。苯并［a］芘纯品

为无色或微黄色针状结晶，在水中溶解度较小，易溶于苯、氯仿、乙醚、丙酮、环己烷、二甲苯等有机溶剂，在苯中溶解呈蓝色或紫色荧光，在浓硫酸中呈橘红色并伴有绿色荧光。

苯并［a］芘是环境中普遍存在的动物致癌性很强的一种污染物，主要来源于含碳燃料及有机物热解过程中的产物。在人们的生活和生产活动中，各种燃料都会产生一定量的苯并［a］芘，其进入空气后大多被吸附在烟、尘等固体微粒上，有的以气态形式存在于空气中。工厂烟气中悬浮颗粒物上吸附有苯并［a］芘，散布在大气中，一部分降落到水面和陆地上，从而污染水源和土壤。炼焦、化工、染料等工厂排出的废水中，以及熏制食品和香烟烟雾中均含有苯并［a］芘。苯并［a］芘是多环芳烃类的化学致癌物在环境中存在的代表性指标，但不是多环芳烃的主要成分。

苯并［a］芘对动物具有局部和全身的致癌作用，对猴子反复皮下注射可在局部形成肿瘤，从气管反复滴注可形成肺癌，在小白鼠身上涂抹可使其诱发皮肤癌。流行病调查者认为环境中苯并［a］芘的含量与人患肺癌的概率之间有着极为密切的关系。

（二）苯并［a］芘的检测方法

1. 原理

苯并［a］芘的常用检测方法是液相色谱法。空气颗粒物中苯并［a］芘用玻璃纤维滤纸采集，在超声波水浴中用溶剂提取，提取液浓缩后用高效液相色谱柱分离，荧光检测器检测，用保留时间定性、峰高或峰面积定量。

苯并［a］芘检测时，用大流量采样器（流量为 $1.13m^3/min$）连续采集 24h，若用乙腈/水做流动相，最低检出浓度为 $6\times10^{-5}\mu g/m^3$，若用甲醇/水做流动相，最低检出浓度为 $1.8\times10^{-4}\mu g/m^3$。

2. 仪器

（1）250W 超声波发生器。

（2）采样器。符合标准要求的大流量采样器 $1.1\sim1.7m^3/min$。

（3）6 000r/min 离心机。

（4）5mL 具塞玻璃刻度离心管。

（5）高效液相色谱仪（备有紫外检测器）。

（6）色谱柱。

1）色谱柱类型：反相，C18 柱，柱子的理论塔板数>5 000。

2）柱效计算公式：用半峰宽法按式（4—43）计算。

$$N = 5.54 \times \left(\frac{T_r}{W_{1/2}}\right)^2 \qquad (4—43)$$

式中　N——柱效，理论塔板数；

T_r——被测组分保留时间，s；

$W_{1/2}$——半峰宽，s。

3. 试剂

（1）乙腈（色谱纯）。

（2）甲醇。优级纯，用微孔孔径小于 $0.5\mu m$ 的全玻璃砂芯漏斗过滤，如有干扰峰存在，需用全玻璃蒸馏器重蒸。

（3）二次蒸馏水。用全玻璃蒸馏器将一次蒸馏水或去离子水加高锰酸钾（$KMnO_4$，碱性）重蒸。

（4）超细玻璃纤维滤膜（过滤效率不低于99.99%）。

（5）苯并［a］芘标准储备液（1.0μg/μL）。称取（10.0±0.1）mg色谱纯苯并［a］芘，用乙腈溶解，在容量瓶中定容至10mL，2~5℃避光保存。

4. 检测步骤

（1）采样　采样前超细玻璃纤维滤膜应在500℃马福炉内灼烧0.5h。

1）采用合格的超细玻璃纤维滤膜。采样前，处理后的滤膜在干燥器内放置24h，用感量优于0.1mg的分析天平称重，放回干燥器1h后再称重，两次质量之差不大于0.4mg即为恒重。

2）将已恒重好的滤膜，用镊子放入洁净采样夹内的滤网上，牢固压紧至不漏气。如果多次测定浓度，每次需更换滤膜；如测日平均浓度，样品采集在一张滤膜上。采样结束后，用镊子取出滤膜，将有尘面两次对折，放入纸袋，并做好采样记录。

3）采样点应避开污染源及障碍物。如果测定交通枢纽处飘尘，采样点应布置在距人行道边缘1m处。

4）如果多次测定浓度，采样时间不得少于1h。测定日平均浓度间断采样时不得少于4次。

5）采样时，采样器入口距地面高度不得低于1.5m。

6）采样后滤膜处理按第一步进行。

（2）样品处理

1）将玻璃纤维滤膜取下后，尘面朝里折叠，黑纸包好，塑料袋密封后迅速送回检测室，-20℃以下保存，保存期不超过7天。

2）先将滤膜边缘无尘部分剪去，然后将滤膜等分成n份，取$1/n$滤膜剪碎放入5mL具塞玻璃离心管中，准确加入5mL乙腈，超声提取10min，离心10min，上清液待分析测定。

在样品运输、保存和分析过程中，应避免可引起样品性质改变的热、臭氧、二氧化氮、紫外线等因素的影响。

（3）调整仪器

1）柱温（常温）。

2）流动相流量（1mL/min）。

3）流动相组成。

①乙腈/水：线性梯度洗脱，组成变化见表4—17。

表4—17　线性梯度洗脱组成变化

时间/min	0	25	35	45
溶液组成	40%乙腈/60%水	100%乙腈	100%乙腈	40%乙腈/60%水

②甲醇/水。甲醇/水=85/15。

4）检测器。紫外检测器测定波长为254nm。

5）记录仪。根据样品中被测组分含量调节记录仪衰减倍数，使谱图在记录纸量程内。

6）分析第一个样品前，应以 1mL/min 流量的流动相冲洗系统 30min 以上，检测器预热 30min 以上。

7）检测器基线稳定后方能进样。

（4）校准

1）标准工作液。先用乙腈将储备液稀释成 0.1μg/μL 的溶液，然后用该溶液配制 3 个或 3 个以上浓度的标准工作液。标准工作液浓度的确定应参照飘尘样品浓度范围，以样品浓度在曲线中段为宜，2~5℃避光保存。

2）用被测组分进样量与峰面积（或峰高）建立回归方程，相关系数应不低于 0.99，保留时间变异为±2%。

3）每天用浓度居中的标准工作液（其检测数值必须大于 10 倍检测限）作常规校正，组分响应值变化应在 15%之内，如变异过大，则重新校准或用新配制的标准样重新建立回归方程。

4）空白试验。每批样品或试剂有变动时，都应有相应的空白试验。空白样品应经历样品制备和测定的所有步骤。

（5）测定

1）进样方式。用微量注射器人工进样或用自动进样器进样。

2）进样量（10~40μL）。

3）操作（人工进样）。先用待测样品洗涤针头及针筒 3 次，抽取样品，排出气泡，迅速按高效液相色谱进样方法进样，拔出注射器后用流动相洗涤针头及针筒 2 次。

4）样品浓度过低，无法正常测定时，可于常温下吹入平稳高纯氮气将提取液浓缩。

5. 检测结果

（1）定性分析

1）保留值。以样品的保留时间和标样相比较来定性。

2）鉴定的辅助方法。被测组分较难定性时，可在提取液中加入标液，依据被测组分峰的增高定性。

3）根据标准溶液色谱图保留时间进行样品中苯并［a］芘的鉴定。

（2）定量分析

1）用外标法定量。

2）色谱峰的测量。连接峰的起点与终点之间的直线作为峰底，以峰最大值到峰底的垂线为峰高，垂线在时间坐标上的对应值为保留时间，通过峰高的中点做平行峰底的直线，此直线与峰两侧相交，两点之间的距离为半峰宽。

3）苯并［a］芘的质量浓度按式（4—44）计算。

$$\rho = \frac{nmV_T}{V_i V_0} \times 10^{-3} \tag{4—44}$$

式中　ρ——环境空气可吸入颗粒物中苯并［a］芘的浓度，$\mu g/m^3$；

n——分析用滤膜在整张滤膜中所占比例；

m——注入色谱仪样品中苯并［a］芘的量，ng；

V_T——提取液总体积，μL；

V_i——进样体积，μL；

V_0——标准状态下采气体积，m^3。

第三节　可吸入颗粒物和细颗粒物的检测

一、可吸入颗粒物

（一）概述

颗粒物是空气污染物中的主体。因其多形、多孔和可吸附性，会成为各种污染物的载体，故颗粒物是一种成分复杂、可以较长时期悬浮于空气中的一种以气溶胶状态存在的污染物。可吸入颗粒物（IP 或 PM_{10}）是指能进入呼吸道，粒径用空气动力学当量直径表示，其直径小于 10μm 的颗粒物。

当通风换气时，颗粒物由室外进入室内，使室内空气受到污染。居民生活燃料用于烹饪和取暖的炉灶是室内颗粒物污染的主要来源，主要是由于燃烧不完全，燃烧效率低，燃料燃烧时产生大量颗粒物，污染室内环境。吸烟是室内空气污染的另一项重要来源，主要产生 1.1μm 以下的细颗粒。调查表明，在密闭的房间里，未吸烟时，室内环境的颗粒物浓度仅是室外的 0.5 倍，吸一支烟所造成的污染超过国家环境空气质量二级标准的 2.5 倍，吸两支烟约超过 4.5 倍。

（二）可吸入颗粒物的检测方法

室内空气中可吸入颗粒物的测定方法是撞击式采样–质量法。本方法所测的可吸入颗粒物是指能通过鼻和嘴进入人体呼吸道的直径为 10μm 的悬浮颗粒物（D_{50} = 10μm）（SPM）的总称。本节所介绍的可吸入颗粒物主要是指能通过人的咽喉部进入气管、支气管区和肺泡的那一部分可吸入颗粒物，测定的方法是用有入口切割粒径 D_{50} = （10±1） μm、δ_g = 1.5±0.1 的空气采样器采样和质量法测定。切割器常用冲击式和旋风式两种，前者可安装在大、中、小流量采样器上，而后者主要是用于小流量个体采样器上，其中二段分离冲击式小流量采样器已被列为居住区大气和室内空气可吸入颗粒物（PM_{10}）卫生检验标准方法。

1. 原理

利用二段可吸入颗粒物采样器［截留粒径 D_{50} = （10±1） μm，几何标准差 δ_g = 1.5±0.1］，以 13L/min 的流量分别将粒径≥10μm 的颗粒物采集在冲击板的玻璃纤维纸上，粒径≤10μm 的颗粒物采集在预先恒重的玻璃纤维滤纸上，取下再称量其质量，根据采样标准体积和粒径 10μm 颗粒物的量，可得出可吸入颗粒物的浓度。测定范围为 0.05～0.75mg/m^3，检测下限为 0.05mg/m^3。

2. 仪器

（1）皂膜流量计。

（2）可吸入颗粒物采样器［D_{50}≤（10±1） μm，几何标准差 δ_g = 1.5±0.1］。

（3）天平（感量 0.1mg 或 0.01mg）。

（4）干燥器。

（5）玻璃纤维滤纸（外径53mm和内径40mm两种）。

3. 检测步骤

（1）采样

1）流量计校准。用皂膜流量计校准采样器的流量计。

2）采样。将校准过流量的采样器入口取下，旋开采样头，将已恒重过的滤纸安放于冲击环下，同时于冲击环上放置环形滤纸，再将采样头旋紧，装上采样头入口，放于室内有代表性的位置，打开开关旋钮时，将流量调至13L/min，采样24h，记录室内温度、压力及采样时间。注意随时调节流量，使其保持在13L/min。

（2）测定　取下采完样的滤纸，带回检测室，在与采样前相同的环境下放置24h，称量至恒重（mg），以此质量减去空白滤纸质量得出可吸入颗粒的质量 W（mg）。将滤纸保存好，以备成分分析用。

4. 检测结果

将采样体积按式（4—2）换算成标准状态下的采样体积。

按式（4—45）计算出空气中可吸入颗粒物浓度 ρ（mg/m^3）。

$$\rho = \frac{m}{V_0} \tag{4—45}$$

式中　m——颗粒物的质量，mg；

V_0——换算成标准状态下的采样体积，L。

5. 注意事项

（1）采样前，必须先将流量计进行校准，采样时准确保持13L/min流量。

（2）称量空白及采样的滤纸时，环境及操作步骤必须相同。

（3）采样时必须将采样器部件旋紧，以免样品空气从旁侧进入采样器，造成错误的结果。

二、细颗粒物

（一）概述

可吸入颗粒物中直径小于1μm的污染颗粒物可通过呼吸作用侵入人的上呼吸道，当其直径小于2.5μm时，污染物可进入人的下呼吸道，有时甚至穿过肺泡进入血液。可吸入颗粒物还是细菌等微生物依附之物，在可吸入颗粒物中10%左右依附着各种细菌等微生物。

中国科学技术名词审定委员会将 $PM_{2.5}$ 的中文名称命名为细颗粒物，细颗粒物的化学成分主要包括有机碳（OC）、元素碳（EC）、硝酸盐、硫酸盐、铵盐、钠盐（Na^+）等。细颗粒物是指环境空气中空气动力学当量直径≤2.5μm的颗粒物，也称为可入肺颗粒物。科学家用 $PM_{2.5}$ 表示每立方米空气中这种颗粒的含量，这个值越高，就代表空气污染越严重。

细颗粒物（$PM_{2.5}$）是由美国在1997年提出的，空气质量新标准是根据 $PM_{2.5}$ 检测网24h平均标准值空气质量，等级分布为优0~35μg/m^3、良35~75μg/m^3、轻度污染75~115μg/m^3、中度污染115~150μg/m^3、重度污染150~250μg/m^3、严重污染大于250μg/m^3及以上。

（二）$PM_{2.5}$的检测方法

常见的检测方法包括β射线吸收法、微量振荡天平法、质量法、检测仪法等，手工检测方法常采用质量法，连续自动检测常采用β射线吸收法和微量振荡天平法。

1. β射线吸收法

原子核在发生β衰变时，放出β粒子。β粒子实际上是一种快速带电荷粒子，它的穿透能力较强，当它穿过一定厚度的吸收物质时，其强度随吸收层厚度增加而逐渐减弱的现象叫作β吸收。

将$PM_{2.5}$收集到滤纸上，然后照射一束β射线，射线穿过滤纸和颗粒物时由于被散射而衰减，衰减的程度和$PM_{2.5}$的质量成正比。根据射线的衰减就可以计算出$PM_{2.5}$的质量。

β射线吸收法测量$PM_{2.5}$普遍采用国际上流行的β射线吸收原理自动监测仪，该仪器利用抽气泵对大气进行恒流采样，经$PM_{2.5}$切割器切割后，大气中的$PM_{2.5}$吸附在β源和盖革计数管之间的滤纸表面，采样前后盖革计数管计数值的变化反映了滤纸上吸附灰尘的质量变化，由此可以得到采样空气中$PM_{2.5}$的浓度。

2. 微量振荡天平法

微量振荡天平法是在质量传感器内使用一个振荡空心锥形管，在其振荡端安装可更换的滤膜，振荡频率取决于锥形管特征和其质量。当采样气流通过滤膜，其中的颗粒物沉积在滤膜上，滤膜的质量变化导致振荡频率的变化，通过振荡频率变化可计算出沉积在滤膜上颗粒物的质量，再根据流量、现场环境温度和气压计算出该时段颗粒物标志的质量浓度。

微量振荡天平法颗粒物检测仪由PM_{10}采样头、$PM_{2.5}$切割器、滤膜动态测量系统、采样泵和仪器主机组成。流量为$1.0m^3/h$的环境空气样品经过PM_{10}采样头和$PM_{2.5}$切割器后，成为符合技术要求的颗粒物样品气体。样品随后进入配置有滤膜动态测量系统（FDMS）的微量振荡天平法监测仪主机，在主机中测量样品质量的微量振荡天平传感器主要部件是一支一端固定、另一端装有滤膜的空心锥形管，样品气流通过滤膜，颗粒物被收集在滤膜上。在工作时空心锥形管处于往复振荡的状态，它的振荡频率会随着滤膜上收集的颗粒物的质量变化而发生变化，仪器通过准确测量频率的变化得到采集到的颗粒物质量，然后根据收集这些颗粒物时采集的样品体积计算得出样品的浓度。

3. 质量法

质量法是最直接、最可靠的方法，是验证其他方法是否准确的标杆。质量法需人工称重，程序烦琐费时。依据《环境空气PM_{10}和$PM_{2.5}$的测定　质量法》（HJ 618）中规定的检测方法进行，适用于环境空气中$PM_{2.5}$浓度的手工测定。重量法的检出限为$0.01mg/m^3$（以感量为0.1mg的分析天平，样品负载量为1.0mg，采集$108m^3$空气样品计）。

（1）原理　$PM_{2.5}$质量法的测定原理是让空气通过大气切割器，以恒速抽取定量体积空气，使环境空气中的$PM_{2.5}$被截留在已知质量的滤膜上，根据采样前后滤膜的质量差和采样体积，计算出$PM_{2.5}$浓度。

（2）仪器

1）$PM_{2.5}$切割器、采样系统。切割粒径D_{50}=（2.5±0.2）μm，捕集效率的几何标准差

为 σ_g =（1.2±0.1）μm。其他性能和技术指标应符合《环境空气颗粒物（PM_{10}和$PM_{2.5}$）采样器技术要求及检测方法》（HJ 93）的规定。

2）采样器。应符合《环境空气质量手工监测技术规范》（HJ 194）的规定。

孔口流量计或其他应符合《环境空气 PM_{10}和 $PM_{2.5}$的测定　质量法》（HJ 618）技术指标要求的流量计。

3）分析天平（感量 0.1mg 或 0.01mg）。

4）恒温恒湿箱（室）。箱（室）内空气温度为 15～30℃范围内可调，控温精度±10℃。箱（室）内空气相对湿度应控制在（50±5）%，恒温恒湿箱（室）可连续操作。

5）干燥器（内盛变色硅胶）。

6）滤膜。根据样品采集目的，可选用玻璃纤维滤膜、石英滤膜等无机滤膜或聚氯乙烯、聚丙烯、混合纤维素等有机滤膜。滤膜对 0.3μm 标准粒子的截留效率不低于 99%。空白滤膜进行平衡处理至恒重，称量后，放入干燥器中备用。

（3）检测步骤

1）样品采集。采样时，采样器入口距地面高度不得低于 1.5m，采样不宜在风速大于 8m/s 等天气条件下进行。采样点应避开污染源及障碍物，如果测定交通枢纽处的 $PM_{2.5}$，采样点应布置在距人行道边缘外侧 1m 处。采用间断采样方式测定日平均浓度时，其次数不应少于 4 次，累积采样时间不应少于 18h。采样时，将已称重的滤膜用镊子放入洁净采样夹内的滤网上，滤膜毛面应朝进气方向，并将滤膜牢固压紧至不漏气。如果测定任何一次浓度，每次需更换滤膜；如测日平均浓度，样品可采集在一张滤膜上。采样结束后，用镊子取出。将有尘面两次对折，放入样品盒或纸袋，并做好采样记录。

2）进行采样后滤膜样品的处理。采样后滤膜样品的处理与未采样前洁净空白滤膜的处理条件相同，即将滤膜放在恒温恒湿箱（室）中平衡 24h，平衡条件为：温度取 15～30℃中任何一点，相对湿度控制在 45%～55%范围内，记录平衡温度与湿度。

3）称量。在上述平衡条件下，滤膜样品按要求处理过后，即称量其质量。用感量为 0.01mg 的分析天平称量滤膜，记录滤膜质量。同一滤膜在恒温恒湿箱（室）中相同条件下再平衡 1h 后称量。对于 $PM_{2.5}$样品滤膜，两次质量之差分别小于 0.04mg 为满足恒重要求。如不能立即称重，应在 4℃条件下冷藏保存。

（4）检测结果　$PM_{2.5}$浓度按式（4—46）计算，采样体积 V = 流量（L/min）×时间（min）。

$$\rho = \frac{m_1 - m_0}{V_0} \times 1\,000 \tag{4—46}$$

式中　ρ——$PM_{2.5}$浓度，mg/m^3；

m_1——采样后滤膜的质量，g；

m_0——空白滤膜的质量，g；

V_0——已换算成标准状态下（101.325kPa，273K）的采样体积，m^3。

计算结果保留三位有效数字，小数点后数字可保留到第三位。

（5）记录表（见表 4—18）。

表 4—18　　质量法测室内空气中 $PM_{2.5}$ 的数据记录表

监测日期：__________　　检测压力：__________

检测温度：__________　　计算公式：$\rho=(m_1-m_0)/V_0$ __________

项目 \ 采样器编号	1	2	3	4	5
空白滤纸重/mg					
采样滤纸重/mg					
$PM_{2.5}$/（mg/m^3）					
平均值					
备注					

填表人：________　校核人：________　审核人：________

（6）注意事项

1）采样器每次使用前需进行流量校准，校准方法按采样器说明规定执行。

2）滤膜使用前均需进行检查，不得有针孔或任何缺陷。滤膜称量时要消除静电的影响。取清洁滤膜若干张，在恒温恒湿箱（室）按平衡条件平衡 24h 称量。每张滤膜非连续称量 10 次以上，求每张滤膜的平均值为该张滤膜的原始质量。以上述滤膜作为“标准滤膜”。每次称量滤膜的同时，称量两张标准滤膜。若标准滤膜称出的质量在原始质量±5mg（大流量）、±0.5mg（中流量和小流量）范围内，则认为该批样品滤膜称量合格，数据可用。否则应检查称量条件是否符合要求并重新称量该批样品滤膜。

3）要经常检查采样头是否漏气。当滤膜安放正确，采样系统无漏气时，采样后滤膜上颗粒物与四周白边之间界限应清晰，如出现界线模糊时，则表明应更换滤膜密封垫。

4）对电机有电刷的采样器，应尽可能在电机由于电刷原因停止工作前更换电刷，以免采样失败。更换时间视以往情况确定。

5）更换电刷后要重新校准流量。新更换电刷的采样器应在负载条件下运转 1h，待电刷与转子的整流子良好接触后，再进行流量校准。

6）当 $PM_{2.5}$ 含量很低时，采样时间不能过短。对于感量为 0.1mg 和 0.01mg 的分析天平，滤膜上颗粒物负载量应分别大于 1mg 和 0.1mg 以减少称量误差。采样前后，滤膜称量应使用同一台分析天平。

7）新购置或维修后的采样器在启用前应进行流量校准，正常使用的采样器每月需进行一次流量校准。采用传统孔口的流量计和智能流量校准器进行校准。

4. 检测仪法

$PM_{2.5}$ 空气质量检测仪是指专用于测量空气中 $PM_{2.5}$ 数值的专用检测仪器，适用于公共场所环境、大气环境和室内空气的测定，还可用于空气净化器净化效率的评价分析，方法简便快速，检测范围为 0~999μm/m³，$PM_{2.5}$ 分辨率为 1μm/m³。

（1）原理　红外光源照射到通过检测位置的颗粒物时会产生光散射，在垂直于光路方向的散射强度与颗粒粒径有关，通过计数可以得到实时颗粒物的数量浓度，按照经验换算公式及标定方法得到与国家标准单位统一的质量浓度。

（2）仪器性能要求

1）实时检测空气中 $PM_{2.5}$的浓度。

2）数字化显示，简单直观。

3）仪器具有数据存储功能，能够将最近 24h 的数据读到计算机中，进行曲线显示。

4）PC 端有专用的软件，能连接到计算机上实时显示及存储 $PM_{2.5}$的动态变化曲线，实时绘制 $PM_{2.5}$的动态曲线。

（3）仪器特点

1）专业质量，数据可靠。

2）实时检测，随时随地帮助了解所在的环境，以便采取有效的防护措施。

3）数值显示，简单直观。

4）小巧便捷，占用空间少，携带方便。

5）操作简单，使用方便。

6）可以存储最近 24h 数据。

7）可以通过 USB 将数据传送到计算机进行曲线显示。

8）连接到计算机后，可以实时显示动态曲线变化，实时绘制 $PM_{2.5}$的动态曲线。

（4）检测步骤

1）布置检测点。选择检测具有代表性的房间；设点数量为 $50m^2$ 布设 3 个检测点，$100m^2$ 布设 5 个检测点；采样点的高度原则上与人的呼吸带高度相一致，相对高度 0.5～1.5m 之间；采样点应避开通风口，且离墙壁距离应大于 0.5m，避免墙壁干扰；在采样开始和结束期间，仪器的压力和流量有一个变化和平衡的过程，为了保证测量结果的准确性，采样持续时间不能少于检测仪器规定时间。

2）仪器数显检测结果。

（5）结果计算　按检测仪器说明要求进行计算并进行空气质量评价，见表 4—19。

表 4—19　　$PM_{2.5}$空气质量检测仪测定的数据记录表

监测日期：＿＿＿＿＿＿＿＿　　检测压力：＿＿＿＿＿＿＿＿

检测温度：＿＿＿＿＿＿＿＿

采样器编号 / 项目	1	2	3	4	5
数显检测结果					
$PM_{2.5}$浓度/（mg/m^3）					
平均值					
备注及综合评价					

填表人：＿＿＿＿　　校核人：＿＿＿＿　　审核人：＿＿＿＿

练 习 题

1. 名词解释

（1）可吸入颗粒物

（2）总挥发性有机化合物

（3）苯并［a］芘

（4）苯系物

2. 填空题

（1）氨的检测方法有________、________、________、________等。

（2）二氧化碳的检测方法有________、________、________等。

（3）甲醛的检测方法有________、________、________、________、________、________等。

3. 简答题

（1）甲醛吸收-盐酸副玫瑰苯胺分光光度法检测二氧化硫的原理是什么？

（2）靛蓝二磺酸钠分光光度法检测臭氧的原理是什么？

（3）AHMT 分光光度法检测甲醛的原理是什么？

（4）简述室内空气中总挥发性有机化合物（TVOC）的热解吸/毛细管气相色谱法测定。

（5）用液相色谱法测定室内空气中苯并［a］芘，试述样品采集、样品储存方法、样品的处理。

（6）汞置换法测定一氧化碳的原理是什么？是如何测定的？黄色氧化汞是怎样制备的？

（7）不分光红外线法测定二氧化碳仪器为二氧化碳不分光红外线气体分析仪，主要性能指标中的测定范围是多少？若超过此范围如何处理？

（8）质量法测 $PM_{2.5}$ 与测 PM_{10} 有哪些异同？

（9）环境空气质量检测 $PM_{2.5}$ 有哪些方法？

（10）简述现在你所使用的 $PM_{2.5}$ 空气质量检测仪的使用方法与步骤。

（11）怎样配制甲醛缓冲吸收液储备液？

（12）如何标定硫代硫酸钠标准溶液的浓度？

（13）苯并［a］芘对环境的影响是什么？

（14）室内空气中甲醛有哪些来源？有何危害？

（15）室内空气中的氨有何危害？

4. 计算题

（1）准确量取 0.1mol/L 碘酸钾标准溶液 25.0mL，于 250mL 碘量瓶中，加入 75mL 新煮沸冷却的水，加 3g 碘化钾及 10mL 冰乙酸溶液，摇匀后，暗处放置 3min，用待标定的 0.1mol/L 硫代硫酸钠标准溶液滴定析出的碘，至淡黄色。加入 0.5%淀粉溶液 1mL，呈蓝色。再继续滴定至蓝色刚刚褪去，即为终点。记录所用硫代硫酸钠溶液体积为 24.8mL。求硫代硫酸钠标准溶液的浓度。

（2）甲醛标准溶液的标定。准确量取 20mL 待标定的甲醛储备溶液（1mg/mL），于250mL 碘量瓶中，加入 20mL 碘标准溶液，1mol/L 氢氧化钠溶液 15mL，放置 15min。加入0. 5mol/L 硫酸溶液 20mL，再放置 15min，用 0. 1mol/L 硫代硫酸钠标准溶液滴定，直至溶液呈现淡黄色时，加入 5%淀粉溶液 1mL，继续滴定至恰使蓝色褪尽为止。记录所用硫代硫酸钠标准溶液体积 V=20. 1mL。同时，用水做试剂空白滴定，记录空白滴定所用硫代硫酸钠溶液的体积 V_0=33. 4mL。计算甲醛标准溶液的浓度。

（3）绘制标准曲线并计算回归斜率。用 10μg/mL 甲醛标准溶液，取 6 支 10mL 具塞比色管，按表 4—20 制备标准色列管，并测定吸光度。

表 4—20　　标准色列管

管　号	1	2	3	4	5	6
标准溶液体积/mL	0	0. 2	0. 4	0. 6	0. 8	1. 0
吸收溶液体积/mL	2. 0	1. 8	1. 6	1. 4	1. 2	1. 0
甲醛含量/μg	0	2. 0	4. 0	6. 0	8. 0	10. 0
吸光度	0	0. 12	0. 234	0. 35	0. 46	0. 59

于标准色列管中，依次加入 5mol/L 氢氧化钾溶液 1mL 和 0. 5mol/L AHMT 溶液 1mL，轻轻摇动数次，摇匀。放置 20min，加入 1. 5%高碘酸钾溶液 0. 5mL，充分振摇 5min，用 10mm比色皿，以水作参比，在波长 550nm 条件下，测定各管溶液吸光度。以甲醛含量（μg）为横坐标，吸光度为纵坐标，绘制标准曲线，并计算回归线的斜率。

第五章 室内环境生物和放射性检测

本章学习目标

★ 了解室内环境生物检测和室内环境放射性检测的基本知识。

★ 熟悉室内环境生物检测和室内环境放射性检测的原理和检测项目。

★ 掌握室内尘螨、动物皮毛尘屑、真菌、细菌、军团菌、菌落总数的检测方法，以及氡、氡子体产物、建筑材料表面放射性、建筑材料中天然放射性核素的检测方法。

第一节 室内环境生物检测

生物性污染是指一些存活的有机体或者曾经存活的有机体造成的污染。这些生物性污染物常常飘浮在空气中，由于体积小，肉眼很难看到，对人们的身体健康构成了极大的威胁。生物性污染的形式多种多样，包括生物体本身和其脱落、代谢、排泄物及所携带的微生物尘螨、细菌、真菌等。室内生物性污染物会使人体患过敏症、哮喘和皮肤病，引起头晕、头痛、乏力、咳嗽、食欲不振、恶心或眼干、皮疹等种种症状，通常被称为不良建筑物综合征(SBS)。

一、尘螨

室内尘螨的自然食物来源主要为人的皮鳞屑或生长在皮鳞屑上的真菌，同时也可能存在其他的食物来源。湿度和温度是影响尘螨生存和繁殖最重要的因素。室内尘螨致敏原水平已能通过传统的方法在光镜下分离尘螨躯体并计数获得，通常褥垫、床、枕头、用羽毛填制的儿童玩具、沙发及地毯等处的尘螨数量最高，一般尘螨的数量在10~1 000个/g灰尘内变化。

室内尘螨致敏原水平与尘螨的数量并不相关。例如，在温和的气候下，即使活尘螨数量从9月份已开始下降，灰尘中的Derp Ⅰ（一种致敏抗原组分）却会一直保持高水平直到次年1月份，所以死的和已退化的尘螨躯体仍然具有致敏特性。与尘螨数量一样，室内灰尘中的尘螨致敏原的水平也在一个较宽的范围内变动（10~30ng/g灰尘）。

尘螨过敏体质的个体接触500个尘螨/g灰尘（相当于10μm Derp Ⅰ/g灰尘）就能够刺激哮喘发作。

室内灰尘中尘螨及其致敏原的评价方法有尘螨计数、尘螨致敏原的免疫学检验、鸟嘌呤确定等方法，根据不同的研究目的，可选择不同的检测方法。

（一）采样

1. 空气样品的采集

用带有滤膜的分级式采样器或大流量采样器采集气溶胶，它们能采集到的气溶胶致敏原，可能比收集自然沉积灰尘更能代表接触情况。气溶胶采集的缺点是需要长时间采样（2~24h），而临床所见病例多为短期与高浓度尘螨致敏原接触。

空气中几乎没有尘螨存在，而且在安静的室内，气溶胶尘螨致敏原的数量较少，即便是延长采样时间也很难检测到。多数致敏原结合在粪便颗粒中，只有扬起后才成为气溶胶，但很少有致敏原存在于能在空气中保留几分钟以上的气溶胶颗粒中。因此，建议进行空气和灰尘样品的比较研究。如果正在进行气溶胶采样，也应该采集灰尘样品。

2. 灰尘样品的采集

在国际致敏学和免疫学联合会、美国致敏和免疫学院的主持下，1987年，国际工作组提出检测室内尘螨及其致敏原时，采集灰尘应使用装配滤膜（$38cm^2$，孔径6μm）或可自由取换的纸袋的真空吸尘器。另一采集灰尘样的技术包括在塑料中抖地毯，用一坚固的卡片刮擦高于地板的平台表面。这些技术比真空吸入效率低且不标准化，采样完毕在分析前应将其中的大颗粒物（如石子、树叶和纸屑等）从灰尘样品中除去。

室内灰尘采样地点应该一致，应优先选择以下地点分别采样：

（1）取掉床上被褥后，在上床垫表面（单床垫，$2m^2$）真空抽取2min。应在整个表面上采样。

（2）地板采样应在起居室和卧室采集，根据地板类型采集$1\sim3m^2$范围的样品，每平方米采集2min。卧室床下面和旁边的地板都应进行采样。记录地板的类型和采样的面积。也可在沙发上采样。

（二）尘螨计数法

用漂浮或悬浮方法从灰尘中分离出尘螨，然后在显微镜下计数，可以鉴别出尘螨属，并可辨认尘螨是活的还是死的，幼虫类还是成虫类。

这一方法是为确认不同尘螨属而需要的特殊技术，但不能确定其粪粒的数量及分离出的躯体，因而不能反映接触尘螨水平的真实范围。此方法的另一个缺点是耗时，不适用于大范围的研究，如流行病学研究等。

（三）尘螨致敏原的免疫学检验法

免疫学检验时，一般将100mg灰尘样溶解于2mL缓冲盐溶液（或50%甘油）中，摇晃或震荡4h促进提取，然后将提取物冷冻存放，或溶于50%甘油中于-20℃保存，避免反复冻融。

用以下方法定量测定灰尘中的尘螨致敏原：

1. 抑制放射性致敏原吸附试验（RAST）

该方法能很好地评估不同致敏原提取物的相对含量，但不能应用于确定尘螨致敏原水平的绝对数量。优点是能够检测相关的抗原决定物，而正是这些抗原决定物引发了过敏患者的过敏反应。

然而该试验结果很难在长时间内重复，因为结果随着固相中提取物的组分和用于检测特定致敏原的特殊人血清样而变化，因此不推荐将该方法用于常规检测。

2. 检测单一尘螨致敏原的试验

检测单一尘螨致敏原的试验包括放射性免疫扩散试验、火箭电泳试验、酶免疫吸附试验（ELISA）及抑制放射免疫测定法（RIA）。放射性免疫扩散或酶免疫吸附试验需用兔多克隆抗体，用于捕获相应致敏原，然后与纯化的抗体或二抗体结合而得到检测，这类试验比RAST更灵敏，尤其应用单克隆抗体的试验具有可重复的优点。免疫学试验的优点还表现为具有特异性，结果可用绝对单位（ng 或 μg）表达，适用于大规模的调查，且能实现自动化。但其缺点是试验设备复杂。试验的检测限 DerfⅠ、DerfⅡ为 10mg/g 灰尘；Derp Ⅰ、Derp Ⅱ为 20ng/g 灰尘。

（四）鸟嘌呤确定法

鸟嘌呤是一种蛛形纲昆虫的含氮排泄物，蛛形纲昆虫排泄物是室内鸟嘌呤的主要来源。由于尘螨是室内灰尘中蛛形纲昆虫的主要成员，确定室内灰尘中的鸟嘌呤含量能够间接评价尘螨粪便颗粒的多少。

鸟嘌呤的检测是根据鸟嘌呤和偶氮化合物的颜色反应确定的，鸟嘌呤的量可用分光光度计定量检测，或用试剂盒半定量检测。这一方法简单、经济，但不能分辨来源，如尘螨种属等。试剂盒检测只提供半定量结果，可能获得假阴性和假阳性结果。有学者用试剂盒和ELISA Derp Ⅰ和 Derf Ⅰ的结果进行比较，发现结果之间具有很好的相关性（$r_s=0.7$），但这主要表现在较低和较高鸟嘌呤水平与相应的 Derp Ⅰ和 Derf Ⅰ浓度具有相关性。检测鸟嘌呤的试验方法没有 ELISA 灵敏，而且它的可信度不同。因此，鸟嘌呤试剂盒检测方法只可用于获得室内尘螨致敏原存在的半定量信息。

二、动物皮毛尘屑

大多数宠物都可产生吸入性致敏原，较大一些的动物如马、羊、牛、鸡、鸭等虽然在室外活动，也能引起相应的人致敏问题。宠物产生的致敏原，显然不依赖环境因素，如温度、湿度、建筑物的高度或质量等，决定它存在与否最重要的因素是室内清扫得是否彻底，即是否彻底清除了室内和室外来源的致敏原性物质。宠物产生的致敏原多数与其尘屑、头发、唾液和尿液等有关。

猫致敏原的最重要来源是其皮毛尘屑。在一般人群中开展的对猫致敏原高度致敏的流行调查研究显示，大约有 15%的调查对象呈现皮肤试验阳性。在那些对室内尘螨致敏原不敏感的特殊个体中，对猫致敏的发生率为 80%。

狗毛发、皮屑的致敏反应具有种属特异性，室内灰尘中狗致敏原的浓度波动范围很大，在无狗的室内采集灰尘，其浓度为 110~82 500IU/g（国际单位/g），而在有狗的室内，浓度为 1 100~585 000IU/g。在一般人群中，对狗致敏的发生率为 4%~15%，过敏性体质儿童对狗致敏率为 17%。研究发现对狗毛发、皮屑的皮肤试验阳性率高达 56%。所有温血类的动物如猫、狗、马等生产的皮屑、尿、唾液均可引起人致敏反应，特别是哺乳类动物的上皮脱屑，有更强的致敏作用。

应用免疫学试验法检测室内空气和灰尘样中动物性致敏原的方法有对流免疫电泳、火箭免疫电泳及 ELISA，所有样品的提出物用抗动物致敏原的兔免疫抗体检测分析，同时也可应用 ELISA。这项技术不能用于致敏原水平的绝对定量，结果随着应用于检测与致敏原结合的血清中组分不同而改变，因此建议不作为常规检测方法。

（一）采样

1. 空气样品的采集

采集宠物来源的气溶胶性致敏原，可采用与采集尘螨或其他致敏原相同的方法。空气中宠物来源性致敏原可用带有滤膜的冲击式大流量采样器及液体尘埃测定仪采集。这类技术的优越性是其采集宠物来源的气溶胶性致敏原比收集自然沉淀的灰尘试验更具代表性。

目前尚没有可用于采集空气中宠物性致敏原的标准方法。建议进一步研究比较空气和灰尘采样的实用性，如果采用空气样品，那么同时也应该收集灰尘样品。

2. 灰尘样品的采集

为研究宠物来源的致敏原而采集室内灰尘应完全按照采集室内尘螨及其致敏原的方法。

（二）对流免疫电泳

1. 原理

在 pH=8.6 的琼脂凝胶中，抗体球蛋白只带有微弱的负电荷，在电泳时，由于电渗作用的影响，抗体球蛋白不但不能抵抗电渗作用向正极移动，反而向负极倒退。而一般抗原蛋白质带负电荷，将抗原置于负极，将血清抗体置于正极，电泳后在两孔之间相遇，并在比例适当的部位形成肉眼可见的沉淀线。由于抗原抗体分子在电场作用下定向运动，限制了自由扩散，增加了相应作用的抗原抗体的浓度，从而提高了敏感性，它较琼脂扩散敏感性高 10~16 倍。本法快速、操作简单。

2. 试剂

（1）pH=8.6、离子强度为 0.05 的巴比妥缓冲液。

（2）优质琼脂。

（3）玻板、打孔器等。

3. 检测步骤

（1）制琼脂板　以 pH=8.6、离子强度为 0.05 的巴比妥缓冲液配成 1%~1.5%的琼脂凝胶板，厚度为 2~3mm。

（2）打孔　琼脂冷却后，按图 5—1 所示的方式打孔，打成成对的数列小孔，孔径为 0.3~0.6cm，孔距为 0.4~1.0cm。挑去孔内琼脂，封底。

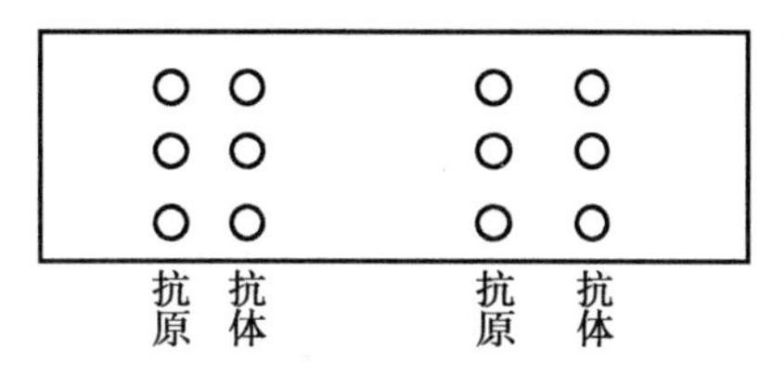

图 5—1　对流免疫电泳抗原孔、抗体孔位置

（3）加样　一对孔中，一孔加已知（或待测）抗原，另一孔加待测（或已知）抗体。

（4）电泳　将加好样的琼脂板置于电泳槽内，抗原孔置于负极端，板的两端用滤纸搭桥，与缓冲液相连，电泳槽内的缓冲液浓度与琼脂板中的相同，电压为90~100V，电泳时间为30~60min。

4. 检测结果

断电后，将玻板置于灯光下，衬以黑色背景观察，呈阳性者则在抗原抗体孔之间形成一条清楚致密的白色沉淀线。如沉淀线不清晰，可把琼脂板放在湿盒中37℃数小时或置电泳槽过夜再观察。

5. 注意事项

（1）抗原抗体浓度的比例　当抗原抗体浓度的比例不适合时，均不能出现明显可见的沉淀线，所以除了应用高效价的血清外，每份待测样品均可做几个不同的稀释度来进行检查。

（2）特异性对照鉴定　为了排除假阳性反应，在待检抗原孔的邻近并列布置一阳性抗原孔。若待检样品中的抗原与抗体所形成的沉淀线和阳性抗原抗体沉淀线完全融合，则待检样品中所含的抗原为特异性抗原。

（3）电渗作用　当琼脂质量差时，电渗作用太大，而使血清中的其他蛋白成分也泳向负极，造成非特异性反应。在某些情况下，琼脂糖由于缺乏电渗作用而不能用于对流免疫电泳。

（4）方式方法　当抗原抗体在同一介质中带同样电荷或迁徙相近时，电泳时两者向着一个方向泳动，故不能用对流免疫电泳来检测。

（三）火箭免疫电泳

火箭免疫电泳又称单向定量免疫电泳或火箭电泳。火箭电泳的原理如下：在琼脂内渗入适量的抗体，在电场作用下，定量的抗原泳动遇到琼脂内的抗体，形成抗原-抗体复合物沉淀下来。走在后面的抗原继续在电场的作用下向正极泳动，遇到琼脂内沉淀的抗原-抗体复合物，抗原量的增加造成抗原过量，使复合物沉淀溶解，一同向正极移动而进入新的琼脂内与未结合的抗体结合，又形成新的抗原-抗体复合物沉淀下来，不断地沉淀、溶解、再沉淀，直至全部抗原和抗体结合，在琼脂内形成锥形的沉淀峰（火箭峰）。火箭峰的长度与标准抗原比较，可计算待测抗原的浓度。

火箭电泳操作时应注意以下几点：

（1）可选无电渗或电渗很小的所用琼脂，否则火箭形状不规则。

（2）注意电泳终点时间，如火箭电泳顶部呈不清晰的云雾状或圆形皆提示未达终点。

（3）标本数量多时，电泳板应先置电泳槽上，搭桥并开启电源（电源要小）后再加样。否则易形成宽底峰形，使定量不准。

（4）做免疫球蛋白G（IgG）定量时，由于抗原和抗体的性质相同，火箭峰因电渗呈纺锤状。为了纠正这种现象，可用甲醛与IgG上的氨基结合（甲醛化），使本来夹带两性电荷的IgG变为只带电荷，加快了电泳速度，抵消了电渗作用，而出现伸向阳极的火箭峰。

火箭电泳作为抗原定量只能测定μg/mL以上的含量，如低于此水平，则难于形成可见的沉淀峰。加入少量碘125（^{125}I）标记的标准抗原共同电泳，则可在含抗体的琼脂中形成不可见的火箭峰；经洗涤干燥后，用X射线胶片显影，可出现放射性显影，这是目前采用较多的放射自显影技术。根据自显影火箭峰降低的程度（竞争法），可计算出抗原的浓度。放射免疫自显影技术可测出ng/mL数量级的抗原浓度。

（四）ELISA法

1. 原理

ELISA是以免疫学反应为基础，将抗原、抗体的特异性反应与酶对底物的高效催化作用相结合起来的一种敏感性很高的试验技术。由于抗原、抗体的反应在一种固相载体——聚苯乙烯微量滴定板的孔中进行，每加入一种试剂孵育后，可通过洗涤除去多余的游离反应物，从而保证试验结果的特异性与稳定性。在实际应用中，通过不同的设计，具体的方法步骤可有多种，即用于检测抗体的间接法、用于检测抗原的双抗体夹心法以及用于检测小分子抗原或半抗原的抗原竞争法等。常用的是ELISA双抗体夹心法及ELISA间接法。

ELISA可用于测定抗原，也可用于测定抗体。这种测定方法有3种必要的试剂：固相的抗原或抗体、酶标记的抗原或抗体、酶作用的底物，根据试剂的来源和标本的性状以及检测的具备条件，可设计出各种不同类型的检测方法。

2. 双抗体夹心法

双抗体夹心法是检测抗原最常用的方法，检测步骤如下：

（1）将特异性抗体与固相载体连接，形成固相抗体，洗涤除去未结合的抗体及杂质。

（2）加受检标本，使之与固相抗体接触反应一段时间，让标本中的抗原与固相载体上的抗体结合，形成固相抗原复合物。洗涤除去其他未结合的物质。

（3）加酶标抗体，使固相免疫复合物上的抗原与酶标抗体结合，彻底洗涤未结合的酶标抗体。此时固相载体上带有的酶量与标本中受检物质的量正相关。

（4）加底物，使夹心式复合物中的酶催化底物成为有色产物，根据颜色反应的程度进行该抗原的定性或定量。

根据同样原理，将大分子抗原分别制备固相抗原和酶标抗原结合物，即可用双抗原夹心法测定标本中的抗体。

3. 双位点一步法

在双抗体夹心法测定抗原时，如应用针对抗原分子上两个不同抗原决定簇的单克隆抗体分别作为固相抗体和酶标抗体，则在测定时可使标本的加入和酶标抗体的加入两步并作一步。这种双位点一步法不但简化了操作，也缩短了反应时间，如应用高亲和力的单克隆抗体，测定的敏感性和特异性也显著提高。单克隆抗体在一步法测定中，应注意钩状效应，类同于沉淀反应中抗原过剩的后滞现象。当标本中待测抗原浓度相当高时，过量抗原分别和固相抗体及酶标抗体结合，而不再形成夹心复合物，所得结果将低于实际含量。钩状效应严重时甚至可出现假阴性结果。

4. 间接法测抗体

间接法是检测抗体最常用的方法，其原理为利用酶标记的抗体以检测已与固相结合的受检抗体，故称为间接法。间接法的操作步骤如下：

（1）将特异性抗原与固相载体连接，形成固相抗原，洗涤除去未结合的抗原及杂质。

（2）加稀释的受检血清，其中的特异抗体与抗原结合，形成固相抗原抗体复合物。经洗涤后，固相载体上只留下特异性抗体，其他免疫球蛋白及血清中的杂质由于不能与固相抗原结合，在洗涤过程中被洗去。

（3）加酶标抗体，与固相复合物中的抗体结合，从而使该抗体间接地标记上酶。洗涤后，固相载体上的酶量就代表特异性抗体的量。例如，欲测人对某种疾病的抗体，可用酶标羊抗人IgG抗体。

（4）加底物显色，颜色深度代表标本中受检抗体的量。

本法只要更换不同的固相抗原，可以用一种酶标抗体检测各种与抗原相应的抗体。

5. 注意事项

（1）正式试验时，应分别以阳性对照与阴性对照控制试验条件，待检样品应一式二份，以保证试验结果的准确性。有时本底较高，说明有非特异性反应，可采用羊血清、兔血清或牛血清蛋白等封闭。

（2）在 ELISA 中，进行各项试验条件的选择是很重要的。

1）固相载体的选择。许多物质可作为固相载体，如聚氯乙烯、聚苯乙烯、聚丙酰胺和纤维素等，其形式可以是凹孔平板、试管、珠粒等，目前常用的是 40 孔聚苯乙烯凹孔板。不管何种载体，在使用前均可进行筛选，即用等量抗原包被，在同一试验条件下进行反应，观察其显色反应是否有均一性，据此判明其吸附性能是否良好。

2）包被抗体（或抗原）的选择。将抗体（或抗原）吸附在固相载体表面时，要求纯度要高，吸附时一般要求 pH＝9.0~9.6。吸附温度、时间及其蛋白量也有一定影响，一般多采用 4℃，18~24h。蛋白质包被的最适宜浓度需要进行滴定：即用不同的蛋白质浓度（0.1μg/mL、1.0μg/mL 和 10μg/mL 等）进行包被后，在其他试验条件相同时，观察阳性标本的 OD（光密度，Optical Density）值。选择 OD 值最大而蛋白量最少的浓度，对于多数蛋白质来说通常为 1~10μg/mL。

3）酶标记抗体工作浓度的选择。首先用直接 ELISA 法进行初步效价的滴定（见酶标记抗体部分内容）。然后再固定其他条件或采取“方阵法”（包被物、待检样品的参考品及酶标记抗体分别为不同的稀释度）在正式试验系统里准确地滴定其工作浓度。

4）供氢体和酶的底物的选择。对供氢体的选择要求是价廉、安全、有明显的显色反应，而本身无色。有些供氢体（如邻苯二胺，OPD）有潜在的致癌作用，应注意防护。有条件者应使用不致癌、灵敏度高的供氢体，如四甲基联苯胺（TMB）和 2，2′-边氮基-双（3-乙基苯并噻吡咯啉-6 磺酸）（ABTS）是目前较为满意的供氢体。底物作用一段时间后，应加入强酸或强碱以终止反应。通常底物作用时间，以 10~30min 为宜。底物使用液必须新鲜配制，尤其是双氧水（H_2O_2）应在临用前加入。

三、真菌

大多数真菌靠死亡的有机体作为食物进行腐生生长，只要温度和湿度适宜，许多真菌属可利用环境中相当广泛的有机物质。虽然有一些真菌能在 2~5℃环境下生长，有一些能在高达 55~60℃环境下生长（嗜温菌），但大多数室内真菌适宜在 10~35℃环境下生长。物质中水分的含量是真菌生长繁殖的最重要因素。在建筑相关底物中生长的真菌需要的最小水活性一般为 0.75~0.98，不同的霉菌种属对水分的需求存在差异。

除了经过严格清洁的室内，一般室内环境都为真菌生长提供了广阔的底物。冷凝是住宅内表面上真菌生长所需水分的主要来源。除了表面冷凝，多孔建筑材料如水泥、砖和石膏等内部冷凝为真菌在表面干涸的条件下继续生长提供了可能。冷凝和霉菌问题也会出现在为降低能源消耗而建造的拥挤的房屋中，尤其有过度潮气或水分产生（如在烹饪或洗衣时）而没有采取防治措施的房屋中。

在室内空气中有许多不同真菌属，最常见的是分枝芽孢菌属、青霉菌属、交替霉菌属、麴菌属、麴霉菌属等。然而存活的真菌繁殖体仅为总繁殖体的1%～2%，而且每立方米菌落数（cfu/m^2）存在很大差异，从小于10到大于20 000，甚至于在某些特例中高达40 000。室内灰尘中真菌的存在也是室内环境中气溶胶性芽孢的重要来源。

真菌产生的挥发性物质通常有霉味。挥发性物质是指包括酒精、脂类、醛类等各种碳氢及芳香族的复杂混合物，而且已鉴别出更多种物质的存在。即使非常类似的菌属或种属其产生的挥发性物质也存在很大的差异。人体表现出的头痛，眼、鼻、咽喉刺激或体能疲乏等症状与真菌产生的挥发性混合物相关。

对采集的空气样品进行分析，可用活性和非活性真菌颗粒的总数、活性真菌颗粒等方法。对采集的尘样进行分析，可用无菌玻璃扩散器将具有代表性的尘样直接铺于适当的琼脂介质中培养，从而使尘样（30mg）分散于琼脂中，并做两份平行样。在25℃培养4天后，计菌落数，然后根据标准真菌学程序分离，鉴别菌属水平。

（一）采样

1. 空气样品的采集

存活或非存活的真菌颗粒均会影响健康，为获得空气中真菌的资料，两种类型颗粒均应采集。然而，即使应用理想的方法，大量的气溶胶孢子也不会在培养基上生长，现有的方法不能从视觉上进行鉴别。另外，检测存活的真菌繁殖体的繁殖率很低，平行样品之间变异系数很高，几分钟之内连续繁殖的变异系数也很高。考虑存在以上的问题，真菌颗粒的空气样品的采集不能用于评估室内真菌的接触。空气样品只能提供关于采样期间室内空气中真菌存在的情况。

一般采用大流量采样器采集室内环境中的真菌。常用的气溶胶微生物研究中采集真菌的方法见表5—1。一些技术能检测所有气溶胶颗粒的总量，包括存活的和不存活的；另一些只检测存活真菌颗粒的数量，如繁殖体数或菌落数。没有采样器能够在同样效率下收集到所有颗粒。采样器在切割粒径上存在差异，收集到的颗粒50%以上大于要求的粒径。

表5—1　　气溶胶真菌繁殖体采样技术

方法举例	采样速率和时间	备注
非活性，非流量采样重力沉降法	—	半定量，多数代表较大颗粒
非活性，流量采样滤膜法	1～4L/min；数小时	—
存活，非流量采样平皿法	—	半定量，多数代表大颗粒
存活，流量采样	—	—
安德逊六段式采样器	28.3L/min；1～30min	切割点为0.65μm
安德逊二段式采样器	28.3L/min；1～30min	切割点为0.65μm
安德逊一段式采样器	28.3L/min；1～30min	切割点为0.65μm
表面空气系统冲击式采样器	180L/min；20s～6min	切割点为1.9μm
离心冲击式采样器	40L/min；30s～8min	切割点为3.8μm
液体尘埃测定器	12.5L/min；—	切割点为0.3μm

虽然美国政府工业卫生师协会（ACGIH）1987年已发表了一套提案，但目前仍没有标

准的采样气溶胶真菌的方法。ACGIH 推荐了几种空气采样设备用于采样气溶胶存活的真菌颗粒。

2. 灰尘样品的采集

为检测活性真菌而采集室内灰尘的方法与采集室内尘螨及其致敏原的方法一样。采集的灰尘样可在室温下保存，但应尽快进行分析。

3. 表面样品采样

用以下几种方法在已有或无活性真菌生长的表面进行采样，以获得关于真菌存在的定性资料。

（1）胶带采样　用于真菌和菌丝的直接微生物检测方法。将一块透明的黏附带轻轻压在被检测物表面，然后转移到微生物载玻片（黏附侧朝下）。检测微生物之前，加入一滴乳酚棉蓝染色。

（2）拭子采样　用一无菌拭子轻轻擦过被检测物表面，能够看到真菌生长的地方，可运用拭子，或者也可在无菌 0.1%的蛋白胨溶液中将拭子蘸湿，然后直接用拭子在琼脂中接种以观察细菌生长状况（见收集介质）；也可用 0.1%的蛋白胨溶液冲洗拭子，用冲洗液或其稀释液培养孵育后，将克隆的微生物转入合适的介质以鉴别。拭子采样的缺点是它们更适合用于孢子化的霉菌。

（3）平板采样　将含有真菌介质的接触或压力板轻轻压过被检测物表面，孵育后，将克隆的真菌移入合适的介质用以鉴别。

（二）活性与非活性真菌颗粒总量

只有通过特异孢子，真菌才能被识别，没有一个采集真菌颗粒总量的技术能够全面评价空气中所有孢子组分。滤膜法可以给出活性与非活性真菌颗粒总量，同时还可通过冲洗滤膜获得计数。

滤膜法是将定量的空气通过支撑于滤器上的特殊滤膜（如硝酸纤维素滤膜），使带有微生物的尘粒附着于滤膜表面，然后将截留在滤膜上的尘粒洗脱在合适的溶液中，再吸取一定量的这种溶液到琼脂培养基上进行培养，从而获得活性真菌计数。

（三）活性真菌颗粒

活性真菌颗粒检测结果以每立方米菌落数（cfu/m^3）和分离出的种属等方式表达。由于切割点不同，采样时间和流量不同，获得的结果主要依赖于实用的采样设备及采样期间室内活动的水平及活动的类型。作为内部比较，原则上任何已有的采样设备均可应用，然而，为了进行不同的研究结果之间的比较，各种研究过程都需要标准化。

室内空气活性真菌颗粒多数应用安德逊六段式采样器采样。但从检测菌落数的结果来看，安德逊六段式采样器与安德逊二段式采样器具有高度相关性。

在所有正常运行的尘埃测定仪上，孢子簇团被粉碎为更小的单个孢子，因此其计数比冲击式采样器高，应用固定平皿或开放式佩德利氏皿（OPD）通常被认为是最不可靠的。以 cfu/m^3 表达结果，用安德逊六段式与用固定平皿获得的结果之间相关系数具有高度统计学显著性。因此，固定平皿可被用于获取室内空气中活性真菌颗粒的半定量信息，然而用固定平皿获得的不同真菌菌属的数量显著低于用安德逊六段式分离出的菌属数量。

收集介质的选择非常重要，因为获得的结果依赖于应用的收集介质，没有单一的介质能够使空气中全部真菌分离。含 8 种蔬菜汁的营养琼脂（V8）的营养来源是蔬菜汁，它对孢子生长繁殖有利，可被应用，但富有营养的介质如赛普洛氏琼脂，它有利于蔬菜生长，但不适用于气溶胶微生物研究。ACGIH 提倡应用麦芽浸粉琼脂（MEA，pH＝4.5～5.0），而且它已被广泛应用。它是一种营养相对丰富的介质，可在每升蒸馏水中溶入 20g 麦芽精、20g 葡萄糖、1g 蛋白胨、20g 琼脂制成。营养如此丰富的介质允许较大范围的真菌生长，但迅速生长的真菌克隆会很快掩盖生长缓慢的真菌，因此不推荐它作为采样板的分离介质。减少 MEA 中的葡萄糖和蛋白后营养成分相对少些，但足够使大多数真菌分离和计数并可减少过度生长的危险。

MEA 的另一局限在于疏水性真菌如麴霉真菌不能被分离出来。当前，二氯硝基苯胺（18%甘油琼脂）被证明在气溶胶微生物研究中很有用，它具有较低水活性，是选择性分离疏水性真菌的介质。二氯硝基苯胺通过抑制克隆的生长，从而使所有存在的菌属容易计数和分离。

四、细菌

室内空气中，特别在通风不畅、人员拥挤的环境中，有较多的微生物存在。室内空气中细菌性气溶胶的主要来源一般是人和动物，但扬起以前沉积的灰尘也可产生细菌性气溶胶，空气加湿器是气溶胶的潜在来源。细菌是许多感染性疾病的根本原因，如军团菌、霉菌、结核杆菌、金黄色葡萄球菌等。例如，与普通肺炎不同的是，军团菌导致的肺炎很难自然康复；霉菌会引起恶心、呕吐、腹泻，严重的会导致呼吸道及肠道疾病，如哮喘、痢疾等。

通过对空气中细菌的检测，可以了解空气环境中的细菌分布情况。目前，常用室内细菌的检测方法有沉降平皿法、吸收管法、撞击平皿法和滤膜法。

（一）采样

1. 空气样品的采集

真菌采样的大多数采样器也可用于采集细菌，但有同样的局限性，应用的收集介质依赖于细菌类型。对于一般目的，可应用具有配套抗菌生长的抗生素，如含放线菌酮的胰蛋白大豆脂或胰蛋白酶糖琼脂。对于特异菌种的细菌，应选择特异介质，如加溴化十六烷基三甲基胺和抗生素的假单胞菌属琼脂培养基只用于分离绿脓杆菌，嗜热放线菌应使用半量强度营养琼脂。室内空气中存在细菌时，为了获得半定量资料，也可采用平板法。

2. 灰尘样品的采集

为了检测细菌而进行室内灰尘的采集，应该使用与检测室内尘螨及其过敏原相同的采样方法。

3. 表面样品的采集

表面的采样可使用拭子或接触平板法，如真菌采样方法所述，应该使用针对细菌的合适介质。

（二）空气样品的检测

通常用胰蛋白胨大豆琼脂（TSA）或胰蛋白胨酵母糖琼脂（TYGA）在 37℃ 孵育 48h，但在较低温度孵化可能恢复更多的种属数量，并提高被抑制的细菌的复生。因此，建议将平板在 20～25℃ 孵育，并连续观察几天。若分离人类致病性生物体，平板应在 37℃ 孵育。而嗜热放线菌，应在55℃孵育。

（三）灰尘样品的检测

尘样中细菌的检测方法见真菌部分，使用合适的琼脂介质。

（四）表面样品的检测

拭子和接触平板的处理方法见真菌部分，使用合适的琼脂介质。

五、军团菌

军团菌抵抗力较强，因而在自然界中分布广泛，不论空气、水、土壤和物体表面，还是室内外都有存在。空调冷却塔是该菌产生的气溶胶感染人类的主要传播方式。

军团菌可引起军团菌肺炎。军团菌肺炎的潜伏期为2~20天不等，主要症状表现为发热、寒战、肌疼、头疼、咳嗽、胸痛、呼吸困难等，死亡率高达15%~20%，与一般肺炎不易鉴别。我国一项调查表明，军团菌肺炎占成人肺部感染的11%，占小儿肺部感染的5.45%。

军团菌的检测包括常规检测、镜检、分离培养、生化试验、L-半胱氨酸需求试验、荧光抗体染色、聚合酶链式反应（PCR）试验、动物试验等。

（一）采样

1. 水中样品的采集

当调查建筑内的供水设施以确定它们是否有军团菌繁殖时，获得这一设施的设计图表很重要，跟踪这一系统设计路线，不仅应注意管道的状况、连接方法、绝缘外套供热源及有安全保护的蓄水池的照明灯，也应注意各连接线路的交接处。

（1）采集水样的位置

1）水的入口处。

2）水箱和加热装置。

3）每个水箱及加热装置的下流处。

4）每一设施的远端点。

5）任何特别可疑的设施的入口和出口处的水样。

（2）样品的采集和处理　采集的样品收集在经过消毒灭菌的塑料容器中，用拭子采集淋浴头、管道及水龙头等处样品。并且采集建筑物内供水设施或湿气内的淤泥、残渣或沉淀，特别是发生沉积的地方。

将样品在室温下［（20±5）℃］保存于暗处，并在两天内检测。检测时将0.1mL等量样品直接倾铺于含0.3%组氨酸的木炭酵母浸膏缓冲液中。

2. 空气中样品的采集

虽然军团菌在自然界分布很广，但因营养要求严格，所以培养分离难度较大，因此空气采样分离培养很少有报道。理论上可用带抗生素的选择培养基和用液体撞击式采样器，将空气中的带菌粒子采下，然后分离培养。

目前已经有个别研究用安德逊六段式采样器或液体测尘仪采集室内空气中的军团菌，采样时间为5~30min，建议使用的收集介质是木炭酵母浸膏缓冲液（琼脂）。当用液体测尘仪时，建议采用蒸馏水或低离子强度的盐水作为收集介质。

（二）水样品的检测

1. 原理

水样品中的菌经过滤膜或离心浓缩，为减少杂菌生长，浓缩样品的一部分经酸处理与加热处理，一部分不做处理。将上述处理与未处理样品分别接种在活性炭酵母浸出液（BCYE）琼脂平板并进行培养，在选择性培养基上生成典型菌落则认为是军团菌。

军团菌是专性胞内寄生菌，体外培养营养要求苛刻，生长缓慢，专性需氧，同时生存环境中还需要2.5%~5.0%的二氧化碳，生长pH范围窄，最适pH为6.4~7.2，最适温度为35℃，生长过程中还需要多种微量元素，如铁、钙、镁、锰、锌、钼等，同时还需要氨基酸，以甲硫氨酸和半胱氨酸最为重要。

目前公认的最适宜培养基是缓冲活性炭酵母浸出液，加上铁、L-半胱氨酸和α-酮戊二酸，称为BCYEa培养基，在该培养基中加入0.01%溴甲酚紫和0.001%溴酚蓝，可以鉴定军团菌科细菌。在这种培养基上生长的嗜肺军团菌菌落平坦，呈浅绿色，非典型军团菌的菌落呈亮绿色。但该培养基价格昂贵，来源困难，难以在临床检验中普及。

细菌培养作为检测军团菌的主要标准，其优点是对疾病的诊断具有敏感性和特异性，可以作为临床确诊和鉴定的标准。其不足之处在于价格昂贵、培养困难、耗时较长，不利于临床检验的快速诊断。

2. 仪器

（1）平皿（90~100mm）。

（2）培养箱［35℃或（37±0.5）℃］。

（3）紫外光灯［波长（360±2）nm］。

（4）滤膜滤器（可装直径为45mm的滤膜）。

（5）滤膜（孔径为0.22~0.45μm）。

（6）蠕动泵。

（7）离心机。

（8）涡旋振荡器（可达200r/min以上）。

（9）显微镜（荧光显微镜或体式镜）。

3. 检测步骤

（1）采样

1）采样容器。水样可采用玻璃、聚乙烯或类似容器。用过的容器应该清洗干净、控干水分，在121℃高压条件下灭菌15min。如果容器不能经受高压灭菌，应在大于70℃的流动热水或流动蒸汽中处理至少5min。沉积物与软泥需用广口瓶，不管什么容器均需螺口或磨口。

2）采样量。每个采样点取水样100~200mL。

3）中和余氯。采样器灭菌前加入少许硫代硫酸钠溶液以中和水样中的剩氯。

4）样品运输与储存。样品应在6~18℃条件下运输，应避免热和光照，最好在1天内、不超过2天将样品送到指定检测室。不必冷冻，室温下储存不得超过15天。

（2）样品处理　如果液体样品军团菌的数量估计超过10^5个/L，可以采用直接平板法。为了确保低于这个数量样品中军团菌的检测，需采用浓缩技术。为了浓缩水样，可采用膜过滤法或离心法。

1）如有杂质可静置沉淀并 1 000r/min 离心 1min 去除。

2）水样的滤膜过滤。将预处理过的水样通过孔径为 0.22～0.45μm 的滤膜过滤，取下滤膜置于 15mL 水样中，充分洗脱。将洗脱的样品分成三份，一份做热处理，一份做酸处理，一份不处理。

3）如果样品是浑浊的、乳浊的或有颜色的，应采用离心法。取 200mL 样品于 300～500mL 容积的离心瓶中，6 000r/min 离心 10min 或 3 000r/min 离心 30min，保持温度在 15～25℃，弃去上清液，将沉淀物悬浮在 2～20mL 无菌稀释液或无菌去离子水中。

4）水样的热处理。取（1±0.5）mL 洗脱样品置于（50±1）℃水浴（30±5）min。

5）水样的酸处理。取 5mL 洗脱样品加等量 1.2moL/L 酸缓冲剂，调至 pH =（2.2±0.2），轻轻摇匀，放置 5min。

（3）接种与培养　各取 0.1mL 上述 3 种处理好的样品，分别接种在军团菌选择性平板上。接种过的平板静止放置，观察到有培养物时，反转平板置 35℃或（37±0.5）℃恒温箱中培养 10 天，注意保湿。

（4）观察结果　军团菌生长缓慢，易于被其他菌掩盖，故需每天在体式镜下观察。军团菌的菌落颜色多样，通常呈白色、灰色、蓝色或紫色，也能显深褐色、灰绿色、深绿色。军团菌菌落整齐，表面光滑，呈典型毛玻璃状，在紫外光灯下，有荧光。

（5）菌落验证　从每一个平板上选 2 个可疑菌落，接种在 BCYE 和 L-半胱氨酸缺失的 BCYE 琼脂平板进行传代培养，35℃或（37±0.5）℃恒温箱中培养 2 天。凡在 BCYE 培养基上生长而不在含 L-半胱氨酸的 BCYE 琼脂平板上生长的即为军团菌菌落。

六、菌落总数

菌落总数是指在一定条件下（如需氧情况、营养条件、pH、培养温度和时间等）每克（或每毫升）样品所生长出来的细菌菌落总数，按国家标准方法规定，即在需氧情况下，37℃培养 48h，能在普通营养琼脂平板上生长的细菌菌落总数。所以厌氧或微需氧菌、有特殊营养要求的以及非嗜中温的细菌，由于现有条件不能满足其生理需求，故难以繁殖生长。

菌落总数并不表示实际所有细菌总数，且并不能区分其中细菌的种类，所以有时被称为杂菌数、需氧菌数等。撞击法是测定菌落总数的常用方法。

1. 原理

撞击法是采用撞击式空气微生物采样器采样，通过抽气动力作用，使空气通过狭缝或小孔而产生高速气流，使悬浮在空气中的带菌粒子撞击到营养琼脂平板上，在 37℃环境下，经 48h 培养后，计算出每立方米空气中所含的细菌菌落数的采样测定方法。

2. 仪器

（1）高压蒸汽灭菌器。

（2）干热灭菌器。

（3）恒温培养箱。

（4）冰箱。

（5）平皿（直径为 9cm）。

（6）制备培养基用一般设备。如量筒、三角烧瓶、pH 计或精密 pH 试纸等。

（7）撞击式空气微生物采样器。该采样器的特点是对空气中细菌捕获率达 95%，操作简单，携带方便，性能稳定，便于消毒等。

3. 营养琼脂培养基

（1）成分　蛋白胨 20g、牛肉浸膏 3g、氯化钠 5g、琼脂 15～20g、蒸馏水 1 000mL。

（2）制法　将上述各成分混合，加热溶解，校正 pH 至 7.4，过滤分装，121℃，20min 高压灭菌。撞击法参照采样器使用说明制备营养琼脂平板。

4. 检测步骤

（1）选择有代表性的房间和位置设置采样点。

（2）将采样器消毒，按仪器使用说明进行采样，一般情况下采样量为 30～150L。应根据所用仪器性能和室内空气微生物污染程度，酌情增加或减少空气采样量。

（3）样品采完后，将带菌营养琼脂平板置于（36±1）℃恒温箱中，培养 48h，计数菌落数，并根据采样器的流量和采样时间，换算成每立方米空气中的菌落数，以 cfu/m^3 报告结果。

第二节　室内环境放射性检测

自然界中任何物质都含有天然放射性元素，只不过不同物质的放射性元素含量不同。在 119 种元素中（天然存在的元素有 92 种），原子序号 84 号以后的元素都具有放射性，84 号以前的某些元素也存在天然放射性同位素（如 ^{40}K、^{87}Rb 等）。所有元素中大约有 1/3 以上的放射性元素分布在世界各个角落，另外，还有来自宇宙射线及其产生的放射性同位素，而人就生活在充满放射性物质的环境中。

室内的放射性大部分来自砖、瓦、水泥、石灰、石料等建筑材料中的天然放射性核素，石材中的放射性元素主要是镭、钍、铀三种放射性元素在衰变中产生的放射性物质。如可衰变物质的含量过大，放射性物质的“比活度”过高，对人体就有损伤。

国家标准技术监督行政部门曾对市场上的天然石材进行了监督抽查，放射性元素超标的约占 1/3，其中花岗石超标较多，放射性较强。天然石材中的放射性危害主要有两个方面，即体内辐射和体外辐射。前者主要来自放射性辐射在空气中的衰变而形成的一种放射性物质氡及其子体，后者主要是指天然石材中的辐射体照射人体后产生的一种效果，会对人体内的造血器官、神经系统、生殖系统和消化系统等造成损伤。

一、氡的检测

（一）概述

氡（Rn）是由镭在环境中衰变而产生的自然界唯一的天然放射性惰性气体，它没有颜色，也没有任何气味。氡原子衰变的产物称为氡子体。在自然界中，氡有三种放射性同位素，即 ^{219}Rn、^{220}Rn 和 ^{222}Rn。其中 ^{222}Rn 半衰期最长，为 3.825 天，另外两种同位素的半衰期都非常短，不具有实际意义，通常所指的氡以 ^{222}Rn 为主。

氡在衰变过程中放出α、β、γ粒子后衰变为各种氡子体，氡及其子体均为放射性粒子。常温下，氡及其子体在空气中能形成放射性气溶胶而污染空气，放射性气溶胶很容易被人体呼吸系统截留，并在局部区域不断积累，长期吸入高浓度氡最终可诱发肺癌。

氡普遍存在于人们的生活环境中。从20世纪60年代末期首次发现室内氡的危害至今，氡对人体的辐射伤害占人体所受到的全部环境辐射的55%以上，对人体健康威胁极大，其发病潜伏期大多在15年以上。

从房地基土壤中析出的氡和从建筑材料中析出的氡是室内氡的最主要来源，特别是含有放射性元素的天然石材，极易释放出氡。另外，室内氡的来源还有从户外空气中进入，以及从供水及取暖设备和厨房设备的天然气中释放等途径。

（二）氡的检测方法

空气中氡浓度的检测方法从检测时间上可以分为瞬时检测（抓取）、连续检测和累积检测；从采样方法上可以分为被动式和主动式两种；从检测对象上又可分为检测氡和检测氡子体或同时检测氡和氡子体三种。

瞬时检测快速、方便，可及时获得监测数据，但代表性差；目前倾向认为被动式累积检测是检测室内氡的较理想的方法，它能反映氡浓度的平均值。累积检测法在研究中普遍采用，但因其检测周期长，不易为公众所接受，公众还是比较喜欢瞬时检测法，因它能及时给出结果。

1. 闪烁瓶（室）法

（1）原理　闪烁瓶（室）法是一种瞬时被动式检测氡的方法，根据空气取样方式分为连续流经型和周期注入型两种。原理是用泵或真空的方法将空气引入闪烁室，氡及其衰变产物发射的α粒子使闪烁室内壁上的硫化锌晶体产生闪光，光电倍增管把闪烁体发出的微弱闪光信号转换为电脉冲，经电子学检测单元放大后记录下来，储存于连续检测器的记忆装置中。单位时间内的电脉冲数与氡浓度成正比，由此确定被采集气体中氡的浓度。

（2）仪器　闪烁瓶和α计数装置。

（3）检测步骤　闪烁瓶由有机玻璃制成，内涂硫化锌粉，要求闪烁瓶不能漏气。平时把闪烁瓶放在暗袋中，使用时，先把闪烁瓶抽成真空，在检测现场打开瓶嘴阀门，让待测空气进入闪烁瓶，然后关闭瓶嘴阀门，于背光处放置4h，使瓶内的氡及其子体达到平衡。然后把闪烁瓶放入α计数装置内进行检测。通过刻度曲线，就可把α计数转换为被测空间的氡浓度值。

（4）检测结果　氡浓度按式（5—1）计算。

$$c_{Rn}=\frac{K_s(n_c-n_b)}{V(1-e^{-\lambda t})} \tag{5—1}$$

式中　c_{Rn}——氡浓度，Bq/m^3；

K_s——刻度因子，Bq；

n_c、n_b——表示样品和本底的计数率；

V——采样体积，m^3；

λ——^{222}Rn 衰变常数，h^{-1}；

t——样品封存时间，h。

闪烁瓶（室）法是检测氡比较经典的方法，该法的优点是：灵敏度高、快速，现场采样仅需十几秒的时间；对住户干扰小，并可以同时进行多点采样，稍加改进，还可以进行水和天然气氡以及土壤氡放射性的测定。该法的缺点是：采样后必须放置3h才能检测，现场得不到检测结果；由于采样体积小（小于1L），由此造成的误差较大；如果抽真空不足或闪烁室漏气也会影响检测结果，硫化锌老化引起的检测效率下降问题目前还难以解决。

2. 径迹蚀刻法

（1）原理　径迹蚀刻法是一种累积被动检测方法。该法能检测采样期内氡的累积浓度，暴露20天，检测下限可达$2.1\times10^3 Bq/m^3$。检测器是将灵敏度高、稳定性好的新型材料聚丙烯二甘醇碳酸酯片（CR-39）置于一定形状的采样盒内，组成采样器。采样器空气入口处用滤膜封住，以防空气中的氡子体进入。

（2）仪器　径迹蚀刻法检测器的种类很多，如德国的KfK、美国的LD和RSSI、日本的ERIM、英国的Khan 1990、中国的CRS和LIH等。

（3）检测步骤　检测时将检测器放入待测房间内，氡及其子体发射的α粒子轰击检测器时，使其产生亚微观型损伤径迹。经过几个月或一年的暴露后，将此检测器在一定条件下用化学方法或电化学方法蚀刻，扩大损伤径迹，以至能用显微镜或自动计数装置进行计数。单位面积上的径迹数与氡浓度和暴露时间的乘积成正比，用刻度系数可将径迹密度换算出氡浓度。

（4）检测结果　氡浓度按式（5—2）计算。

$$c_{Rn}=\frac{n_R}{tF_R} \tag{5—2}$$

式中　c_{Rn}——氡浓度，Bq/m^3；

n_R——径迹密度，T_c/cm^2（T_c为径迹数）；

t——暴露时间，h；

F_R——刻度系数，$(T_c/cm^2)/[Bq/(m^3\cdot h)]$。

径迹蚀刻法的特点是可以进行环境水平氡浓度的累积检测，直接得到被测场所氡的年平均照射量，从而避免了由于时间、季节、气象因素变化所带来的影响。该法稳定、检测结果重现性好，在检测期间不需要电源，检测器的体积很小，便于布放，而且操作简便、价格低廉。其主要问题是海拔高度的影响和材料静电产生的干扰，另外有些检测器为了提高灵敏度，设计了很高的空气交换率，导致检测时$^{220}R_n$也随$^{222}R_n$一起扩散到检测器中，对检测结果造成干扰。

3. 活性炭盒法

（1）原理　活性炭盒法是目前检测室内氡最常用的被动式累积检测装置之一。采样器为塑料或金属制成的圆柱形小盒，内装一定量的活性炭，盒口放置滤膜，以阻挡氡子体进入，采样周期为2~7天。然后用γ能谱仪或液体闪烁仪检测。

氡扩散进入活性炭床内而被活性炭吸附，同时发生衰变，新生的氡子体也沉积在活性炭内。用γ能谱仪检测活性炭盒的氡子体特征γ射线峰或峰群强度，根据特征峰的面积计算出氡浓度。用液体闪烁仪检测时，首先要将吸附在活性炭上的氡解析到闪烁液中，然后用闪烁计数器进行α/β放射性检测。

（2）仪器

1）活性炭盒（塑料或金属制成，活性炭 20~40 目）。

2）γ 能谱仪或液体闪烁仪。

3）烘箱。

4）天平（感量 0.1mg）。

5）滤膜。

（3）检测步骤

1）将选定的活性炭放入烘箱内，在 120℃下烘烤 5~6h。存入磨口瓶待用。

2）装样。称取一定量烘烤后的活性炭装入采样盒中，并盖以滤膜，再称量样品盒的总质量。把活性炭盒密封起来，隔绝外面空气。

3）在待测现场去掉活性炭盒密封包装，放置 2~7 天。将活性炭盒放置在采样点上，其上面 20cm 内不得有其他物体。采样终止时密封活性炭盒。

4）采样停止 3h 后检测。再称量，以计算水分吸收量。

5）用 γ 能谱仪检测氡子体特征 γ 射线峰（或峰群）内的计数。测出 ^{218}Pb 和 ^{218}Bi 的量后，就可推算出空气中氡的浓度。检测几何条件与刻度时必须保持一致。

（4）检测结果　氡浓度按式（5—3）计算。

$$c_{Rn} = \frac{an_r}{t_1^b e - \lambda_{Rn} t_2} \tag{5—3}$$

式中　c_{Rn}——氡浓度，Bq/m³；

a——采样 1h 的响应系数，（Bq/m³）/计数 · min^{-1}；

n_r——特征峰（峰群）对应的净计数率，计数/min；

t_1——采样时间，h；

b——累积指数，0.49；

e——滤膜对 α 粒子的自吸收因子，%；

λ_{Rn}——氡衰变常数，7.55×10^{-3}/h；

t_2——采样时间中点至检测开始时刻的时间间隔，h。

（5）质量保证

1）刻度。把制备好的采样器置于标准氡室内，暴露一定时间，分别按规定的步骤处理检测器，用式（5—4）计算刻度系数 F_r，式中参数和式（5—3）相同。

$$F_r = \frac{n_r}{tc_{Rn}} \tag{5—4}$$

刻度时应满足氡室内氡及其子体浓度不随时间而变化，氡室内氡水平可为调查场所的 10~30 倍。至少要做两个水平的刻度，每个浓度水平至少放置 4 个采样器，暴露时间要足够长，保证采样器内外氡浓度平衡。每一批探测器都必须按一定比例进行抽样刻度。

2）平行采样。要在选定的场所内平行放置 2 个采样器，平行采样，数量不低于放置总数的 10%，对平行采样器进行同样的处理、检测。

由平行样得到的相对标准偏差应小于 20%，若大于 20%时，应找出处理程序中的差错。

3）留空白样。在制备样品时，取出一部分检测器作为空白样品，其数量不低于使用总数的5%。空白检测器除不暴露于采样点外，与现场检测器进行同样处理。空白样品的结果即为该检测器的本底值。

4）要在不同的湿度下（至少3个湿度，即30%、50%和80%）刻度其响应系数 a。

（6）注意事项　该方法测出的是活性炭盒取样中点时刻的平均氡浓度，如果取样前期的氡浓度过高或过低，带来很大的检测误差。此方法的检测下限约为18Bq/m³。

选用化学纯无定型的椰子壳或桃核炭，同一测区应使用同一类型、同一厂家的同批产品。活性炭应保持干燥、无污染，在密封容器中保存。活性炭盒用圆形塑料容器，可用直径为400mm、高为600mm的塑料瓶，内装13~15g活性炭和2~5g变色硅胶，瓶口应有双层封盖。活性炭样品盒的布放时间应小于7天，样品取回应在10h内检测完毕。

4. 双滤膜法

（1）原理　双滤膜法是一种最经典的空气中氡浓度的主动瞬时检测法，检测下限为3.3Bq/m³。该设备主要由氡的取样筒（俗称炮筒）和α计数器组成，取样筒的入口和出口都用滤膜封闭。取样时，以10L/min的流速抽取空气通过取样筒。入口滤膜将所有的固态氡子体粒子过滤掉，只有纯氡气进入取样筒。氡气经取样筒到达出口滤膜时，又有一部分衰变为氡子体（主要是^{218}Po），从而被出口滤膜截留。出口滤膜上氡子体的量取决于过滤效率、流速和取样筒长度。取样后1min和16min，分别检测出口滤膜上的α计数15min，把数值带入计算公式，即可算出空气中的氡浓度。

采用改进双滤膜法可检测出氡子体中的^{218}Po、^{218}Pb和^{218}Bi。在取样后2~5min检测第一个α计数 I（2，5），取样后6~20min，检测第二个α计数 I（6，20），用同样方法检测第三个α计数 I（21，30）。然后把3个α计数值分别代入公式，即可计算出空气中的^{218}Po、^{218}Pb和^{218}Bi。如果采用较大的取样筒，该法的检测下限可达0.4Bq/m³。

（2）仪器

1）采样泵。

2）双滤膜筒。

3）α放射性检测仪。

（3）检测步骤　采样前，对采样系统和计数设备分别进行详细检查，确保计量泵、流量计、计数设备工作正常，同时，采样系统应无泄漏，检测仪应稳定、可靠。检查完毕后，开动抽气泵，使含氡气体经过滤膜进入采样筒。到达采样时间后，检测出口滤膜上的α放射性就可算出氡浓度。

（4）检测结果　氡浓度按式（5—5）计算。

$$c_{\mathrm{Rn}} = K_{\mathrm{t}} N_{\mathrm{a}} = \frac{16.15 N_a}{V E \eta \beta Z F_{\mathrm{f}}} \tag{5—5}$$

式中　c_{Rn}——氡浓度，Bq/m³；

K_{t}——总刻度系数，Bq/m³计数；

N_{a}——$T_1 \sim T_2$间隔内的净α计数；

V——采样筒容积，L；

E——计数效率，%；

η——滤膜过滤效率，%；

β——滤膜对 α 粒子的自吸收因子，%；

Z——与 t、$T_1 \sim T_2$ 有关的常数；

F_f——新生子体到达出口滤膜的份额，%。

（5）注意事项

1）入口滤膜至少要有 3 层，以保证能全部滤掉氡子体。

2）采样头尺寸要一致，保证滤膜表面与检测器之间的距离为 2mm 左右。

3）严格控制操作时间，不得出任何差错，否则样品作废。

4）若相对湿度低于 20%时，要进行湿度校正。

5）采样条件要与流量计刻度条件相一致。

双滤膜法最大的优点是排除了氡子体的干扰，提高了检测的准确度，而且灵敏度高，可满足环境检测需要。另外，双滤膜筒的尺寸可自行设计，如有 α 计数装置和采气泵，只需很少的花费就可以进行检测工作。缺点是装置比较笨重，采样泵流量大，采样时产生的干扰较大。另外，采样头的频繁取换引起的漏气也会对检测结果产生影响。

5. 气球法

（1）原理　气球法测氡原理与双滤膜法相同，只不过用气球代替了采样筒。把气球法测氡和马尔科夫测潜能联合起来，一次操作用 26min，即可得到氡及其子体 α 潜能浓度。此法属于主动式采样，能检测出采样瞬间空气中氡及其子体浓度，检测下限氡为 $2.2Bq/m^3$、氡子体为 $5.7\times10^{-7}J/m^3$。

每次采样前，按照检查内容对采样设备、计数仪器等部件进行严格的检查。

（2）仪器　同双滤膜法。

（3）检测步骤

1）装好出、入口滤膜，把采样设备连接起来。

2）在 0~5min 内以 40L/min 向气球充气。

3）取下采样头，置于计数器上，气球出口接到抽气泵入口。

4）用 10~14min 的时间以流速 50L/min 排气。

5）用 12~15min 的时间检测入口滤膜上的 α 放射性；用 16~26min 的时间检测出口滤膜上的 α 放射性。

（4）检测结果　按式（5—6）计算 α 潜能浓度。

$$c_p = K_m(N_E - 3R) \tag{5—6}$$

式中　c_p——α 潜能浓度，J/m^3；

K_m——马尔科夫总系数，J/（m^3·计数）；

N_E——入口滤膜的总 α 计数；

R——本底计数率，每分钟的计数。

按式（5—7）计算氡浓度。

$$c_{Rn} = K_b(N_R - 10R) \tag{5—7}$$

式中　c_{Rn}——氡浓度，Bq/m^3；

K_b——气球刻度常数，Bq/m^3；

N_R——出口滤膜的总 α 计数；

R——本底计数率，每分钟的计数。

（5）注意事项

1）入口滤膜至少要有 3 层，以能够全部滤掉氡子体。

2）气球颈部应尽量短，使采样器端面处于球面上。

3）排气过程中，气球始终要保持为球形，排气结束时要及时停泵。

4）采样头尺寸要一致，保证滤膜表面与检测器表面之间的距离为 2mm 左右。

5）严格控制操作时间，每一步都不得出现差错，否则样品作废。

6）应在不同湿度下标定出刻度系数。

二、氡子体产物的检测

（一）概述

氡子体产物是指氡的短寿命子体^{218}Po、^{214}Pb、^{214}Bi、^{214}Po，可分别用 RaA、RaB、RaC 和 RaC′表示。氡子体为固体粒子，常用过滤器滤取一定体积的空气来收集，然后用 α 计数器检测滤料上的放射性，计算出总 α 潜能浓度或各子体的浓度。通常用高效滤料对空气中存在的混合氡子体进行采样，然后用高效率低本底的检测器检测沉积在滤料上的放射性活度。

（二）氡子体产物的检测方法

氡子体产物的检测方法有很多种，如马尔科夫 α 潜能法、托马斯三段法、氡钍子体潜能二段法、α 能谱法和 γ 能谱法等，用的较多的瞬时检测方法有马尔科夫 α 潜能法和托马斯三段法。

1. 马尔科夫 α 潜能法

（1）原理　α 潜能是指氡子体由 RaA（^{218}Po）完全衰变为^{210}Po 过程中发出的 α 粒子能量的总和，单位体积空气中氡子体的 α 潜能值称为氡子体 α 潜能浓度，单位为 J/m^3。α 潜能法是氡子体潜能检测的快速方法，由马尔科夫建立，从采样到检测结束仅需 15min。

（2）检测步骤　以流速 v（m^3/min）采样 5min，在采样结束后 7～10min 内对样品进行 α 计数，其积分计数记为 $N_{7\sim10}$。

（3）检测结果　氡子体潜能浓度按式（5—8）计算。

$$c_p = \frac{40.3N_{7\sim10}}{vE\eta K_\alpha} \tag{5—8}$$

式中　c_p——氡子体潜能浓度，J/m^3；

40.3——平衡修正因子；

$N_{7\sim10}$——样品在 7～10min 的 α 积分计数；

v——采样流速，m^3/min；

E——仪器的计数效率，%；

η——滤膜的过滤效率，%；

K_α——滤膜对 α 粒子的自吸修正因子。

2. 托马斯三段法

（1）原理　三段法是在三点法的基础上由托马斯建立的，也称托马斯三段法，利用常规滤膜采样收集氡子体，是氡子体浓度的标准检测方法，可测出^{222}Rn 三个子体 RaA、RaB

和 RaC 的单独浓度。

（2）检测步骤　以一定量流速 v（m^3/min）采空气样 5min，检测采样后在 2~5min、6~20min 和 21~30min 时间间隔内检测滤膜上的 α 计数，分别记为 N（2，5）、N（6，20）和 N（21，30）。

（3）检测结果　^{222}Rn 各衰变产物 RaA、RaB 和 RaC 的浓度（Bq/m^3）可按下列公式计算。

$$c_{RaA} = [6.2493N(2, 5) - 3.0325N(6, 20) + 2.8685N(21, 30) - 2.0942R]/(vEF)$$

$$c_{RaB} = [-0.0451N(2, 5) - 0.07611N(6, 20) + 1.8163N(21, 30) - 5.8275R]/(vEF)$$

$$c_{RaC} = [-0.08332N(2, 5) + 1.2277N(6, 20) - 1.3949N(21, 30) - 2.1312R]/(vEF)$$

式中　R——本底计数率；

v——采样流速，m^3/min；

E——计数效率，%；

F——包括自吸收在内的滤膜的过滤效率（过滤效率×滤膜自吸收修正系数）。

3. 五段法

（1）原理　五段法是由三点法发展而来，根据放置不同时间检测，可以分别得到 ^{222}Rn 子体和 ^{220}Rn 子体浓度。

（2）检测步骤　以一定量流速 v（m^3/min）采空气样 30min，在取样结束后第 2~5min、6~20min、21~30min、200~300min、360~560min 的 5 段时间间隔内测量取样滤膜上的 α 计数，计数分别记为 N_1、N_2、N_3、N_4 和 N_5。

（3）检测结果　以下列公式可计算 RaA、RaB、RaC 以及 ^{212}Pb（ThB）、^{212}Bi（ThC）的浓度（Bq/m^3）。

$$c_{RaA} = (4.2635N_1 - 2.0821N_2 + 1.9880N_3 - 0.0947N_4 + 0.04792N_5)/(vEF)$$

$$c_{RaB} = (-0.3335N_1 - 0.0233N_2 + 0.2976N_3 - 0.1422N_4 + 0.0786N_5)/(vEF)$$

$$c_{RaC} = (-0.0199N_1 + 0.3497N_2 + 0.4612N_3 - 0.1040N_4 + 0.0636N_5)/(vEF)$$

$$c_{ThB} = (0.000185N_1 - 0.000222N_2 + 0.000444N_3 - 0.001184N_4 + 0.00507N_5)/(vEF)$$

$$c_{ThC} = (-0.0214N_1 + 0.029193N_2 - 0.05635N_3 + 0.014563N_4 - 0.08255N_5)/(vEF)$$

^{222}Rn 子体潜能浓度（$10^{-4}\mu J/m^3$）的计算：

$$E_{\alpha Rn} = 5.79c_{RaA} + 28.6c_{RaB} + 21c_{RaC}$$

^{220}Rn 子体潜能浓度（$10^{-4}\mu J/m^3$）的计算：

$$E_{\alpha Th} = 69.06c_{ThB} + 6.56c_{ThC}$$

检测氡子体的方法相对比较复杂，尤其是在计算方面，但在实际测量时，有很多仪器可供选择。有的仪器已选好检测程序，打开仪器即可获得氡子体浓度的数据。所以选好仪器，保持仪器的良好运行状态和刻度，是顺利完成检测任务的必要条件。在常规对室内空气质量检测中，只测氡浓度即可，不必检测氡子体。只有在需要进行剂量评价和研究工作中才需要检测氡子体。

三、建筑材料表面放射性检测

（一）概述

使用木材做建材，其放射性水平最低，土砖、一般水泥作为建材，其放射性水平与土壤相差不大；使用各种工业废渣、矿渣和煤渣等原料制造砖、水泥等建材日渐增多，其中有不少含有较高天然放射性核素的原料；使用天然石材作为装修装饰材料的也越来越普遍，它们和釉面瓷砖一样都含有较高的放射性核素。这些都有可能使室内空气中放射性氡浓度增大，γ 辐射水平增高。

建筑材料对居民的外照射剂量是 γ 射线所造成的，主要来源于建材中的^{226}Ra、^{232}Th 和它们的子体，以及^{40}K 等发射 γ 射线的天然放射性核素。如果用 c_{Ra}、c_{Th}和 c_K表示建材中上述三种核素的放射性比活度（Bq/kg），该比活度与其各自的仅考虑外照射时的比活度限值之比的总和则为外照射指数，其符号为 I_γ，它是建筑材料中天然放射性总活度相对大小的反映，用以表示建筑材料导致公众外照射剂量的相对程度，具体按式（5—9）计算。

$$I_\gamma = \frac{c_{Ra}}{370} + \frac{c_{Th}}{260} + \frac{c_K}{4\ 200} \tag{5—9}$$

式中 c_{Ra}、c_{Th}和 c_K——建材中^{226}Ra、^{232}Th 和^{40}K 的比活度，Bq/kg；

370、260、4 200——在仅考虑外照射情况下，上述三种核素在其各自单独存在时《建筑材料放射性核素限量》（GB 6566）规定的限量。

内照射指数是指建筑材料中天然放射性核素^{226}Ra 的放射性比活度除以国家标准规定的限量，以 I_{Ra}表示，具体按式（5—10）计算。

$$I_{Ra} = \frac{c_{Ra}}{200} \tag{5—10}$$

式中 c_{Ra}——建材中^{226}Ra 比活度，Bq/kg；

200——仅考虑内照射情况下，^{226}Ra 的放射性比活度限量，Bq/kg。

根据《建筑材料放射性核素限量》（GB 6566）的规定，建筑主体材料中天然放射性核素^{226}Ra、^{232}Th 和^{40}K 的比活度必须同时满足 $I_\gamma \leq 1.0$ 和 $I_{Ra} \leq 1.0$。

室内放射性因素中，空气中氡及其子体吸入人体所致的危害大于 γ 射线外照射剂量。由于人们在室内活动，与墙体或地面有一定距离，随着距离的增大，剂量明显减弱。而氡及其子体被人体吸入后，产生长期的内照射剂量，危害极大。

（二）建筑材料表面放射性检测方法

1. 高压电离室法

（1）原理 高压电离室受到辐射能量照射后充电，接着放电，用半导体场效应晶体管静电计作为检测记录仪器。

高压电离室是一个球形体，内充高压纯氩气，不同型号的仪器体积和内压也不同，标准状态为 2. 53MPa。收集极由直径为 50. 8mm 的不锈钢空心球组成，用 6. 53mm 棒固定在中心。用三轴密封件为静电计输入端提供好的保护环，在保护环和电离室的外壳之间接入 300V 电池组，这样，电离室几乎可以全部收集电离电流，然后连接在一个记录器上。

（2）仪器

1）高压电离室。

2）晶体管静电计。

（3）检测步骤 首先确定好样品堆，要求样品堆平坦，面积为 2m×2m，厚度大于 0. 5m；然后进行本底检测，确定本底浓度；最后，将仪器放在样品堆上，在表面恒定距离进行检测，记录测得的数据和时间。

高压电离室由于具有灵敏度高、稳定性好的优点，被广泛用于环境γ辐射外照射的检测，如用于检测建材表面或室内γ射线照射量（率）等。使用便携式高压电离室具有方便、快捷、稳定可靠、使用成本低等特点，但由于使用仪器的不同和检测方法的不同，该法会造成较大的误差。所以该方法不能作为仲裁和评价建材放射性是否合格，而是作为初步筛选或粗略了解建材中放射性水平使用。

2. 剂量率仪法

（1）原理　γ射线是一种电磁辐射，是从原子核内发射出来的。当它发射到检测器的探头上，与其上的原子相碰撞，光子自身被吸收，并产生、释放光电子，这种现象称为光电效应，此外，还有康普顿效应和电子对形成。γ射线的这种效应与其在检测器上形成的电子量和能量强度成正比，经过电子学放大系统，可以将此记录。与仪器经标准源刻度进行相对比较，就可得到γ射线的强度。

（2）仪器　便携式γ剂量率仪。

1）量程范围。低量程为（1×10^{-8}）~（1×10^{-5}）Gy/h，高量程为（1×10^{-5}）~（1×10^{-2}）Gy/h。

2）能量响应。50~3 000kJ 相对响应<±30%（相对^{137}Cs参考辐射源）。

3）刻度。新仪器购置后应到标准计量行政管理部门进行刻度标定，取得认定证书，每年对仪器进行一次刻度标定。仪器使用的电池应定期检查工作电压，以免影响读数。

（3）检测步骤

1）检测前应打开仪器预热 30s 以上。

2）每天使用前用参考源^{137}Cs检查仪器的工作状态。

3）本底浓度的检测选一平坦、直径为 550m 范围内无建筑物的空地，在距地面（1±0. 3）m 高度处检测当地地面γ辐射本底值。

4）选一个表面平坦的 2m×2m 正方形、厚度大于 0. 5m 的建筑材料成品堆，将仪器在距离建筑材料表面一定距离（建议 0. 1m）处检测其γ剂量率，读 5~10 个读数，取平均值。

γ剂量率仪法具有灵敏度高、能量响应好、对宇宙射线响应好、角响应好、性能稳定、携带方便等优点，主要用于初步筛选了解建筑材料中放射性水平，而不用于仲裁和评价，原因与高压电离室法相同。

四、建筑材料中天然放射性核素的检测

建筑材料中天然放射性核素的检测方法有放射化学方法和物理学方法两种：放射化学方法由于需要将建材样品处理成溶液状态，再进行化学分离纯化，所以操作复杂、难度大。但现在许多检测室都具备化学分析方法的手段，而且检测数据比较准确，样品预处理与土壤岩石基本相同，不需要昂贵的谱仪设备，所以也被采用。目前，物理学方法是建材中天然放射性核素常用的检测方法。

（一）^{226}Ra 放射化学法

1. 原理

建材样品粉末经碱熔融处理后，用盐酸溶解水浸取不溶物，以钡为载体，也可以^{133}Ba

（钡-133）为示踪剂，硫酸盐沉淀浓集镭，沉淀用 EDTA-2Na 碱性溶液溶解后封存于扩散器中，以射气法检测氡子体^{222}Rn 和计算^{226}Ra 的放射性浓度。

2. 仪器

（1）氡钍分析仪。

（2）γ 射线检测装置。

（3）闪烁室。

3. 检测步骤

（1）仪器调试　分别用氡射气源调试氡钍分析仪，用^{133}Ba 示踪剂作为放射源调试 γ 射线检测装置。

（2）样品处理　建材样品经粉碎研磨后，60~200 目过筛；称取 1~4g 样品于镍坩埚中，分别加入铅、钡载体（或^{133}Ba 示踪剂）2mL 以及无水碳酸钠、氢氧化钠和过氧化钠若干，放入 650~700℃的高温炉中熔融 7~10min，使之呈暗红色均匀熔体状；取出坩埚，经冷却、溶解、过滤、沉淀以及离心分离，最后将溶液转入扩散器中。

（3）样品测定　扩散器用通过活性炭管的空气驱除残存在扩散器中的氡气，封存并记录时间，最好封存 12 天以上；闪烁室抽真空，检测本底后，按规定方法将扩散器中样品氡气转移至闪烁瓶，放置 3h 后检测样品放射性；将加有示踪剂的样品溶液全部转移至 40mL 刻度烧杯中，用水稀释至刻度。用盛有同样体积的水、含 1mL 示踪剂的同样刻度烧杯在 γ 射线检测装置上检测化学回收率；对所用试剂本底测定，除不用样品灰化外，其余与样品分析测定完全相同。

（二）^{232}Th 放射化学法

1. 原理

样品经碱熔融和硝酸、高氯酸浸取后，溶液经磷酸盐沉淀浓集铀和钍，在盐析剂硝酸铝存在下，用 N235 萃取剂从硝酸溶液中同时萃取钍和铀，再用 8mol/L 盐酸溶液反萃取钍，以铀试剂Ⅲ显色，进行分光光度法测定，最后用测定的钍含量换算出^{232}Th 的比活度。

2. 检测步骤

（1）绘制钍的标准曲线

1）钍标准溶液：称取 0. 6g 硝酸钍［$Th(NO_3)_4 \cdot 4H_2O$］溶于 50mL 的 5mol/L 硝酸溶液中，转入 500mL 的容量瓶中，用 0. 5mol/L 硝酸稀释至刻度。此储备液用质量法标定。标定后，用 1mol/L 的硝酸，取一定量储备液准确稀释成 1μg/mL 的钍标准溶液。

2）绘制标准曲线：在 8 个分液漏斗中各加入 10mL 的 1mol/L 硝酸溶液，分别吸入相当于 0μg、0. 3μg、0. 5μg、0. 7μg、1. 0μg、2. 0μg、3. 0μg、4. 0μg 钍的标准溶液，然后加入 10%的 N235 萃取剂 15mL 于分液漏斗中，萃取 15min，静置分相后弃去水相，用 5mL 饱和硝酸铵溶液萃取一次，最后按下述样品测定步骤测定钍的吸光度作为纵坐标，实际加入的钍量为横坐标，绘制标准曲线。

（2）样品处理　称取一定量的建材灰于坩埚中加入浓硝酸，在沙浴上慢慢蒸干；将坩埚放入 500℃高温炉中灼烧 10min，取出冷却后用 8mol/L 的硝酸溶解后趁热过滤，用 8mol/L 硝酸和稀硝酸反复洗涤 2~3 次，滤液和洗液合并于离心管中；将浸出液经沉淀分离、再溶解、萃取分离，得萃取相和萃余相。

（3）样品测定　萃洗后的有机相依次用 8mol/L 盐酸 5.0mL 或 3.5mL 反萃取，每次萃取时间为 5min，两次萃取液合并于 10mL 比色管中，加入 1mL 浓度为 0.03%的铀试剂Ⅲ-草酸饱和溶液，用 8mol/L 盐酸稀释至刻度。摇匀后，分光光度计以 8mol/L 盐酸 8.5mL 代替样品液加显色剂作为零值，进行比色，测定钍的吸光度，根据标准曲线查出钍含量；比色波长为 665nm，用 3cm 比色皿比色。

（4）回收率测定　准确称取 1~2g 样品或与分析样品量相同的样品于坩埚中，加入钍标准溶液 2mL 和 10mL 硝酸，按样品处理和样品测定步骤进行操作，根据测得的钍含量，计算钍的化学回收率。

（三）^{40}K 放射化学法

1. 原理

土壤和建材中钾常以钾长石、黑云母或白榴石等硅铝酸盐形式存在，用一般酸难于浸取完全，因此多用碳酸钙-氯化铵熔融法或氢氟酸-高氯酸浸取法将钾转为可溶性化合物。在微酸性介质中，钾离子与四苯硼钠生成晶粒大、溶解度小的四苯硼钾沉淀，在 105~120℃温度烘干而不分解，可用质量法求出钾含量，再用测得的钾含量换算为^{40}K 的放射性比活度。

2. 检测步骤

（1）建材样品粉碎、研磨至通过 60 目筛。取适量碳酸钙铺于镍坩埚底部，精确称取样品 1g 于坩埚中，将样品覆压平整，上面再加入 2g 碳酸钙覆盖于表面。

（2）将镍坩埚置于高温炉内，150℃灼烧 0.5h，350℃再灼烧 0.5h，最后 600~700℃灼烧 1.5h。

（3）取出坩埚，将样品经处理后过滤，将滤液煮沸、再过滤，弃去不溶物。

（4）准确吸取 25.5mL 滤液到 100~200mL 烧杯中，先用氢氧化钠调至微碱性，然后再用醋酸调至 pH 为 4，在搅拌的同时加入四苯硼钠溶液，使其沉淀完全，放置 10min。

（5）将烧杯内容物定量过滤到已称重的 4 号砂心玻璃坩埚中，每次用 10mL 蒸馏水洗涤两次，再用 95%乙醇 10mL 洗涤一次，于 110℃温度下烘干 1h，冷却后称重。

（四）γ 能谱物理法

在环境样品的检测中，由于采用 γ 能谱仪检测技术使得对放射性核素的鉴别变得十分简单，不需要对被测样品进行复杂的化学分析处理，因此，在建筑材料和环境样品检测中，γ 能谱物理法得到广泛应用。

1. 原理

天然放射性核素在发射 α 粒子或 β 粒子的同时，还发射 γ 射线，利用其发射的 γ 射线的能量不同，在能谱中，全吸收峰（即全能峰或光电峰）的道址和入射 γ 射线的能量成正比，是定性应用的基础；全吸收峰下的净峰面积与探测器相互作用的该能量的 γ 射线数成正比，是定量应用的基础。γ 射线作用于检测器头上的物质［碘化钠晶体 NaI、锗（锂）Ge（Li）或高纯度锗半导体晶体］，使晶体接受 γ 射线后产生的光电效应强弱和能谱差异，经过多级放大，可在记录仪上显示不同能谱的特征峰，从这些特征峰的道址位置和高度、峰面积，就可以判定核素类别及其放射性强度。

2. 仪器

（1）γ 能谱仪。

（2）检测器。碘化钠检测器，该检测器由碘化钠（铊）晶体和光电倍增管组成；半导体检测器，由锗（锂）或高纯度锗半导体组成。

（3）屏蔽室。检测室用 γ 能谱仪的检测器应放置在铅厚度不小于 10cm 的屏蔽室中。

（4）高压电源。

（5）谱学放大器。

（6）读出装置。如记录仪、X-Y 绘图仪、打印机、图像数字终端等。

（7）检测装置。γ 能谱仪可与专用机或微机等计算机相连，以处理数据。

（8）测量用样品盒。

3. 检测步骤

（1）样品制备。将建材样品粉碎过筛（60~200 目），称重后装入与刻度谱仪的标准源相同形状和体积的样品盒中，密封、放置 3~4 周，待 U-Ra 得到平衡后检测。

（2）检测模拟基质本底谱和空样品盒本底谱。

（3）检测刻度源，相对于探测器的位置应与检测建材样品时相同。

（4）检测时间根据被测标准源或样品的强弱而定。标准源检测计数系统误差应小于±2%，建材样品放射性核素的统计误差小于±10%，置信度为 95%。正常情况下，对建材样品的检测时间为 6~8h。

用 γ 能谱仪检测建材中的镭、钍、钾时，关键是选好 3 个核素的特征峰和有效的刻度，^{226}Ra 可以选 352J 或 609J 峰；如使用碘化钠晶体谱仪，可考虑选用^{226}Ra 的子体^{214}Pb的 2 200J 峰；钍系中的^{212}Pb 的 239J 峰可作为^{232}Th 的特征峰；^{40}K 则选 1 460J。

练 习 题

1. 名词解释

（1）生物性污染

（2）尘螨计数

（3）ELISA 法

（4）菌落总数

（5）氡子体

（6）α 潜能

（7）内照射指数

2. 填空题

（1）目前，室内灰尘中尘螨及其过敏原可通过三种方法进行评价，它们分别是________、________和________。

（2）ELISA 可用于测定抗原，也可用于测定抗体。在这种测定方法中有三种必要的试剂，即________、________和________。

（3）军团菌________较强，因而在自然界中分布广泛，不论________和________，还是________都有存在。________是该菌产生的气溶胶感染人类的主要传播方式。

（4）天然石材中的放射性危害主要有两个方面，即________和________。前者主要来自________，后者主要是________。

（5）氡子体产物是指氡的短寿命子体________，可分别用________表示；氡子体为固体粒子，常用________来收集氡子体，然后用________检测滤料上的放射性，计算出________。

3. 简答题

（1）简述室内环境生物检测和室内环境放射性检测的内容和项目。

（2）简述对流免疫电泳的原理。

（3）如何用滤膜法测定活性与非活性真菌颗粒总量？

（4）简述军团菌的采样方法。

（5）详述撞击法测定菌落总数的原理和方法。

（6）简述闪烁瓶（室）法、径迹蚀刻法、活性炭盒法、双滤膜法和气球法检测氡的原理和方法。

（7）什么是氡子体？马尔科夫 α 潜能法测定氡子体的原理是什么？

（8）室内空气中的氡主要来自哪里？氡的测定有哪些主要方法？

（9）利用节假日，对周边地区家庭装修用户的放射性污染情况进行调查，通过测定室内空气中氡及其子体的浓度、建筑材料表面放射性、建筑材料中的放射性核素水平，并写出家庭装修中放射性污染调查报告。

第六章 室内污染源检测

本章学习目标

★ 了解室内污染源的来源和种类。

★ 熟悉人造板材、溶剂型木器涂料、室内涂料、胶黏剂、木家具、壁纸、聚氯乙烯卷材、混凝土外加剂、厨房等室内污染物检测的基础知识。

★ 掌握人造板材、溶剂型木器涂料、室内涂料、胶黏剂、木家具、壁纸、聚氯乙烯卷材、混凝土外加剂、厨房等室内污染源的检测原理和检测方法。

第一节 人造板材

人造板材是利用天然木材和其加工中的边角废料，经过机械加工而成的板材。在生产过程中绝大部分采用脲醛树脂或改性的脲醛胶，这类胶黏剂具有胶接强度高、不易开胶的特点，但它在一定条件下会产生甲醛释放出来。

甲醛的危害见本书前部分内容。人造板材的甲醛释放主要有两个来源：一是板材本身在干燥时，因内部分解而产生甲醛。表现为板材在堆放和使用过程中，温度、湿度、酸碱度、光照等环境条件会使板材内未完全固化的树脂发生降解而释放甲醛。其中木材密度越小，甲醛散发能力越强。二是用于板材基材粘接的胶黏剂产生了甲醛，表现在制胶、热压方面，其中制胶时尿素没有和甲醛完全反应，使胶中含有一部分游离甲醛，游离甲醛的浓度高低与采用的摩尔比和制板工艺有关。板材热压过程中胶黏剂固化不彻底，胶中的一部分不稳定结构（如醚键、羟甲基团、亚甲基）发生分解而释放甲醛。人造板材中的甲醛释放会随着热压温度和施胶量的变化而变化，将长期影响室内环境质量。

根据《室内装饰装修材料　人造板及其制品中甲醛释放限量》（GB 18580）的要求，室内装饰装修材料人造板材及其制品应符合表 6—1 的规定。

表 6—1　　人造板及其制品中甲醛释放量的试验方法及限量值

产品名称	试验方法	限量值	使用范围	限量标志②
中密度纤维板、高密度纤维板、刨花板、定向刨花板等	穿孔萃取法	≤9mg/100g	可直接用于室内	E_1
		≤30mg/100g	必须饰面处理后可允许用于室内	E_2
胶合板、装饰单板贴面胶合板、细木工板等	干燥器法	≤1. 5mg/L	可直接用于室内	E_1
		≤5. 0mg/L	必须饰面处理后可允许用于室内	E_2
饰面人造板（包括浸渍纸层压木质地板、实木复合地板、竹地板、浸渍胶膜纸饰面人造板等）	气候箱法①	≤0. 12mg/m^3	可直接用于室内	E_1
	干燥器法	≤1. 5mg/L	—	—

注：1. 仲裁时采用气候箱法；

2. E_1为可直接用于室内的人造板，E_2为必须饰面处理后允许用于室内的人造板。

一、甲醛含量测定

人造板材中的甲醛含量测定方法采用《室内装饰装修材料　人造板及其制品中甲醛释放限量》（GB 18580）标准中推荐的穿孔萃取法。该方法操作简便，测定结果重复性好，测定时间短，无须环境试验仓等设备。取100g试件通过化学萃取的方法，测定的不仅有自由态与吸着态的游离甲醛，还有分解并已经固化的脲醛树脂带来的额外甲醛。

1. 原理

将溶剂甲苯与样板共热，通过液—固萃取使甲醛从板材中溶解出来，然后将溶有甲醛的甲苯通过穿孔器与水进行液—液萃取，把甲醛转溶于水中；水溶液中甲醛含量用乙酰丙酮比色法测定，结果用100g干的样板中被萃取出的甲醛量（mg）表示。

2. 仪器

（1）穿孔萃取器。

（2）天平（感量为0. 001g）。

（3）电热鼓风恒温干燥箱。

（4）分光光度计。

（5）连续可调控温电热套。

3. 试剂

（1）甲苯（C_7H_8）。无水无干扰测试结果的杂质。

（2）乙酰丙酮溶液（0. 4%）。量取4mL乙酰丙酮于1 000mL容量瓶中，用水溶解并加水至刻度线。

（3）乙酸铵溶液（200g/L）。称取200g乙酸铵，用水溶解，并用水稀释至1 000mL。

（4）甲醛标准储备溶液。取2. 5g含量为35%~40%的甲醛溶液，放入1L容量瓶中，加水稀释至刻度。

4. 检测步骤

（1）样品的准备　将受试板材每端各去除 50cm 宽条，沿板宽方向均匀截取 2.5cm×2.5cm 的受试板块 24 块，用于含水量测定；另截取 1.5cm×2.0cm 的受试板块，用于甲醛含量测定。

（2）含水量的测定　用 6~8 块受试板块（2.5cm×2.5cm）为一组样品，进行平行试验，测定含水量。将样品放入经（103±2）℃干燥恒重的小烧杯中称重，然后放入（103±2）℃的干燥箱中通风干燥约 12h 取出，放入干燥器中冷却至室温，称量至恒重。

（3）穿孔器萃取　以 0.1g 的精度称量 105~110g 受试板块，放入球形烧杯中，加入 600mL 甲苯。然后连接多孔器套管和烧瓶，多孔器套管中加入约 1 000mL 水，水面距离吸管口 1.5~2.0cm。连接冷凝器，在 250mL 锥形吸收瓶中加入 100mL 水，与多孔器套管相连，然后打开冷凝水和加热器，以第一个气泡通过内置过滤器开始计时。在（120±0.5）min 后，萃取结束，关闭加热器，移开锥形吸收瓶。在冷却到室温后打开多孔器套管的活塞，让套管中的水流入 2 000mL 容量瓶中，用蒸馏水冲洗多孔器套管内壁 2 次，每次 200mL。洗液回收至容量瓶中，弃用甲苯。锥形吸收瓶中的水合并至 2 000mL 容量瓶中，加蒸馏水至刻度线，同时用同一批号的甲苯做空白试验。

（4）萃取液中甲醛的测定

1）标准曲线。分别吸取 0mL、1.0mL、2.0mL、4.0mL、6.0mL、8.0mL、10.0mL 甲醛标准工作液于 50mL 容量瓶中，加入 10mL 乙酰丙酮溶液和 200g/L 乙酸铵溶液 10mL，加塞后，混匀。在 40℃恒温箱中加热 15min，避光冷却至室温。在分光光度计的 412nm 处，用 5mm 比色皿，以蒸馏水作为参比，测定其吸光度。然后以甲醛含量为横坐标，对应的吸光度为纵坐标，绘制标准工作曲线。

2）样品检测。移取 10mL 多孔器萃取溶液及 10mL 空白试验溶液于 50mL 容量瓶中，稀释至刻度。加入 10mL 乙酰丙酮溶液和 200g/L 乙酸铵溶液 10mL，加塞后混匀。在 40℃恒温箱中加热 15min，避光冷却至室温。在分光光度计 412nm 波长处，用 5mm 比色皿，以蒸馏水作为参比，测定其吸光度。

5. 注意事项

（1）测定含水量时，连续两次称量中受试板块质量相差不超过 0.1%时，可认为达到恒质质量。

（2）甲醛标准储备溶液 1mL 相当于 1mg 甲醛，其准确浓度可用碘量法标定。

（3）为防止吸收甲醛的水溶液通过小虹吸管进入烧瓶，需将萃取管中吸收液转移一部分至 2 000mL 容量瓶，再向锥形瓶加入 200mL 蒸馏水，直到此系统中压力达到平衡。

（4）在萃取过程中若有漏气或停电间断，此项试验需重做。

（5）试验用过的甲苯属易燃品，应妥善处理，若有条件可重蒸脱水，回收利用。

二、甲醛释放量测定

（一）干燥器法

1. 原理

在干燥器底部放置有蒸馏水的结晶皿，在其上方固定的金属支架上放置样品，释放出的甲醛被蒸馏水吸收，作为样品溶液，用乙酰丙酮分光光度法测定水溶液中的甲醛含量。

2. 仪器

（1）玻璃干燥器及试件架，如图 6—1 所示。

（2）分光光度计。用 10mm 比色皿，在波长 412nm 条件下测定吸光度。

（3）结晶皿：直径 120mm，深度 60mm；直径 57mm，深度 50~60mm。

（4）干燥器。直径 240mm，容积 9~11L；直径 240mm，容积 40L。

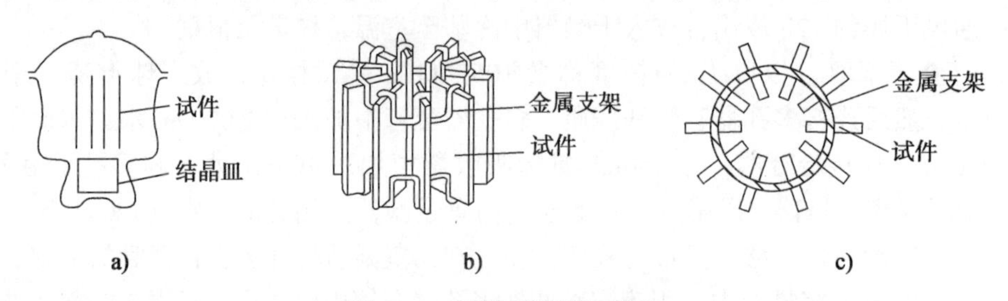

图 6—1　干燥器法测试装置

a）玻璃干燥器　b）试件架　c）装有试件正在测试的干燥器

3. 试剂

参照穿孔萃取法。

4. 检测步骤

（1）取样　样品四周用不含甲醛的铝胶带密封于聚乙烯塑料袋中，放置在温度为（20±1℃）的恒温箱中至少 1 天。

（2）甲醛的收集　如图 6—1a 所示，在直径为 240mm（容积为 9~11L）的干燥器底部放置直径 120mm、深度 60mm 的结晶皿，在结晶皿内加入 300mL 蒸馏水。在干燥器上部放置金属支架，如图 6—1b 和图 6—1c 所示。金属支架上固定 10 块样板，样板尺寸：长（150±2）mm，宽（50±1）mm，样板之间互不接触。测定装置在（20±2）℃下放置 24h，蒸馏水吸收从试件释放出的甲醛，此溶液作为待测液。

（3）样品测定　量取 10mL 乙酰丙酮溶液（体积百分浓度为 0.4%）和 10mL 乙酸铵溶液（质量百分浓度为 20%）于 50mL 带塞三角瓶中，再从结晶皿中移取 10mL 待测液到该烧瓶中。塞上瓶塞，摇匀，再放到（40±2）℃的水槽中加热 15min，然后把这种黄绿色的溶液静置在暗处，冷却至室温［(18~28)℃］约 1h。在分光光度计的 412nm 处，以蒸馏水作为对比溶液，调零，测定萃取溶液吸光度。同时用蒸馏水代替萃取液做空白试验，确定空白值。

5. 注意事项

干燥器法适用范围和限量值是 9~11L 的干燥器，结晶皿直径为 120mm，深度为 60mm，用于测定胶合板、装饰单板、贴面胶合板、细木工板等甲醛的释放量；容积为 40L 的干燥器，结晶皿直径为 57mm，深度为 50~60mm，适用于测定饰面人造板甲醛释放量。

（二）气候箱法

气候箱法是将板材样品按照规定要求放入气候箱，从气候箱中抽出空气样品，用化学分析方法进行其甲醛含量的测定。

1. 原理

将 1m^{2}表面积的样品放入温度、相对湿度、空气流速和空气置换率控制在一定值的气候箱内。甲醛从样品中释放出来，与箱内空气混合，定期抽取箱内空气，将抽出的空气通过盛有蒸馏水的吸收瓶，空气中的甲醛全部溶入水中；测定吸收液中的甲醛量及抽取的空气体积，计算出每立方米空气中的甲醛量，以毫克每立方米（mg/m^3）表示。抽气是周期性的，直到气候箱内空气中的甲醛浓度达到稳定状态为止。

2. 仪器

（1）气候箱　气候箱容积 $1m^3$，箱体内应有空气循环系统以维持箱内空气充分混合及样品表面的空气速度为 0.1～0.3m/s，空气置换率维持在（1.0±0.005）/h，承载率为（1.0±0.02）m^2/m^3。

（2）温度和相对湿度调节系统　应能保持箱内温度为（23±0.5）℃，相对湿度为 45%±3%。

（3）空气抽样系统　空气抽样系统包括抽样管、2 个 100mL 的吸收瓶、硅胶干燥器、气体抽样泵、气体流量计、气体计量表。

（4）分光光度计　要求同前文所述。

（5）其他　金属支架、干燥器、结晶皿，此外可根据需要选择千分尺、游标卡尺、天平、水槽、木材万能力学试验机、秒表等。

3. 检测步骤

（1）取样。样品表面积为 $1m^2$［双面计：长为（1 000±2）mm，宽为（500±2）mm，1 块；或长为（500±2）mm，宽为（500±2）mm，2 块］，若带有榫舌的突出部分应去掉，四边用不含甲醛的铝胶带密封。

样品在气候箱的中心垂直放置，表面与空气流动方向平行。气候箱检测持续时间至少为 10 天，第 7 天开始测定。甲醛释放量的测定每天 1 次，直至达到稳定状态。当测试次数超过 4 次，最后 2 次测定结果的差异小于 5%时，即认为已达到稳定状态，最后 2 次测定结果的平均值即为最终测定值。如果在 28 天内仍未达到稳定状态，则认为第 28 天的测定值可作为稳定状态时的甲醛释放量测定值。

（2）标准曲线。分别吸取 0mL、5.0mL、10.0mL、20.0mL、50.0mL、100.0mL 甲醛标准工作液于 100mL 容量瓶中，稀释至刻度，加入 10mL 乙酰丙酮溶液和 200g/L 乙酸铵溶液 10mL，加塞后，混匀。在 40℃ 恒温箱中加热 15min，避光冷却至室温。在分光光度计的 412nm 处，用 5mm 比色皿，以蒸馏水作为参比，测定其吸光度。然后以甲醛含量为横坐标，对应的吸光度为纵坐标，绘制标准工作曲线。

（3）样品检测。空气取样和分析时，先将空气抽样系统与气候箱的空气出口相连接，2 个吸收瓶中各加入 25mL 蒸馏水，开动抽气泵，抽气速度控制在 2L/min 左右，每次至少抽取 100L 空气。每瓶吸收液各取 10mL 移至 50mL 容量瓶中，再加入 10mL 乙酰丙酮溶液和 10mL 乙酸铵溶液，将容量瓶放至 40℃ 的水浴中加热 15min，然后将溶液静置暗处冷却至室温（约 1h），在分光光度计的 412nm 处测定吸光度。与此同时，要用 10mL 蒸馏水和 10mL 乙酰丙酮溶液、10mL 乙酸铵溶液平行测定空白值吸收液的吸光度测定值与空白吸光度测定值之差乘以校正曲线的斜率，再乘以吸收液的体积，即为每个吸收瓶中的甲醛量。2 个吸收瓶的甲醛量相加，即得甲醛的总量。甲醛总量除以抽取空气的体积，即得每立方米空气中的甲醛溶度值，以毫克每立方米（mg/m^3）表示。由于空气计量表显示的是检测室温下抽取的空气体积，而并非气候箱内 23℃时的空气体积，因此，空气样品的体积应通过气体方程式校正到标准温度（23℃时）的体积。

4. 注意事项

（1）气候箱箱体上应配有气体流量计和气体计量表。

（2）保证气候箱箱体的密封性，进入箱内的空气甲醛含量应在 0.006mg/m³以下。

第二节　溶剂型木器涂料

溶剂型木器涂料是由石油溶剂、甲苯、二甲苯、醋酸丁酯、环已酮等作为溶剂，以合成树脂为基料，配合助剂、颜料等经分散、研磨而成的。溶剂型木器涂料的漆膜硬度高，具有耐磨性、耐腐蚀性、耐低温、溶解力强、挥发速度适中等特点，是目前建筑业常用的装饰装修材料。溶剂型木器涂料种类繁多，常用的有聚氨酯漆、硝基漆、醇酸漆、酚醛漆等。其中，聚氨酯漆在市场上称为“PU 聚酯漆”，涂膜坚硬耐磨、附着力强、耐热性好，是当前室内装饰装修和家具涂装上用量最大的品种；硝基漆施工简便、干燥快、易修补，家具厂常用于家具表面涂装。目前，家庭装饰装修中最常用的是聚氨酯漆。

综合考虑木器涂料的类型、组成及性质，其主要有害物质为挥发性有机化合物，如苯、甲苯、二甲苯、游离甲苯二异氰酸酯以及可溶性铅、镉、铬和汞等重金属，在施工以及使用过程中，往往会造成室内空气质量下降，对人体健康产生一定影响。

挥发性有机化合物（VOCs）不但会对环境质量产生污染，还会加大室内有机污染物的负荷，严重时会引起头痛、咽喉痛，危害人体健康；苯已被国际癌症研究中心确认为高毒致癌物质，主要影响人体的造血系统、神经系统，对皮肤也有刺激作用；游离甲苯二异氰酸酯（TDI）是一种毒性很强的吸入性毒物，在人体中具有积聚性和潜伏性，还是一种黏膜刺激物质，对眼和呼吸系统具有很强的刺激作用，会引起过敏性哮喘，严重者会引起窒息等；铅、镉、铬和汞等重金属的可溶物对人体有明显的危害，过量的铅能损害神经、造血和生殖系统，尤其影响儿童生长发育和智力发育，长期吸入镉尘可损害肾或肺功能，皮肤长期接触铬化合物会引起接触性皮炎或湿疹，汞慢性中毒主要影响中枢神经系统等。

根据《室内装饰装修材料　溶剂型木器涂料中有害物质限量》（GB 18581）的要求，溶剂型木器涂料产品中有害物质的测定方法和限量值应符合表 6—2 的技术要求。

表 6—2　　溶剂型木器涂料产品中有害物质的测定方法及限量值要求

项　目	测定方法	限量值		
		硝基漆类	聚氨酯漆类	醇酸漆类
挥发性有机化合物[①]/（g/L）	气相色谱法测挥发物含量，比重瓶法测涂料密度	≤750	光泽 60°≥80，≤600 光泽 60°<80，≤700	≤550
苯[②]/%	气相色谱法	≤0.5		
甲苯和二甲苯总[②]/%	气相色谱法	≤45	≤40	≤10

续表

<table>
<tr><th colspan="2" rowspan="2">项　目</th><th rowspan="2">测定方法</th><th colspan="3">限　量　值</th></tr>
<tr><th>硝基漆类</th><th>聚氨酯漆类</th><th>醇酸漆类</th></tr>
<tr><td colspan="2">游离甲苯二异氰酸酯[3]/%</td><td>气相色谱法</td><td>—</td><td>≤0.7</td><td>—</td></tr>
<tr><td rowspan="4">重金属
（限色漆）
/（mg/kg）</td><td>可溶性铅</td><td>火焰原子吸收光谱法、
双硫腙分光光度法</td><td>≤90</td><td>—</td><td>—</td></tr>
<tr><td>可溶性镉</td><td>火焰原子吸收光谱法、极谱法</td><td>≤75</td><td>—</td><td>—</td></tr>
<tr><td>可溶性铬</td><td>火焰原子吸收光谱法</td><td>≤60</td><td>—</td><td>—</td></tr>
<tr><td>可溶性汞</td><td>无焰原子吸收光谱法</td><td>≤60</td><td>—</td><td>—</td></tr>
</table>

注：1. 按产品规定的配比和稀释比例混合后测定。如稀释剂的使用量为某一范围时，应按照推荐的最大稀释量稀释后进行测定。

2. 如产品规定了稀释比例或产品由双组分或多组分组成时，应分别测定稀释剂和各组分中的含量，再按产品规定的配比计算混合后涂料中的总量。如稀释剂的使用量为某一范围时，应按照推荐的最大稀释量进行计算。

3. 如聚氨酯漆类规定了稀释比例或由双组分或多组分组成时，应先测定固化剂（含甲苯二异氰酸酯预聚物）中的含量，再按产品规定的配比计算混合后涂料中的含量。如稀释剂的使用量为某一范围时，应按照推荐的最小稀释量进行计算。

一、苯、甲苯、二甲苯测定

1. 原理

样品经稀释后，在色谱柱中将苯、甲苯、二甲苯与其他组分分离，用氢火焰离子化检测器检测，以内标法定量。

2. 仪器

（1）气相色谱仪。配有程序升温（大于 180℃）控制器、氢火焰离子化检测器，气化器内衬可更换玻璃管。

（2）进样器（10μL 微量注射器）。

（3）配样瓶（容积约 5mL，具有可密封瓶盖）。

3. 试剂

所用试剂除注明规格的均为分析纯。

（1）载气（氮气，纯度≥99.8%）。

（2）燃气（氢气，纯度≥99.8%）。

（3）助燃气（空气）。

（4）乙酸乙酯。

（5）苯、甲苯、二甲苯。

（6）内标物（正戊烷，色谱纯）。

（7）固定液（聚乙二醇 20M 柱、阿匹松 M 柱，色谱专用）。

（8）担体（Chromosorb WAW 149～177μm 和 125～149μm）。

（9）不锈钢柱（内径 2mm、长 2m 和 3m 各 1 根）。

（10）色谱测定条件。

1）色谱分离柱。

①聚乙二醇（PEG 柱）：长 2m，固定相为 10% PEG 20M 涂于 Chromosorb WAW 125～149μm 担体上。

②阿匹松 M 柱：长 3m，固定相为 10%阿匹松 M 涂于 Chromosorb WAW 149～177μm 担体上。

2）柱温。

①聚乙二醇（PEG）20M 柱：初始温度 60℃，恒温 10min，再进行程序升温，升温速度 15℃/min，最终温度 180℃，保持 5min 至基线走直。

②阿匹松 M 柱：初始温度 120℃，恒温 15min，再进行程序升温，升温速度 15℃/min，最终温度 180℃，保持 5min 至基线走直。

③检测器温度 200℃、气化室温度 80℃。

④载气流速 30mL/min、燃烧气流速 50mL/min、助燃气流速 500mL/min。

⑤进样量为 1μL。

4. 检测步骤

（1）仪器准备　按照仪器操作规程开启仪器。

（2）参数调整　根据色谱测定条件规定的参数要求进行调整，使仪器的灵敏度、稳定性和分离效率均处于最佳状态。

（3）相对校正因子的规定

1）标准样品的配制。在 5mL 样品瓶中分别称取苯、甲苯、二甲苯及内标物正戊烷各 0.02g（精确至 0.000 2g），加入 3mL 乙酸乙酯作为稀释剂，密封并摇匀。

2）相对校正因子的测定。待仪器稳定后，吸取 1μL 标准样品注入气化室，记录色谱图和色谱数据。在聚乙二醇（PEG）20M 柱和阿匹松 M 柱上分别测定相对校正因子。

3）相对校正因子的计算。苯、甲苯、二甲苯各自对正戊烷的相对校正因子 f_i，按式（6—1）计算。

$$f_i = \frac{m_i A_{C_5}}{m_{C_5} A_i} \tag{6—1}$$

式中　f_i——苯、甲苯、二甲苯各自对正戊烷的相对校正因子；

m_i——苯、甲苯、二甲苯各自的质量，g；

A_{C_5}——正戊烷的峰面积；

m_{C_5}——正戊烷的质量，g；

A_i——苯、甲苯、二甲苯各自的峰面积。

连续平行测得苯、甲苯、二甲苯各自对正戊烷的相对校正因子 f_i，平行样品的相对偏差均应小于 10%。

（4）样品检测　将样品搅拌均匀后，在样品瓶中称入 2g 样品和 0.02g 正戊烷（均精确至 0.000 2g），加入 2mL 乙酸乙酯（以能进样为宜，测稀释剂时再加乙酸乙酯），密封并摇匀。

在相同于测定相对校正因子的色谱条件下对样品进行测定，记录各组分在色谱柱上的色谱图和色谱数据。如遇特殊情况不能明确定性时，分别记录两根柱上的色谱图和色谱数据。

根据苯、甲苯、二甲苯各自对正戊烷的相对保留时间进行定性。

5. 检测结果

苯、甲苯、二甲苯各自的质量分数（%），按式（6—2）分别计算。

$$w_i = \frac{f_i m_{C_5} A_i}{m A_{C_5}} \times 100\% \qquad (6—2)$$

式中　w_i——样品中苯、甲苯、二甲苯各自的质量分数；

m——样品的质量，g；

其他参数同式（6—1）。

取平行测定两次结果的算术平均值作为样品中苯、甲苯、二甲苯的测定结果，同一操作者两次测定结果的相对偏差小于10%。

6. 注意事项

（1）可根据所用气相色谱仪的性能及样品实际情况，另外选择最佳的色谱测定条件。

（2）取样者应按照仪器操作规程开启仪器，并根据色谱测定条件规定进行参数调整，使仪器的灵敏度、稳定性和分离效率均处于最佳状态。

（3）在配制标准溶液时，每次称量后应立即将样品瓶盖紧，防止样品挥发损失。

二、可溶性重金属铅、铬、镉、汞测定

1. 原理

用0.07mol/L稀盐酸处理制成的涂膜，用火焰原子吸收光谱法或无焰原子吸收光谱法测定溶液中金属元素的含量。

2. 仪器

（1）不锈钢金属筛（孔径为0.5mm）。

（2）酸度计（pH精确度为±0.2）。

（3）滤膜器（孔径0.45μm）。

（4）磁力搅拌器（搅拌子外层应为塑料或玻璃）。

（5）单刻度移液管（25mL）。

3. 试剂

所用试剂均为分析纯，所用水均符合《分析实验室用水规格和试验方法》（GB/T 6682）中三级水的要求。

（1）盐酸溶液（0.07mol/L、1mol/L、2mol/L）。

（2）硝酸溶液（质量分数为65%~68%）。

4. 检测步骤

（1）涂膜制备　将样品搅拌均匀后，按涂料产品规定的要求在玻璃板上（需经1∶1硝酸水溶液浸泡24h后，清洗并干燥）制备涂膜，待完全干燥后取样（若烘干，则温度不得超过60℃），在室温下将其粉碎，并通过0.5mm金属筛过筛后等待处理。

（2）样品处理　将粉碎、过筛后的样品称取0.5g（精确至0.000 1g）加入0.07mol/L盐酸溶液25mL混合，搅拌1min，测其酸度，如pH>1.5，逐渐滴加浓度为2mol/L盐酸溶液并摇匀，使pH为1.0~1.5。在室温下连续搅拌混合液1h，然后静置1h，用滤膜器过滤后

避光保存。

（3）可溶性重金属含量的测定

1）可溶性铅含量的测定——火焰原子吸收光谱法。

①标准曲线的绘制。用 50mL 滴定管按表 6—3 所示的体积将标准铅溶液分别加到 6 个 100mL 容量瓶中，再分别用盐酸稀释至刻度，并充分摇匀。

表 6—3　可溶性铅含量测定标准参比溶液的配制

标准参比溶液序号	0	1	2	3	4	5
标准铅溶液的体积/mL	0.0	2.5	5.0	10.0	20.0	30.0
标准参比溶液中铅的相应浓度/（ug/mL）	0.0	2.5	5.0	10.0	20.0	30.0

注：0 号为空白试验溶液。

②光谱测量。将铅光谱源安装在火焰原子吸收光谱仪上，按照使用说明调节仪器，为取得最大吸收，应将波长调至 283.3nm。

根据燃烧器的特性，调节乙炔和空气的流量，并点燃火焰。设置读数范围，使标准参比溶液第 5 号（见表 6—3）几乎给出一个满刻度偏转。

分别使每个标准参比溶液以浓度上升的顺序通过抽吸进入火焰，重复使用标准试验溶液以证实该装置确已达到稳定。在每次测量之间都要吸入水使之通过燃烧器，并且每次必须保持相同的吸入率。

③标准曲线。以标准参比溶液铅的浓度（以 ug/mL 计）为横坐标，以相应的吸光度值减去空白试验溶液的吸光度值为纵坐标，绘制曲线。

④检测。调整光谱仪，首先测量盐酸（浓度为 0.07mol/L）的吸光度，然后对每个试验溶液的吸光度测量 3 次，再测量盐酸的吸光度，最后为证实仪器的灵敏度没有变化，需再测定标准参比溶液 4 号的吸光度。若试验溶液的吸光度高于浓度最高的铅标准参比溶液的吸光度，可用已知体积的盐酸适当地稀释该试验溶液。

⑤计算。盐酸萃取液中可溶性铅的质量可按式（6—3）计算。

$$m_0 = V_1 f_1 (a_1 - a_0)/10^6 \tag{6—3}$$

式中　m_0——盐酸萃取液中可溶性铅的质量，g；

V_1——样品溶液的体积，mL；

f_1——稀释因子；

a_1——从标准曲线上查得的试验溶液铅的浓度，μg/mL；

a_0——空白试验溶液铅的浓度，μg/mL。

液体色漆的颜料部分中可溶性铅的含量可按式（6—4）计算。

$$w_{Pb_1} = m_0 \times \frac{10^2}{m_1} \times \frac{w}{10^2} = \frac{m_0 w}{m_1} \tag{6—4}$$

式中　w_{Pb_1}——色漆的颜料部分中可溶性铅的含量，%（m/m）；

m_1——样品的质量，g；

w——液体色漆中颜料的含量，%（m/m）。

色漆液体部分中铅的质量可按式（6—5）计算。

$$m_2 = V_2 f_2(\rho_1 - \rho_0)/10^6 \tag{6—5}$$

式中　m_2——色漆的液体部分中铅的质量，g；

V_2——样品溶液的体积，mL；

f_2——稀释因子；

ρ_1——从标准曲线上查得的试验溶液铅的浓度，μg/mL；

ρ_0——空白试验溶液铅的浓度，μg/mL。

色漆的液体部分中铅的含量可按式（6—6）计算。

$$w_{Pb_2} = \frac{m_2}{m_3} \times 10^2 \tag{6—6}$$

式中　w_{Pb2}——色漆的液体部分中铅的含量，%（m/m）；

m_3——色漆总质量，g。

液体色漆中可溶性铅的总含量按式（6—7）计算。

$$w_{Pb} = w_{Pb_1} + w_{Pb_2} \tag{6—7}$$

2）可溶性镉含量的测定——火焰原子吸收光谱法。

①标准曲线的绘制。用 10mL 滴定管分别向 5 个 100mL 容量瓶中注入标准镉溶液，注入体积数见表 6—4，然后用盐酸分别将每个容量瓶稀释至刻度，并充分摇匀。

表 6—4　　可溶性镉含量测定标准参比溶液的配制

标准参比溶液序号	0	1	2	3	4
标准镉溶液的体积/mL	0.0	0.5	1	2	4
标准参比溶液中镉的相应浓度/（μg/mL）	0.0	0.05	0.1	0.2	0.4

注：0 号为空白试验溶液。

②光谱测量。将镉光谱源安装在火焰原子吸收光谱仪上，调至单色器波长至 228.8nm。

③标准曲线。见可溶性铅含量的测定。

④测定。见可溶性铅含量的测定。

⑤计算。见可溶性铅含量的测定。

3）可溶性铬含量的测定——火焰原子吸收光谱法。

①标准曲线的绘制。用 25mL 滴定管按表 6—5 所示的体积将标准铅溶液分别加到 6 个 100mL 容量瓶中，再分别用盐酸稀释至刻度，并充分摇匀。

表 6—5　　可溶性铬含量测定标准参比溶液的配制

标准参比溶液序号	0	1	2	3	4	5
标准铬溶液的体积/mL	0	2	5	10	15	20
标准参比溶液中铬的相应浓度/（μg/mL）	0	0.2	0.5	1.0	1.5	2.0

注：0 号为空白试验溶液。

②光谱测量。将铬空心阴极灯安装在光谱仪上，选定测定铬的最佳条件，按仪器说明书调整仪器。为了得到最大吸收效果，应将波长调至 357.9nm 处。

根据燃烧器的特性，调节乙炔和一氧化二氮的流量，并点燃火焰。设置读数范围，使标准参比溶液5号（见表6—5）几乎给出一个满刻度偏转。

分别使每个标准参比溶液以浓度上升的顺序通过抽吸进入火焰，重复使用标准试验溶液4号以证实该装置确已达稳定。在每次测量之间都要吸入水使之通过燃烧器，并且每次必须保持相同的吸入率。

③标准曲线。见可溶性铅含量的测定。

④测定。见可溶性铅含量的测定。

⑤计算。见可溶性铅含量的测定。

4）可溶性汞含量的测定——无焰原子吸收光谱法。

①标准曲线的绘制。用10mL滴定管分别向6个25mL容量瓶中注入标准汞溶液，注入体积见表6—6。分别用硫酸稀释至刻度，并充分摇匀。

表6—6　　可溶性汞含量测定标准参比溶液的制备

标准参比溶液序号	0	1	2	3	4	5
标准汞溶液的体积/mL	0	1.0	2.0	3.0	4.0	5.0
标准参比溶液中汞的相应浓度/（μg/mL）	0	0.04	0.08	0.12	0.16	0.20

注：0号为空白试验溶液。

②光谱测量。将测量池和汞光谱源安装在光谱仪上，使仪器处于最佳状态，进行汞的测量。按照使用说明调整仪器，为取得最大吸收，应通过单色仪将波长调至253.7nm处。用最短长度的软管连接流量计、泵、反应容器和测量池。

开泵，转动四通节流塞至旁路位置，调节针形阀或打开气体调节阀，至得到适宜的流速，使电位记录仪具有适当的范围。调节记录仪零位至记录纸的适当位置，并校对核基线有无漂移和噪声的水平。

断开反应容器，用移液管将5mL标准参比溶液5号放入该容器，再用移液管加1mL氯化锡溶液充分混合后立即连接反应容器，反转四通节流塞使释放的汞蒸气吹入测量池。

在记录仪的卡纸上将指示出一个峰值，用电位计和控制流量的方法，调节记录纸上的最高峰值约为全程读数的一半，保证取得一个明显的峰值。若需要进一步校对调节情况时，则可重复操作。回复四通节流塞至旁路位置，使用其余5mL等份的标准参比溶液重复上述操作。

③标准曲线。以标准参比溶液汞的浓度（以μg/mL计）为横坐标，相应的峰高值或更精确的峰面积（峰高和最高峰值一半处的峰宽的乘积）减去空白试验溶液的浓度为纵坐标绘制曲线。

④测定。对各试验溶液进行测定，用移液管量取一定体积的溶液放入反应器中，其峰值读数处于标准曲线的纵坐标之上。用移液管加1mL氯化锡（Ⅱ）溶液，充分混合，并立刻连接反应容器。回复四通节流塞放出汞蒸气吹入测量池，记录峰值（即峰高或峰面积）减去空白试验溶液取得的读数，从标准曲线上读取汞的浓度值。

若试验溶液的响应高于最高浓度的汞标准参比溶液（即5号参比溶液）的响应时，可用已知体积的硫酸适当地稀释该试验溶液，再重新进行测定。

计算两次平行试验读数的平均值，假若各读数值大于平均值的20%，则重新测定。

⑤计算。盐酸萃取液中可溶性汞的质量可按式（6—8）计算。

$$m_0 = \frac{\rho_1 - \rho_0}{10^6} \times \frac{V_1}{V_3} \times \frac{100}{5} f_1 = 2 \times 10^{-5}(\rho_1 - \rho_0)\frac{V_1}{V_3} f_1 \tag{6—8}$$

式中　m_0——盐酸萃取液中可溶性汞的质量，g；

ρ_1——从标准曲线上查得的试验溶液汞的浓度，μg/mL；

ρ_0——空白试验溶液汞的浓度，μg/mL；

V_1——样品溶液的体积，mL；

V_3——用移液管移入反应器中试验溶液的体积，mL；

f_1——稀释因子。

液体色漆的颜料部分中可溶性汞的含量可按式（6—9）计算。

$$w_{Hg_1} = m_0 \times \frac{10^2}{m_1} \times \frac{w}{10^2} = \frac{m_0 w}{m_1} \tag{6—9}$$

式中　w_{Hg_1}——液体色漆的颜料部分中可溶性汞的含量，%（m/m）；

m_1——样品的质量，g；

w——液体色漆中颜料的含量，%（m/m）。

色漆液体部分中汞的质量可按式（6—10）计算。

$$m_2 = \frac{(\rho_1 - \rho_0) m_3 V_{tot} f_2 \times 100}{V_2 m_4} \tag{6—10}$$

式中　m_2——色漆液体部分中汞的质量，g；

ρ_1——从标准曲线上查得的试验溶液汞的浓度，μg/mL；

ρ_0——空白试验溶液汞的浓度，μg/mL；

m_3——得到的不挥发性残余物的总质量，g；

V_{tot}——制备液体的总体积，mL；

f_2——稀释因子；

V_2——燃烧反应后得到的溶液体积，mL；

m_4——所取得不挥发性残余物样品的质量，g。

色漆的液体部分中汞的含量可按式（6—11）计算。

$$w_{Hg_2} = \frac{m_2}{m_5} \times 10^2 \tag{6—11}$$

式中　w_{Hg_2}——色漆的液体部分中汞的含量，%（m/m）；

m_5——色漆的总质量，g。

液体色漆中可溶性汞的总含量可按式（6—12）计算。

$$w_{Hg} = w_{Hg_1} + w_{Hg_2} \tag{6—12}$$

5. 检测结果

可溶性重金属的含量可按式（6—13）计算。

$$w = \frac{(\rho_1 - \rho_0) f \times 25}{m} \tag{6—13}$$

式中 w——可溶性金属（铅、镉、铬、汞）含量，mg/kg；

ρ_1——从标准曲线上测得的试验溶液（铅、镉、铬、汞）的含量，μg/mL；

ρ_0——0.07mol 或 1mol 盐酸溶液空白含量，μg/mL；

f——稀释因子；

25——萃取的盐酸溶液，mL；

m——称取的样品量，g。

6. 注意事项

（1）制备涂膜时，如涂膜不易粉碎，可不过筛直接进行样品处理。

（2）样品处理时，应在 4h 内完成检测。若 4h 内无法完成检测，则需加入 1mol/L 的盐酸溶液 25mL 对样品进行处理。

（3）汞，特别在蒸气状态和其溶液状态下是有毒的。应避免吸入汞蒸气，避免眼睛、皮肤接触汞或其溶液。因此，应在良好的通风橱中进行全部操作。

三、挥发性有机化合物测定

1. 原理

涂料中挥发性有机化合物的质量分数与涂料密度的乘积，即为涂料中挥发性有机化合物的含量。

2. 仪器

（1）玻璃、马口铁或铝质平底盘（直径约为 75mm）。

（2）细玻璃棒（长约 100mm）。

（3）鼓风恒温烘箱［温度控制在（105±2)℃］。

（4）玻璃干燥器（内放干燥剂）。

（5）天平（感量为 0.000 1g）。

（6）卡尔费休（Karl Fischer）水分滴定仪。

（7）注射器（10μL）。

（8）一次性滴管或注射器（3~5mL）。

3. 试剂

（1）蒸馏水或去离子水。

（2）醛酮专用卡尔费休试剂（包括滴定剂和溶剂）。

4. 检测步骤

（1）取样和样品处理

1）检查样品包装。记录包装外观、品名、生产日期、生产厂家等信息。

2）记录样品性状。开启包装后，记录样品性状，包括颜色、气味、黏稠度、均匀性、是否结皮、有无杂质和沉淀、是否分层等。

3）混匀。使用玻璃棒搅动样品，使样品混合均匀，避免产生气泡。

4）取样。使用规定的取样器或者一次性滴管、注射器吸取一定量的样品。

（2）涂料中挥发物质量分数的测定

1）将样品搅拌均匀后放入（105±2)℃的烘箱内，干燥玻璃、马口铁或铝制的圆盘和玻璃棒放在干燥器内使其冷却至室温。称量带有玻璃棒的圆盘准确至1mg，然后以同样的精确度在圆盘内称量受试产品（2±0.2）g，确保样品均匀地分散在盘面上。

2）把盛玻璃棒和样品的圆盘一起放入预热到（105±2）℃的烘箱内，保持3h。经短时间加热后从烘箱内取出圆盘，用玻璃棒搅拌样品，把表面的结皮加以破碎，再将棒、盘放回烘箱。到规定的加热时间后，将棒、盘移入干燥器内，冷却至室温并称重，精确到1mg。试验平行测定至少两次。

3）涂料中挥发物质量分数 w 可按式（6—14）以被测产品质量的百分数来计算。

$$w = 100 \times \frac{m_1 - m_2}{m_1} \tag{6—14}$$

式中　w——涂料中挥发物质量分数,%；

m_1——加热前样品的质量，mg；

m_2——加热后样品的质量，mg。

（3）涂料密度的测定　用铬酸溶液、蒸馏水和蒸发后不留下残余物的溶剂依次清洗玻璃比重瓶，并使其充分干燥。用蒸发后不留下残余物的溶剂清洗金属比重瓶，且将它干燥。将比重瓶放置到室温，并称重。假若要求很高的精确度，则应连续清洗、干燥和称量比重瓶，直至两次相继的称量间之差不超过0.5mg。在低于试验温度（23±2）℃［如精确度要求更高，则在（23±0.5）℃的温度］下，在比重瓶中注满蒸馏水。塞住或盖上比重瓶，使其留有溢留孔开口，严格注意防止在比重瓶中产生气泡。将比重瓶放置在恒温水浴中或放在恒温室中，直至瓶的温度和瓶中所含物的温度恒定为止。用产品替代蒸馏水，重复上述操作步骤，用吸收性材料擦去溢出物质，彻底擦干比重瓶的外部，使之完全干燥。立即称量该注满蒸馏水的比重瓶，精确到其质量的0.001%。

（4）挥发性有机化合物的测定　挥发性有机化合物含量 ρ_{VOCs} 可按式（6—15）计算。

$$\rho_{VOCs} = 10^3 w\rho \tag{6—15}$$

式中　ρ_{VOCs}——涂料中挥发性有机化合物含量，g/L；

w——涂料中挥发物质量分数，%；

ρ——涂料在（23±2）℃时的密度，g/mL。

5. 注意事项

（1）样品应按生产厂家规定的条件储存和使用，样品取出后应尽快检查。

（2）取样者必须熟悉产品的特性和安全操作的有关知识及处理方法。

（3）取样者必须遵守试验操作规定，注意试验安全，必要时应采用防护装置。

四、游离甲苯二异氰酸酯测定

1. 原理

样品经气化后通过色谱柱，使被测的游离甲苯二异氰酸酯（TDI）与其他组分分离，用氢火焰离子化检测器检测，采用内标法定量。

2. 仪器

（1）色谱仪。配有氢火焰离子化检测器，能满足分析要求的色谱仪。

（2）色谱柱。内径3mm，长1m或2m（ABTM D 3432中色谱柱长度为2m），不锈钢制作。

（3）固定相。固定液：甲基乙烯基硅氧烷树脂（UC-W982，ABTM D 3432 中固定液为 10% UC-W982）；载体：Chromosorb WHP 180~150μm（80~100 目）。

（4）进样器（微型注射器 10μL）。

（5）分析天平（准确至 0.1mg）。

（6）检测室通用玻璃器皿，在烘箱中除去水分，放置于装有无水硅胶的干燥器内，冷却待用。

3. 试剂

（1）乙酸乙酯。分析纯，经 5A 分子筛脱水、脱醇，水的质量分数<0.03%，醇的质量分数<0.02%。

（2）甲苯二异氰酸酯（TDI，分析纯）。

（3）1，2，4-三氯代苯（TCB，分析纯）。

（4）载气（氮气，≥99.8%，流速 50mL/min）。

（5）燃气（氢气，≥99.8%）。

（6）柱温（150℃）。

（7）气化温度（150℃）。

（8）氢气流速（90mL/min）。

（9）空气流速（500mL/min）。

（10）进样量（1μL）。

4. 检测步骤

（1）固定相配制　准确称取 1g 固定液甲基乙烯基硅氧烷树脂（UC-W982）溶解于 50mL 二氯甲烷中，将此溶液放在蒸发皿中，缓慢搅拌，待固定液完全溶解后，将 9g 载体倒入，在通风柜中用红外灯加热至 50℃左右，直至溶剂挥发，并且能自由流动，干燥 30min，过筛后备用。

（2）色谱柱填充与老化　将洗净烘干的柱子一端用玻璃棉堵好，接在真空泵上，另一端接上漏斗，缓慢加入配制好的固定相，并轻轻敲打色谱柱至固定相不再进入为止，塞上玻璃棉，将柱子接到色谱仪上（不接检测器）通载气进行不同温度的分步老化。在 80℃、120℃、160℃分别老化 2h，再升至 200℃，老化 4h，连上检测器直到记录仪基线走直为止。

（3）试剂的脱水　将 5A 分子筛 250g 放在 500℃马福炉中灼烧 2h，待炉温降至 100℃以下，取出放入装有无水硅胶的干燥器中冷却后，倒入刚启封的 500mL 乙酸乙酯中摇匀，静置 24h，然后用气相色谱法测定其含水量、含醇量。

（4）定量方法

1）校正因子的测定。

①配制 A 溶液。称取 1g（准确至 0.1mg）1，2，4-三氯代苯，放入干燥的容量瓶中，用乙酸乙酯稀释至 100mL。

②配制 B 溶液。称取 0.25g（准确至 0.1mg）甲苯二异氰酸酯，放入干燥的容量瓶中，加入 A 溶液 10mL，将样品充分摇匀、密封，静置 20min（该溶液保存期 1 天），待仪器稳定后进行分析。

甲苯二异氰酸酯的相对质量校正因子可按式（6—16）计算。

$$f_m = \frac{A_s m_i}{A_i m_S} \tag{6—16}$$

式中　f_m——甲苯二异氰酸酯的相对质量校正因子；

A_s——内标物1，2，4-三氯代苯的峰面积；

w_i——B溶液中甲苯二异氰酸酯的质量，g；

A_i——甲苯二异氰酸酯的峰面积；

w_s——A溶液中1，2，4-三氯代苯的质量，g。

2）样品配制。样品中含有0.1%~1%未反应的甲苯二异氰酸酯时，称取5g样品（准确至0.1mg）放入25mL的干燥容量瓶中，用移液管取A溶液1mL和乙酸乙酯10mL移入容量瓶中，密封并充分混合均匀后待测。

样品中含有1%~10%未反应的甲苯二异氰酸酯时，称取5g样品（准确至0.1mg）放入25mL的干燥容量瓶中，用移液管取A溶液10mL，密封后充分混匀（此时不需加入乙酸乙酯），待测。

（5）样品分析　在注入上述已配制好的样品之前，按色谱条件待仪器稳定后，首先用进样器注入约1μL纯甲苯二异氰酸酯，使柱子很快达到饱和，然后注入1μL配好的样品溶液进行分析。

1）组分出峰顺序，见表6—7。

表6—7　组分出峰顺序

序号	组分	时间/min	序号	组分	时间/min
1	乙酸乙酯	0.4	3	1，2，4—三氯代苯	2.2
2	涂料中的溶剂①	0.5~0.7	4	甲苯二异氰酸酯	4.4

注：产品中所使用的溶剂，保留时间不影响试验结果。

2）检测结果。甲苯二异氰酸酯（TDI）质量分数（%），按式（6—17）计算。

$$w_{TDI} = \frac{m_s A_i f_w}{m_i A_s} \times 100\% \tag{6—17}$$

式中　w_{TDI}——样品中游离甲苯二异氰酸酯的质量分数，%；

m_s——内标物1，2，4-三氯代苯的质量，g；

A_i——游离甲苯二异氰酸酯的峰面积；

f_w——甲苯二异氰酸酯的相对质量校正因子；

m_i——样品的质量，g；

A_s——内标物1，2，4-三氯代苯的峰面积。

5. 注意事项

（1）为防止样品分解，必须严格控制气化温度和柱室温度。

（2）由于树脂样品易在注射口处留下不挥发残留物，所以建议使用玻璃衬套，并且玻璃衬套应每天清洗。

（3）甲苯二异氰酸酯与水易反应，所以应在载气管路中使用合适的干燥载体。

（4）样品分析过程中，如有溶剂影响内标物和甲苯二异氰酸酯峰时，可能会产生拖尾峰现象，此时甲苯二异氰酸酯拖尾峰应回归到基线，否则会给积分结果带来很大的误差。

第三节　室内涂料

室内涂料以合成树脂乳液为基料，与颜料、填料研磨分散后，加入各种助剂配制而成。我国改性后的聚乙烯醇系内墙涂料，其耐擦洗性提高到500~1 000次以上，除可用于内墙涂料外，还可用于外墙装饰。

室内涂料具有色彩丰富、涂刷方便、易于翻新、干燥快、耐水性强、透气性好等特点，现已成为千家万户居室装修的主体材料之一。由于室内涂料含有挥发性有机溶剂成分，在施工以及使用过程中主要会产生挥发性有机化合物、游离甲醛以及可溶性铅、镉、铬和汞等重金属，以及苯、甲苯、二甲苯等有害物质，能够造成室内空气质量下降并有可能影响人体健康。铅、镉、铬、汞是常见的有毒污染物，其可溶物对人体有明显危害，过量的铅会损害神经、造血和生殖系统，尤其对儿童的危害更大。可影响儿童生长发育和智力发育，长期吸入镉尘可损害肾或肺功能，皮肤长期接触铬化合物会引起接触性皮炎或湿疹，慢性汞中毒主要影响中枢神经系统等。

根据《室内装饰装修材料　内墙涂料中有害物质限量》（GB 18582）的要求，内墙涂料产品中有害物质的测定方法和限量值应符合表6—8的技术要求。

表6—8　内墙涂料中有害物质的测定方法和技术限量要求

项　目		测定方法	限量值
挥发性有机化合物（VOCs）/（g/L）		气相色谱法测挥发物水分含量，比重瓶（室）法测密度	200
游离甲醛/（g/kg）		乙酰丙酮分光光度法	0.1
重金属（限色漆）/（mg/kg）	可溶性铅	火焰原子吸收光谱法、双硫腙分光光度法	90
	可溶性镉	火焰原子吸收光谱法、极谱法	75
	可溶性铬	火焰原子吸收光谱法	60
	可溶性汞	无焰原子吸收光谱法	60

一、挥发性有机化合物测定

1. 原理

涂料中总挥发物含量扣除水分含量，即为涂料中挥发性有机化合物含量。总挥发物含量参照溶剂型木器涂料中挥发性有机化合物中的测定方法。

2. 水分含量的测定

（1）仪器

1）气相色谱仪（配有热导检测器）。

2）色谱柱。柱长1m，外径32mm，填装177~250μm的高分子多孔微球的不锈钢柱。

对于程序升温，柱温的初始温度为80℃，保持5min，升速30℃/min，终温170℃，待无水二甲基甲酰胺（DMF）峰出完。

3）记录仪。

4）微量注射器（1μL或2μL）。

5）具塞玻璃瓶（10mL）。

（2）试剂

1）蒸馏水（三级水）。

2）无水二甲基甲酰胺（DMF，分析纯）。

3）无水异丙醇（分析纯）。

（3）检测步骤

1）测定水的响应因子R。在同一具塞玻璃瓶中称0.2g左右的蒸馏水和0.2g左右的异丙酮，精确至0.1mg，加入2mL的二甲基甲酰胺，混匀。用微量进样器进1μL的标准混样，记录其色谱图。水的响应因子可按式（6—18）计算。

$$R = \frac{m_i A_{H_2O}}{m_{H_2O} A_i} \tag{6—18}$$

式中　m_i——异丙醇质量，g；

A_{H_2O}——水峰面积；

m_{H_2O}——水的质量，g；

A_i——异丙醇峰面积。

若异丙醇和二甲基甲酰胺不是无水试剂，则采用同样量的异丙醇和二甲基甲酰胺（混合液），但不加水作为空白，记录空白的水峰面积。水的响应因子R，按式（6—19）计算。

$$R = \frac{m_i(A_{H_2O} - B)}{m_{H_2O} A_i} \tag{6—19}$$

式中　B——空白中水的峰面积；

其他参数同式（6—18）。

2）样品检测。称取搅拌均匀后的涂料样品0.6g和0.2g的异丙醇，精确至0.1mg，加入具塞玻璃瓶中，再加入2mL的二甲基甲酰胺，同时准备一个不加涂料的异丙醇和二甲基甲酰胺作为空白样。吸取1μL涂料样品瓶中的上清液，注入色谱中，并记录其色谱图。

涂料中水的质量分数w_{H_2O}（%）可按式（6—20）计算。

$$w_{H_2O} = \frac{m_i(A_{H_2O} - B) \times 100}{m_\rho A_i R} \tag{6—20}$$

式中　m_ρ——涂料的质量，g；

R——响应因子；

其他参数同式（6—18）。

3. 挥发性有机化合物含量的测定

挥发性有机化合物含量，按式（6—21）计算。

$$\rho_{VOCs} = (w - w_{H_2O})\rho \times 10^3 \quad (6—21)$$

式中 ρ_{VOCs}——涂料中挥发性有机化合物含量，g/L；

w——涂料中总挥发物的质量分数，%；

w_{H_2O}——涂料中水的质量分数，%；

ρ——涂料的密度，g/mL。

4. 注意事项

在比重瓶中注满蒸馏水后，应塞住或盖上瓶，需留有溢流孔开口，防止在比重瓶中产生气泡。

二、游离甲醛测定

1. 原理

取一定量的样品，经过蒸馏，取得的馏分按一定比例稀释后，用乙酰丙酮显色，显色后的溶液用分光光度法测定馏出液中的甲醛含量。

2. 仪器

（1）蒸馏装置（500mL蒸馏瓶、蛇形冷凝器、馏分接收器皿）。

（2）容量瓶（100mL、250mL、1 000mL）。

（3）移液管（1mL、5mL、10mL、15mL、20mL、25mL）。

（4）分光光度计（吸收池10mm）。

3. 试剂

所用的试剂均为分析纯，所用的水均符合《分析实验室用水规格和试验方法》（GB/T 6682）中三级水的要求。

（1）乙酰丙酮溶液。称取乙酸铵25g，加50mL水溶解，加3mL冰乙酸和0.5mL已蒸馏过的乙酰丙酮试剂移入100mL容量瓶，稀释至刻度。

（2）甲醛（浓度约37%）。

（3）甲醛溶液（1mg/mL）。取2.8mL甲醛（浓度约37%），用水稀至1 000mL，用碘量法测定甲醛溶液的精确浓度，用于制备标准稀释液。

（4）标准稀释液的制备。使用前移取约10mL已标定过的甲醛溶液，稀释至1 000mL，制成10μg/mL的标准稀释液。

（5）甲醛标准溶液的配制。按表6—9量取10μg/mL的标准稀释液，稀释至100mL，制备一组甲醛标准溶液。

表6—9 甲醛标准溶液的配制

标准稀释溶液序号	1	2	3	4	5	6
取样量/mL（10μg/mL标准稀释液）	1.0	5.0	10.0	15.0	20.0	25.0
稀释后甲醛浓度/（μg/mL）	0.1	0.5	1.0	1.5	2.0	2.5

4. 检测步骤

（1）标准工作曲线的绘制　分别吸取5mL甲醛标准溶液，各加1mL乙酰丙酮溶液，在100℃的沸水浴中加热，保持3min，冷却至室温后即用10mm吸收池（以水为参比）在分光光度计 412nm 波长处测定吸光度。以 5mL 甲醛标准溶液中甲醛含量为横坐标，吸光度为纵坐标，绘制标准工作曲线。计算回归线的斜率，以斜率的倒数作为样品测定的计算因子。

（2）样品的处理　称取搅拌均匀后的样品 2g 置于已预先加入 50mL 水的蒸馏瓶中，轻轻摇匀，再加 200mL 水，在馏分接收器皿中预先加入适量的水，浸没馏分出口，馏分接收器皿的外部加冰冷却（蒸馏装置如图 6—2 所示）。加热蒸馏，收集馏分 200mL，取下馏分接收器皿，把馏分定容至 250mL，蒸馏出的馏分应在 6h 内检测其吸光度。

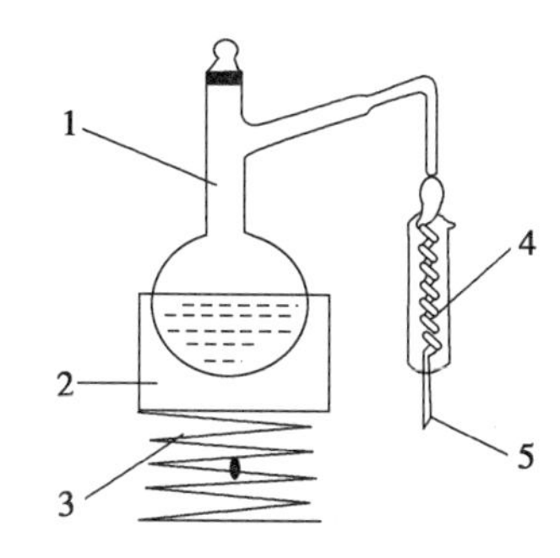

图 6—2　蒸馏装置示意图

1—蒸馏瓶　2—加热装置　3—升降台

4—冷凝管　5—连接接收装置

（3）甲醛含量的测定　从容量瓶中取 5mL 定容后的馏分，加入 1mL 乙酰丙酮溶液，测吸光度。取 5mL 水加入 1mL 乙酰丙酮溶液，在相同条件下做空白试验，空白试验的吸光度应小于 0.01，否则应重新配制乙酰丙酮溶液。

5. 检测结果

游离甲醛含量可按式（6—22）计算。

$$w = \frac{0.05B_s(A - A_0)}{m} \tag{6—22}$$

式中　w——游离甲醛含量，g/kg；

0.05——换算系数；

B_s——计算因子；

A——样品溶液的吸光度；

A_0——空白溶液的吸光度；

m——样品量，g。

6. 注意事项

在使用三角烧瓶之前应预加约 30mL 蒸馏水，使馏出液出口浸没水中，以防止瓶裂。

第四节　胶　黏　剂

胶黏剂可能对环境造成污染进而对人体健康产生危害，原因是其中存在有害物质，如苯、甲苯、二甲苯、甲醛、游离甲苯二异氰酸酯以及其他挥发性有机化合物等。

挥发性有机化合物（VOCs）在胶黏剂中存在较多，如溶剂型胶黏剂中的有机溶剂，三醛胶（酚醛、脲醛、三聚氰胺甲醛）中的游离甲醛，不饱和聚酯胶黏剂中的苯乙烯，丙烯酸酯乳液胶黏剂中的未反应单体，改性丙烯酸酯快固结构胶黏剂中的甲基丙烯酸甲酯，聚氨酯胶黏剂中的多异氰酸酯，4115 建筑胶中的甲醇等。这些易挥发性的物质排放到大气中，危害很大，而且有些发生光化学作用，产生臭氧。低层空间的臭氧会污染大气，影响生物的生长和人类的健康。有些卤代烃溶剂则是破坏大气臭氧层的物质，有些芳香烃溶剂毒性很大，甚至有致癌性。

根据《室内装饰装修材料　胶黏剂中有害物质限量》（GB 18583）的要求，室内装饰装修材料溶剂型胶黏剂中有害物质限量值应符合表 6—10 的规定，水基型胶黏剂中有害物质测定方法及限量值应符合表 6—11 的规定。

表 6—10　　溶剂型胶黏剂中有害物质测定方法及限量值

项　目	测定方法	指　标		
		橡胶类胶黏剂	聚氨酯类胶黏剂	其他胶黏剂
游离甲醛/（g/kg）	乙酰丙酮分光光度法	≤0.5	—	—
苯[①]/（g/kg）	气相色谱法	≤5	≤5	≤5
甲苯和二甲苯/（g/kg）	气相色谱法	≤200	≤150	≤150
甲苯二异氰酸酯/（g/kg）	气相色谱法	—	≤10	—
总挥发性有机化合物/（g/L）	—	≤750	≤700	≤700

注：苯不能作为溶剂使用，作为杂质其最高含量不得大于表 6—10 中的规定。

表 6—11　　水基型胶黏剂中有害物质限量值

项　目[①]	指　标				
	缩甲醛类胶黏剂	聚乙酸乙烯酯胶黏剂	橡胶类胶黏剂	聚氨酯类胶黏剂	其他胶黏剂
游离甲醛/（g/kg）	≤1	≤1	≤1	—	≤1
苯/（g/kg）	≤0.2	≤0.2	≤0.2	≤0.2	≤0.2
甲苯和二甲苯/（g/kg）	≤10	≤10	≤10	≤10	≤10
总挥发性有机化合物/（g/L）	≤350	≤110	≤250	≤100	≤350

注：此项目的测定方法参照表 6—10 中的测定方法。

一、游离甲醛测定

1. 原理

水基型胶黏剂用水溶解，而溶剂型胶黏剂则先用乙酸乙酯溶解后，再加水溶解，在酸性条件下将溶解于水中的游离甲醛随水蒸出。在 pH = 6 的乙酸-乙酸铵缓冲溶液中，馏出液中甲醛与乙酰丙酮作用，在沸水浴条件下，迅速生成稳定的黄色化合物，冷却后在 415.4nm 处测其吸光度。根据标准曲线，计算样品中游离甲醛含量。

2. 仪器

（1）单口蒸馏烧瓶（500mL）。

（2）直形冷凝管。

（3）容量瓶（250mL、200mL、25mL）。

（4）分光光度计。

3. 试剂

（1）乙酸铵。

（2）冰乙酸（ρ=1.055g/mL）。

（3）乙酰丙酮（ρ=0.975g/mL）。

（4）乙酰丙酮溶液［0.25%（体积分数）］。称取25g乙酸铵，加少量水溶解，再加3mL冰乙酸及0.25mL乙酰丙酮，混匀后再加水至100mL，调整pH=6，此溶液pH为2~5时，可稳定储存一个月。

（5）盐酸溶液（体积比例为1+5）。

（6）氢氧化钠溶液（30g/100mL）。

（7）碘。

（8）碘溶液［c=0.1mol/L，按《化学试剂　标准滴定溶液的制备》（GB/T 601）进行配制］。

（9）硫代硫酸钠溶液（c=0.1mol/L，按《化学试剂　标准滴定溶液的制备》GB/T 601进行配制）。

（10）淀粉溶液（1g/100mL）。称1g淀粉，用少量水调成糊状，倒入100mL沸水中，呈透明溶液，临用时配制。

（11）甲醛（36%~38%，质量分数）。

（12）甲醛标准储备液。取10mL甲醛溶液置于500mL容量瓶中，用水稀释至刻度。

（13）甲醛标准储备液的标定。吸取5mL甲醛标准储备液置于250mL碘量瓶中，加0.1mol/L的碘溶液30mL，立即逐滴地加入30g/100mL氢氧化钠溶液至颜色褪至淡黄色为止（大约0.7mL）。静置10min，加入盐酸溶液15mL，在暗处静置10min，加入100mL新煮沸但已冷却的水，用标定好的硫代硫酸钠溶液滴定至淡黄色，加入新配制的1g/100mL的淀粉指示剂1mL，继续滴定至蓝色刚刚消失为终点，同时进行空白测定，计算甲醛标准储备液浓度。

（14）磷酸。

（15）乙酸乙酯。

4. 检测步骤

（1）标准曲线的绘制　按表6—12所列甲醛标准储备液的体积，分别加入6只25mL容量瓶，加0.25%乙酰丙酮溶液5mL，用水稀释至刻度，混匀，置于沸水中加热3min，取出冷却至室温，用1cm的吸收池，以空白溶液为参比，于波长415nm处测定吸光度，以吸光度A为纵坐标，以甲醛浓度c（μg/mL）为横坐标绘制标准曲线，或用最小二乘法计算其回归方程。

表6—12　　标准溶液的体积与对应的甲醛浓度

标准溶液序号	0	1	2	3	4	5
甲醛标准液/mL	0	1.25	2.5	5.0	7.5	10.0
对应的甲醛浓度/（μg/mL）	0	0.5	1.0	2.0	3.0	4.0

注：0号为空白溶液。

（2）样品测定

1）水基型胶黏剂。称取 5g 样品（精确到 0.1mg），置于 500mL 的蒸馏烧瓶中，加 250mL 水将其溶解，再加 5mL 磷酸，摇匀。装好蒸馏装置，在油浴中蒸馏，蒸至馏出液为 200mL，停止蒸馏。将馏出液转移至 250mL 的容量瓶中，用水稀释至刻度。取 10mL 馏出液于 25mL 容量瓶中，加 5mL 乙酰丙酮溶液，用水稀释至刻度，摇匀。将其置于沸水浴中煮 3min，取出冷却至室温，然后测其吸光度。

2）溶剂型胶黏剂。称取 5.0g 样品（精确到 0.1mg），置于 500mL 的蒸馏烧瓶中，加入 20mL 乙酸乙酯溶解，然后加 250mL 水，再加 5mL 磷酸，摇匀。装好蒸馏装置，在油浴中蒸馏，蒸至馏出液为 200mL，停止蒸馏。将馏出液转移至 250mL 的容量瓶中，用水稀释至刻度。取 10mL 馏出液于 25mL 容量瓶中，加 5mL 乙酰丙酮溶液，用水稀释至刻度，摇匀。将其置于沸水浴中煮 3min，取出冷却至室温，然后测其吸光度。

5. 检测结果

直接从标准曲线上读出样品溶液甲醛的浓度，样品中游离甲醛含量 w 可按式（6—23）计算。

$$w = \frac{(c_t - c_b)Vf}{1\,000m} \tag{6—23}$$

式中　w——游离甲醛含量，g/kg；

c_t——从标准曲线上读取的样品溶液中甲醛浓度，μg/mL；

c_b——从标准曲线上读取的空白溶液中甲醛浓度，μg/mL；

V——馏出液定容后的体积，mL；

f——样品溶液的稀释因子；

m——样品的质量，g。

6. 注意事项

（1）在取样之前必须进行预检，并根据预检结果制定取样方案，按此方案采用具有代表性的样品。

（2）由于所取得样品都包含了取样的随机误差与系统误差，因此在测定胶黏剂的试验中，试验结果除了测试误差外，同样也包含取样误差。若取样不准，会发生与材料本身性能完全相反的结论。

二、苯、甲苯、二甲苯测定

（一）苯测定

1. 原理

样品用适当的溶剂稀释后，直接用微量注射器将稀释后的样品溶液注入进样装置，并被载气带入色谱柱，在色谱柱内被分离成相应的组分，用氢火焰离子化检测器检测并记录色谱图，用外标法计算样品溶液中苯的含量。

2. 仪器

（1）进样器（5μL 的微量注射器）。

（2）色谱仪（带氢火焰离子化检测器）。

（3）色谱柱。大口径毛细管柱 DB-1（30m×0.53m×1.5m），固定液为二甲基聚硅氧烷。

（4）记录装置（积分仪或色谱工作站）。

（5）色谱条件。

1）气化室温度 200℃。

2）检测室温度 250℃。

3）程序升温。初始温度为 30℃，保持时间 3min，升温速率为 20℃/min，终了温度为 150℃，保持时间 10min。

4）氢气。纯度大于 99.9%，硅胶除水，柱前压为 65kPa。

5）空气。硅胶除水，柱前压为 55kPa。

6）氮气。纯度大于 99.9%，硅胶除水，柱前压为 70kPa（30℃）。

3. 试剂

（1）苯（色谱纯）。

（2）*N*，*N*-二甲基甲酰胺（分析纯）。

4. 检测步骤

（1）样品准备　称取 0.2~0.3g（精确至 0.1mg）的样品，置于 50mL 的容量瓶中，用 *N*，*N*-二甲基甲酰胺溶解并稀释至刻度，摇匀。用 5μL 注射器取 2μL 进样，测其峰面积。

（2）标准溶液的配制　苯标准溶液（c=1.0mg/mL）：称取 0.1g 苯、甲苯、二甲苯，置于 100mL 容量瓶中，用 *N*，*N*-二甲基甲酰胺稀释至刻度，摇匀。

（3）系列苯标准溶液的配制　将苯、甲苯、二甲苯标准溶液的体积，按表 6—13 分别加到 6 个 25mL 的容量瓶中，用 *N*，*N*-二甲基甲酰胺稀释至刻度，摇匀。

表 6—13　系列标准溶液的体积与相应苯的浓度

标准溶液序号	1	2	3	4	5	6
标准苯溶液的体积/mL	1.0	2.0	2.5	5.0	10.0	15.0
标准参比溶液中苯的相应浓度/（μg/mL）	20.0	40.0	100.0	200.0	400.0	600.0

（4）系列标准溶液峰面积的测定　开启气相色谱仪，对色谱条件进行设定，待基线稳定后，用 5μL 的注射器取 2μL 标准溶液进样，测定峰面积，每一标准溶液进样 5 次，取其平均值。

（5）标准曲线的绘制　以峰面积 A 为纵坐标，相应浓度 c（μg/mL）为横坐标，即得标准曲线，直接从标准曲线上读取样品溶液。

5. 检测结果

样品中苯含量 w，按式（6—24）计算。

$$w=\frac{\rho_t Vf}{1\,000m} \tag{6—24}$$

式中　w——样品中苯含量，g/kg；

ρ_t——从标准曲线上读取的样品溶液中苯浓度，μg/mL；

V——样品溶液的体积，mL；

f——稀释因子；

m——样品的质量，g。

6. 注意事项

（1）苯的检测应该选用分析纯以上的试剂，低纯度的会对气相色谱仪的柱子有影响。

（2）测定的峰面积计算应该选取稳定后的峰面积，否则结果不准。

（二）甲苯、二甲苯测定

1. 原理

样品用适当的溶剂稀释后，直接用微量注射器将稀释后的样品溶液注入进样装置，并被载气带入色谱柱，在色谱柱内被分离成相应的组分，用氢火焰离子化检测器检测并记录色谱图，用外标法计算样品溶液中的甲苯和二甲苯的含量。

2. 仪器

（1）进样器（5μL 的微量注射器）。

（2）色谱仪（带氢火焰离子化检测器）。

（3）色谱柱。大口径毛细管柱 DB-1（30m×0.53mm×1.5μm），固定液为二甲基聚硅氧烷。

（4）记录装置（积分仪或色谱工作站）。

（5）色谱条件：

1）气化室温度 200℃。

2）检测室温度 250℃。

3）氮气。纯度大于 99.9%，硅胶除水，柱前压为 70kPa，30℃。

4）氢气。纯度大于 99.9%，硅胶除水，柱前压为 65kPa。

5）空气。硅胶除水，柱前压为 55kPa。

6）程序升温。初始温度为 35℃，保持时间 2min，升温速率为 20℃/min，终了温度为 150℃，保持时间 5min。

3. 试剂

（1）甲苯（色谱纯）。

（2）间二甲苯和对二甲苯（色谱纯）。

（3）邻二甲苯（色谱纯）。

（4）乙酸乙酯（分析纯）。

4. 检测步骤

（1）样品分析　称取 0.2~0.3g（精确至 0.1mg）的样品，置于 50mL 的容量瓶中，用乙酸乙酯溶解并稀释至刻度，摇匀。用 5μL 注射器取 2μL 进样，测其峰面积。若样品溶液的峰面积大于表中最大浓度的峰面积，用移液管移取样品溶液于 50mL 容量瓶中，用乙酸乙酯稀释至刻度，摇匀后再测。

（2）标准溶液的配制

1）甲苯、间二甲苯和对二甲苯、邻二甲苯标准溶液。称取 0.1g 甲苯、0.1g 间二甲苯和对二甲苯、0.1g 邻二甲苯，置于 100mL 的容量瓶中，用乙酸乙酯稀释至刻度，摇匀。

2）系列标准溶液的配置。按表 6—14 中所列标准溶液体积，分别加入 6 个 25mL 的容量瓶中，用乙酸乙酯稀释至刻度，摇匀。

表 6—14　　标准溶液的体积与对应的浓度

标准溶液序号	1	2	3	4	5	6
移取的体积/mL	0.5	1.0	2.5	5.0	10.0	15.0
对应甲苯的浓度/（μg/mL）	20	40	100	200	400	600
对应间二甲苯和对二甲苯的浓度/（μg/mL）	20	40	100	200	400	600
对应邻二甲苯的浓度/（μg/mL）	20	40	100	200	400	600

3）系列标准溶液峰面积的测定。开启气相色谱仪，对色谱条件进行设定，待基线稳定后，用 5μL 的注射器取 2μL 标准溶液进样，测定峰面积，每个标准溶液进样 5 次，取其平均值。

4）标准曲线的绘制。以峰面积 A 为纵坐标，相应浓度 ρ（μg/mL）为横坐标，即得标准曲线，直接从标准曲线上读取样品溶液中甲苯或二甲苯的浓度。

5. 检测结果

样品中甲苯或二甲苯含量 w 可按式（6—25）计算。

$$w=\frac{\rho_t Vf}{1\,000m} \tag{6—25}$$

式中　w——样品中甲苯或二甲苯含量，g/kg；

ρ_t——从标准曲线上读取的样品溶液中甲苯或二甲苯浓度，μg/mL；

其他参数同式（6—24）。

6. 注意事项

（1）样品取出后应尽快检查。

（2）取样者必须遵守试验操作规定。

三、游离甲苯二异氰酸酯测定

1. 原理

样品用适当的溶剂稀释后，加入正十四烷作为内标物。将稀释后的样品溶液注入进样装置，并被载气带入色谱柱，在色谱柱内被分离成相应的组分，用氢火焰离子化检测器检测并记录色谱图，用内标法计算样品溶液中甲苯二异氰酸酯的含量。

2. 仪器

（1）进样器（5μL 的微量注射器）。

（2）色谱仪（带氢火焰离子化检测器）。

（3）色谱柱。大口径毛细管柱 DB-1（30m×0.53mm×1.5μm），固定液为二甲基聚硅氧烷。

（4）记录装置（积分仪或色谱工作站）。

（5）色谱条件：

1）气化室温度 160℃。

2）检测室温度 200℃。

3）柱箱温度 135℃。

4）氮气。纯度大于 99.9%，柱前压为 100kPa。

5）氢气。纯度大于 99.9%，硅胶除水，柱前压为 65kPa。

6）空气。硅胶除水，柱前压为 55kPa。

3. 试剂

（1）乙酸乙酯。加入 5A 分子筛 100g，放置 24h 后过滤。

（2）甲苯二异氰酸酯。

（3）正十四烷（色谱纯）。

（4）5A 分子筛。在 500℃的高温炉中加热 2h，置于干燥器中冷却备用。

4. 检测步骤

（1）内标溶液的制备　称取 1.000 6g 正十四烷于 100mL 的容量瓶中，用除水的乙酸乙酯稀释至刻度，摇匀。

（2）相对质量校正因子的测定　称取 0.2～0.3g 甲苯二异氰酸酯于 50mL 的容量瓶中，加入 5mL 内标物，用适量的乙酸乙酯稀释，取 1μL 进样，测定甲苯二异氰酸酯和正十四烷的色谱峰面积。相对质量校正因子 f' 可按式（6—26）计算。

$$f' = \frac{m_i A_s}{m_s A_i} \tag{6—26}$$

式中　m_i——甲苯二异氰酸酯的质量，g；

A_s——所加内标物的峰面积；

m_s——所加内标物的质量，g；

A_i——甲苯二异氰酸酯的峰面积。

（3）样品溶液的制备及测定　称取 2～3g 样品于 50mL 容量瓶中，加入 5mL 内标物，用适量的乙酸乙酯稀释，取 1μL 进样，测定甲苯二异氰酸酯和正十四烷的色谱峰面积。

5. 检测结果

样品中游离甲苯二异氰酸酯含量 w，按式（6—27）计算。

$$w = \frac{f' A_i m_s}{A_s m_i} \times 1\,000 \tag{6—27}$$

式中　w——样品中甲苯二异氰酸酯含量，g/kg；

f'——相对质量校正因子；

A_i——待测样品的峰面积；

m_i——待测样品的质量，g；

其他参数同式（6—26）。

6. 注意事项

（1）分子筛在使用之前，应在 500℃的高温炉中加热 2h，置于干燥器冷却。

（2）定容后应上下翻动容量瓶，搅匀后再进行试验。

四、总挥发性有机化合物测定

1. 原理

将适量的胶黏剂置于恒定温度的鼓风干燥箱中，在规定的时间内测定胶黏剂总挥发物含量，用卡尔·费休法测定其中水分的含量，胶黏剂总挥发物含量扣除其中水分的量，即得胶黏剂中总挥发性有机化合物的含量。

2. 仪器

（1）鼓风干燥箱，温度应能控制在（105±1）℃。

（2）温度计为 0~150℃、分度值为 1℃。

（3）称量容器（直径为 50mm、边高为 30mm 的称量瓶或铝箔皿）。

（4）分析天平（感量为 0.001g、1.0mg）。

（5）质量杯（20℃下容量为 37.0mL 的金属杯）。

（6）恒温浴或恒温室。

（7）卡尔·费休滴定仪。

3. 试剂

（1）在分析中仅使用确认为分析纯的试剂和蒸馏水或去离子水或相当纯度的水。

（2）卡尔·费休试剂。

4. 检测步骤

（1）总挥发物含量的测定　按要求称取胶黏剂样品，精确到 0.001g，置于已在试验温度恒重并称量过的容器中，放入已按试验温度调好的鼓风恒温烘箱内加热，氨基系树脂胶黏剂的试验温度（105±2）℃，试验时间为（180±5）min；酚醛树脂胶黏剂的试验温度为（135±2）℃，试验时间为（60±2）min；其他胶黏剂的试验温度为（105±2）℃，试验时间为（180±5）min。取出样品，放入干燥器中冷却至室温，称其质量。胶黏剂的总挥发物含量，即样品质量与加热前样品质量的百分比值。

（2）胶黏剂中水分含量的测定　卡尔·费休试剂（碘、二氧化硫、吡啶和甲醇或乙二醇甲醚组成的溶液）能与样品中的水定量反应，反应式如下：

$$H_2O+I_2+SO_2+3C_5H_5N = 2C_5H_5N \cdot HI+C_5H_5N \cdot SO_3$$

$$C_5H_5N \cdot SO_3+ROH = C_5H_5NH \cdot OSO_2 \cdot OR$$

以合适的溶剂溶解样品（或萃取出样品中的水），用已知滴定度的卡尔·费休试剂滴定，用永停法或目测法确定滴定终点，即可测出样品中水的质量分数。具体可按《化学试剂　水分测定通用方法　卡尔·费休法》（GB/T 606）规定的方法进行测定。

（3）胶黏剂密度的测定　用挥发性溶剂清洗质量杯并干燥，在 25℃下把搅拌均匀的胶黏剂样品装满质量杯，将盖子盖紧，用挥发性溶剂擦去溢出物，使溢流口保持开启。将盛有胶黏剂样品的质量杯置于恒温浴或恒温室中，使样品恒温至（23±1）℃。用质量杯配对砝码称重装有样品的质量杯，精确至 0.001g。每个胶黏剂样品测试 3 次，以 3 次数据的平均值作为样品结果。液态胶黏剂的密度可按式（6—28）计算。

$$\rho = \frac{m_2 - m_1}{37} \tag{6—28}$$

式中 ρ——液态胶黏剂密度，g/cm^3；

m_2——装满胶黏剂样品的质量杯质量，g；

m_1——空质量杯的质量，g；

37——质量杯容量，cm^3。

5. 检测结果

样品中总有机挥发物含量 ρ_T，按式（6—29）计算。

$$\rho_T = (w_{总} - w_{水})\rho \times 1\ 000 \qquad (6—29)$$

式中 ρ_T——样品中总有机挥发物含量，g/L；

$w_{总}$——总挥发物含量质量分数；

$w_{水}$——水分含量质量分数；

ρ——样品的密度，g/mL。

6. 注意事项

（1）在比重瓶中注满蒸馏水后，应塞住或盖上瓶，使其留有溢流孔开口，严格注意防止在比重瓶中产生气泡。

（2）试验结果取两次平行试验的平均值，试验结果应保留三位有效数字。

第五节 木 家 具

木家具是室内重要的用品，也是室内装饰的重要组成部分，集实用性与艺术性于一体。木家具中的有害物质主要有两种：一是甲醛，主要来源于使用的人造板材超标甲醛含量，木材料制品中大量使用的胶黏剂是造成甲醛释放量超标的主要原因；使用含有甲醛的表面贴装胶黏剂的装饰材料也可能造成甲醛释放量的超标；家具产品制造中，未按标准要求对人造板部件进行封边处理以致部件的端面大量散发游离甲醛导致甲醛释放量超标；使用的纺织材料中含有甲醛整理剂，从纤维上游离到皮肤的甲醛量超过一定限度时，对其有抗体的人就会产生变态反应性皮炎。二是可溶性铅、铬、镉、汞等重金属含量超标，主要来源于家具表面色漆涂层。

根据《室内装饰装修材料　木家具中有害物质限量》（GB 18584）中规定的木家具产品的有害物质测定方法和限量要求应符合表 6—15 的规定。

表 6—15　　木家具产品的有害物质的测定方法和限量要求

项　目		测定方法	限量值
甲醛释放量/（mg/L）		干燥器法	≤1.5
重金属含量（限色漆）/（mg/kg）	可溶性铅	火焰原子吸收光谱法、双硫腙分光光度法	≤90
	可溶性镉	火焰原子吸收光谱法、极谱法	≤75
	可溶性铬	火焰原子吸收光谱法	≤60
	可溶性汞	无焰原子吸收光谱法	≤60

一、可溶性重金属铅、铬、镉、汞测定

1. 原理

采用一定浓度的稀盐酸溶液处理制成的涂层粉末，用火焰原子吸收光谱法或无焰原子吸收光谱法测定该溶液中的重金属元素。

2. 仪器

（1）不锈钢金属筛（孔径为0.5mm）。

（2）酸度计（精确度为±0.2pH）。

（3）滤膜器（孔径为0.45μm）。

（4）磁力搅拌器（搅拌器外层应为塑料或玻璃）。

（5）单刻度移液管（25mL）。

（6）白色容量瓶（50mL）。

（7）刮刀（具有锋利刀刃的刀具）。

3. 试剂

所用试剂均为分析纯，所用水均符合《分析实验室用水规格和试验方法》（GB/T 6682）中三级水的要求。

（1）盐酸溶液　浓度为0.07mol/L、1mol/L、2mol/L。

（2）硝酸溶液　质量分数为65%~68%。

4. 检测步骤

（1）样品处理　在家具产品的涂层表面上用刮刀刮取适量涂层，在室温下通过磁力搅拌器粉碎，使其能通过0.5mm的金属筛网处理。将过筛的粉末样品称取0.5g（精确至0.000 1g），放入白色容量瓶中，加入0.07mol/L盐酸溶液25mL，搅拌1min，测定其酸度，如果pH大于1.5，边滴入浓度为2mol/L的盐酸溶液边摇动，直到pH下降到1.0~1.5为止。在室温下连续搅拌该混合液1h后，再静置1h，然后立刻用滤膜器过滤后避光保存。

（2）可溶性重金属含量测定　参照本章溶剂型木器涂料中的可溶性重金属铅、铬、镉、汞含量的测定方法。

5. 检测结果

可溶性重金属含量可按式（6—30）计算，精确至0.1mg/kg。

$$w = \frac{25(\rho_1 - \rho_0)f}{m} \tag{6—30}$$

式中 w——可溶性（铅、镉、铬、汞）的含量，mg/kg；

25——萃取用盐酸溶液，mL；

ρ_1——从标准曲线上测得的试验溶液（铅、镉、铬、汞）的浓度，μg/mL；

ρ_0——0.07mol或1mol盐酸溶液空白浓度，μg/mL；

f——稀释因子；

m——称取的样品量，g。

6. 注意事项

样品处理应在4h内完成，超过4h则需加入1mol/L盐酸溶液25mL进行样品处理。

二、甲醛释放量测定

1. 原理

利用干燥器法测定甲醛释放量：第一步收集甲醛，在干燥器底部放置盛有蒸馏水的结晶皿，在其上方固定的金属支架上放置试件，释放出的甲醛被蒸馏水吸收，作为样品溶液；第二步测定甲醛浓度，用分光光度计测定样品溶液的吸光度，由预先绘制的标准曲线求得甲醛的浓度。

2. 仪器

（1）金属支架。

（2）水槽。

（3）分光光度计。

（4）天平（感量为 0.000 1g 或 0.01g）。

（5）碘价瓶（500mL）。

（6）单标线移液管（0.1mL、2.0mL、25mL、50mL、100mL）。

（7）棕色酸式滴定管（50mL）、棕色碱式滴定管（50mL）。

（8）干燥器（直径为 240mm、容积为 9~11L）。

（9）量筒（10mL、50mL、100mL、250mL、500mL）。

（10）具塞三角烧瓶（50mL、100mL）。

（11）表面皿（直径为 120~150mm）。

（12）白色容量瓶（100mL、1 000mL、2 000mL）、棕色容量瓶（1 000mL）。

（13）烧杯（100mL、250mL、500mL、1 000mL）。

（14）棕色细口瓶（1 000mL、滴瓶为 60mL）。

（15）玻璃研钵（直径为 100~120mm）。

（16）结晶皿（直径为 120mm、高度为 60mm）。

（17）小口塑料瓶（500mL、1 000mL）。

3. 试剂

（1）碘化钾（分析纯）。

（2）重铬酸钾（优级纯）。

（3）硫代硫酸钠（分析纯）。

（4）碘化汞（分析纯）。

（5）无水碳酸钠（分析纯）。

（6）硫酸（ρ=1.84g/mL，分析纯）。

（7）盐酸（ρ=1.19g/mL，分析纯）。

（8）氢氧化钠（分析纯）。

（9）碘（分析纯）。

（10）可溶性淀粉（分析纯）。

（11）乙酰丙酮（$CH_3COCH_2COCH_3$，优级纯）。

（12）乙酸铵（CH_3COONH_4，优级纯）。

（13）甲醛溶液（35%～40%）。

4. 检测步骤

（1）甲醛的收集　在直径为240mm、容积为9～11L的干燥器底部放置直径为120mm、高度为60mm的结晶皿，在结晶皿内加入300mL蒸馏水。在干燥器上部放置金属支架固定试件，测定装置在（20±2）℃下放置24h，蒸馏水吸收从试件释放出的甲醛，此溶液作为待测液。

（2）甲醛含量的定量方法　量取10mL乙酰丙酮（体积分数为0.4%）和10mL乙酸铵溶液（质量分数为20%）于50mL具塞三角烧瓶中，再从结晶皿中移取10mL待测液到该烧瓶中。塞上瓶塞，摇匀，再放到（40±2）℃的水槽中加热15min，然后把这种黄绿色的反应溶液静置暗处，冷却至室温（18～28℃，约1h）。在分光光度计上412nm处，以蒸馏水作为对比溶液，调零。用5mm厚度的比色皿测定该反应溶液的吸光度A_s，同时用蒸馏水代替反应溶液作空白试验，确定空白值为A_b。

（3）标准曲线的绘制　参照本章溶剂型木器涂料标准曲线的绘制。

5. 检测结果

甲醛溶液的浓度按式（6—31）计算，精确至0.1mg/L。

$$\rho = f(A_s - A_b) \qquad (6—31)$$

式中　ρ——甲醛浓度，mg/L；

f——标准曲线斜率，mg/L；

A_s——反应溶液的吸光度；

A_b——蒸馏水的吸光度。

6. 注意事项

（1）干燥器上部放置金属支架，用于固定试件，保证试件之间互不接触。

（2）试件应在距家具部件边沿50mm内制备，应考虑每种木质材料与产品中使用面积的比例，规格为长（150±1）mm、宽（50±1）mm。试件锯完后，其端面应立即采用熔点为65℃的石蜡或不含甲醛的胶纸条封闭，2h内开始试验，否则应重新制作试件。

三、总挥发性有机化合物测定

1. 原理

木家具总挥发性有机化合物测定参照油漆和涂料中挥发性有机化合物的测定方法，即在规定的加热温度和时间烘烤涂料样品，称量烘烤前后质量，计算失重和残留物样品的百分数。通过测定密度，换算出木家具待测样品中挥发物的含量。

2. 仪器

（1）玻璃、马口铁或铝质平底盘（直径约75mm）。

（2）细玻璃棒（长约100mm）。

（3）鼓风恒温烘箱［温度控制在（105±1）℃］。

（4）玻璃干燥器（内放干燥剂）。

（5）天平（感量为0.000 1g）。

（6）卡尔·费休水分滴定仪。

（7）注射器（10μL、一次性滴管或注射器35mL）。

3. 试剂

（1）蒸馏水或去离子水。

（2）醛酮专用卡尔·费休试剂。

4. 检测步骤

（1）取样　检查样品包装（包括外观、品名、生产日期、生产厂家等信息），开启包装后，记录样品性状（包括颜色、气味、黏稠度、均匀性、是否结皮、有无杂质和沉淀、是否分层）。使用玻璃棒搅动样品，使样品混合均匀，避免产生气泡，使用规定的取样器或者一次性滴管、注射器吸取一定量的样品。

（2）挥发物的测定

1）样品准备。将平底盘和玻璃棒放入烘箱中，在试验温度下干燥3h，取出后放入干燥器中，在室温下冷却。称量带有玻璃棒的盘子，准确到1mg。然后把（2±0.2）g的混合均匀的待测样品加入盘中称量，准确至1mg，样品要均匀地布满整个盘子的底部。

2）称量测定。将烘箱调至规定的温度（105±2）℃，把带有样品的盘子及玻璃棒放入烘箱中，在该温度下放置3h。加热一段时间后，将玻璃棒和盘子从烘箱中取出，用玻璃棒拨开表面漆膜，将物质搅拌一下，再放回烘箱内。达到规定的加热时间后，将盘子和玻璃棒放入干燥器内，冷却至室温并称量，准确到1mg。

（3）水性涂料（内墙涂料）中水分的测定　卡尔·费休滴定法，主要依据化学方程式$I_2+SO_2+2H_2O = 2HI+H_2SO_4$测定水分含量。按卡尔·费休水分滴定仪说明书，完成滴定剂的标定和样品中水含量的测定。

1）卡尔·费休滴定剂的标定：

①在滴定瓶中注入40mL左右溶剂以覆盖电极。

②用卡尔·费休滴定剂进行预滴定，以消除溶剂中含有的微量水分。

③用10μL注射器取纯水，注入滴定瓶中，将减量法称得的水的质量（准确至0.1mg）输入滴定仪中。

④ 用卡尔·费休滴定剂滴定，记录滴定结果。

⑤ 重复标定至相邻两次的结果相差小于1%，求出两次标定的平均值，并输入滴定仪中。

2）样品中水含量（%）测定：

① 对于黏度不大的涂料可使用一次性滴管取样，黏度大的样品可使用一次性注射器。向滴定瓶中滴加1滴涂料样品，用减量法测定加入的样品量，精确至0.1mg，并输入滴定仪中。

② 用卡尔·费休滴定剂滴定，记录滴定结果。

③ 重复测定，同一分析者得到的两次分析结果相对误差不得大于3.5%。

（4）涂料密度的测定

1）比重瓶的校准。用铬酸溶液、蒸馏水和蒸发后不留下残余物的溶剂依次清洗玻璃或金属比重瓶，并将其充分干燥。将比重瓶放置到试验温度（23℃或其他确定温度）下，并称重（精确至0.2mg）。在低于试验温度不超过1℃的温度下，在比重瓶中注满蒸馏水，注意防止产生气泡。将比重瓶放在恒温水浴（试验温度±0. 5℃）中，待瓶和瓶中所含物的温度恒定为止，立即称量瓶重。

2）产品密度的测定。用产品代替蒸馏水，重复上述检测步骤。

5. 检测结果

（1）挥发物（V）或不挥发物（NV）的含量（%）　分别按式（6—32）和式（6—33）计算。

$$w(\mathrm{V}) = \frac{m_1 - m_2}{m_1} \times 100\% \tag{6—32}$$

$$w(\mathrm{NV}) = \frac{m_2}{m_1} \times 100\% \tag{6—33}$$

式中　m_1——加热前样品的质量，g；

m_2——加热后样品的质量，g。

以各项测定的算术平均值作为结果，用质量百分数表示，取小数点后面一位小数。

（2）总挥发性有机化合物的含量

1）样品密度：

①密度瓶的容积 V（以 mL 表示），按式（6—34）计算。

$$V = \frac{m_1 - m_0}{\rho} \tag{6—34}$$

式中　m_1——密度瓶及水的质量，g；

m_0——空密度瓶的质量，g；

ρ——水在 23℃或其他确定温度下的密度，g/mL。

②样品的密度 ρ_T（以 g/mL 表示），按式（6—35）计算。

$$\rho_T = \frac{m_2 - m_0}{V} \tag{6—35}$$

式中　m_2——密度瓶及产品的质量，g；

V——在试验温度下所得的密度的体积，mL。

2）溶剂型涂料中挥发性有机化合物的含量，按式（6—36）计算。

$$p = w\rho \tag{6—36}$$

式中　p——涂料中挥发性有机化合物含量，g/L；

w——涂料中挥发性物质含量，%；

ρ——涂料的密度，g/L。

3）水性涂料中挥发性有机化合物的含量，按式（6—37）计算。

$$p = (w - w_{H_2O})\rho \tag{6—37}$$

式中　w_{H_2O}——涂料中水分含量，%。

6. 注意事项

（1）样品含高挥发性溶剂或对照试验，可采用称量瓶或合适的注射器，以减量法称量。

（2）对同一个样品测定平行样。

第六节 壁 纸

壁纸具有耐磨性、抗污染性、防裂等功能，具有较强的装饰效果、便于保洁等特点，但其暴露出来的环保问题也越来越多。根据我国生产的工艺特点，壁纸存在三类有害物质，即甲醛、重金属、氯乙烯单体，都可能危害人体健康。

壁纸的污染主要来自以下两个方面：一是壁纸本身释放出的挥发性有机化合物（如甲苯、二甲苯、甲醛等），尤其是聚氯乙烯胶面壁纸，由于原材料、工艺配方等原因，可能残留铅、钡、氯乙烯等有害物质，对人体健康造成威胁；二是来自壁纸胶黏剂所产生的污染。胶黏剂主要分有机溶剂型和水基型两种，为了使其具有更好的浸透性，厂家在生产中常采用大量的挥发性有机溶剂，胶黏剂在固化期内有可能释放甲醛、苯、氯乙烯等。

根据《室内装饰装修材料 壁纸中有害物质限量》（GB 18585）的要求，壁纸中有害物质限量值应符合表6—16的规定。

表6—16 壁纸中有害物质限量值

有害物质名称		限量值
重金属（或其他）元素/（mg/kg）	钡	≤1 000
	镉	≤25
	铬	≤60
	铅	≤90
	砷	≤8
重金属（或其他）元素/（mg/kg）	汞	≤20
	硒	≤165
	锑	≤20
氯乙烯单体/（mg/L）		≤1
甲醛/（mg/L）		≤120

一、甲醛测定

1. 原理

将样品悬挂于装有40℃蒸馏水的密封容器中，经过24h被水吸收，测定蒸馏水中的甲醛含量。在24h内，被水吸收的甲醛用乙酰丙酮为试剂的空白溶液作参照，进行分光光度分析。

2. 仪器

（1）常规检测室装置。

（2）容量瓶（10mL、100mL、1 000mL）。

（3）滴定管和微量滴定管。

（4）移液管。

（5）烘箱。

（6）水浴锅［可以保持（40±2）℃的温度］。

（7）分光光度计（能够测出波长为410~415nm时的吸光度）。

（8）带盖的聚乙烯或玻璃广口瓶（容量为1 000mL，瓶盖下应装有一个吊钩）。

3. 试剂

在分析中如没有特别注明，只使用分析纯的试剂和蒸馏水或去（脱）离子水。

（1）乙酰丙酮（$CH_3COCH_2COCH_3$，优级纯）。

（2）醋酸铵（CH_3COONH_2，优级纯）。

（3）甲醛溶液（350~400g/L）。

（4）乙酰丙酮溶液（体积分数为0.4%）。将4mL乙酰丙酮放至容量瓶中，用水稀释至1 000mL，储存在密封的气密容器内，并置于暗处。

（5）醋酸铵溶液（200g/L）。在容量瓶中用水溶解200g醋酸铵，加水稀释至1 000mL。

（6）碘溶液（0.05mol/L）。

（7）硫代硫酸钠溶液（0.1mol/L）。

（8）氢氧化钠溶液（1mol/L）。

（9）硫酸溶液（1mol/L）。

（10）淀粉溶液（质量分数为1%）。

（11）甲醛标准溶液：

1）甲醛标准溶液A。将1mL甲醛溶液置于容量瓶中，用水稀释至1 000mL，并按以下步骤进行标定：吸取20mL稀释后的甲醛溶液A，与25mL碘溶液和10mL氢氧化钠溶液混合，放在暗处保存15min，再加入15mL硫酸溶液。用硫代硫酸钠溶液滴定过量的碘，接近滴定终点时，加几滴淀粉溶液作为指示剂。用20mL水做空白平行试验，按式（6—38）计算甲醛溶液A的浓度。

$$\rho = 750(V_0 - V)c' \qquad (6—38)$$

式中 ρ——甲醛溶液A的浓度，mg/L；

V_0——空白样耗用硫代硫酸钠溶液的体积，mL；

V——样品耗用硫代硫酸钠溶液的体积，mL；

c'——硫代硫酸钠溶液的浓度，mol/L。

2）甲醛标准溶液B。按照标准溶液A的浓度，计算出含15mg甲醛所需标准溶液A的体积。用微量滴定管量取此体积的甲醛标准溶液A至容量瓶中，加水稀释至1 000mL。

3）校准溶液。按照表6—17规定，在6个盛有甲醛标准溶液B的100mL容量瓶中加入不同的水进行稀释，制成甲醛系列校准溶液，使甲醛含量范围为0~15μg/mL。

表6—17　　甲醛系列校准溶液

校准溶液序号	1	2	3	4	5	6
加入标准溶液B的体积/（mL）	0	20	40	60	80	100
加入水的体积/（mL）	100	80	60	40	20	0
甲醛含量/（μg/mL）	0	3	6	9	12	15

4. 检测步骤

将 50 张长方形样品悬挂在 1 000mL 广口瓶盖的吊钩上，如图 6—3 所示，使样品的装饰涂面分别相对，保持样品不接触广口瓶壁和液面，并称重。如果样品太厚，吊钩上挂不下 50 张，应最大限度地往上挂，并统计张数和称重。用 50mL 的移液管将 50mL 水加入 1 000mL 的广口瓶中，拧紧瓶盖密封，并将广口瓶移入（40±2）℃的烘箱中保持 24h。再将样品从广口瓶中移出，打开瓶盖并取出样品。用移液管从广口瓶中吸取 10mL 吸收水，放入 50mL 的容量瓶中。再用移液管分别吸取 10mL 各种甲醛校准溶液，分别放入各 50mL 的容量瓶中。

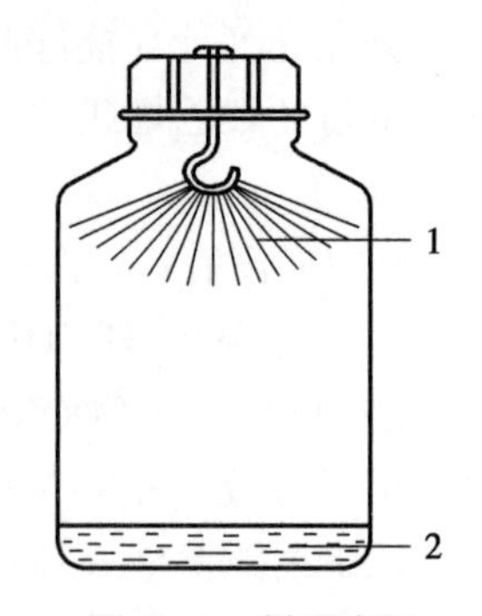

图 6—3　样品布置

1—50 张壁纸样品　2—50mL 蒸馏水

在每一容量瓶中分别加入 10mL 乙酰丙酮溶液和 10mL 醋酸铵溶液，盖紧瓶盖并摇晃。将各个容量瓶放在（40±2）℃的水浴中加热 15min 后，从水浴中移出并放至暗处，在室温下冷却 1h。参照水的空白试验，用分光光度计测量在 410~415nm 波长时容量瓶中溶液的最大吸光度；或参照水的空白试验，用光程长为 10mm 的石英样品池测量波长 500~510nm 时容量瓶中溶液的荧光值。按同样的试验步骤做一平行空白试验，绘制与甲醛校准溶液浓度相对应的吸光度或荧光值的曲线图，并根据吸光度或荧光值从曲线图上读取样品释放出的甲醛浓度。用曲线图上读取的样品的甲醛浓度值减去平行空白试验中甲醛的浓度值，即为光谱测量结果。

5. 检测结果

样品在 24h 内释放出的甲醛量可按式（6—39）计算，以 mg/kg 表示，修约至整数。

$$w = \frac{w_0}{m} \times 50 \tag{6—39}$$

式中　w——从壁纸中释放出的甲醛量，mg/kg；

w_0——经空白试验校正的光谱测量结果，%；

m——挂在吊钩上的样品质量，g。

6. 注意事项

分光光度计应该在使用前预热半小时，否则结果不准确。

二、可溶性重金属铅、铬、镉、汞测定

1. 原理

在规定的条件下，将样品中的可溶性有害元素萃取出来，测定萃取液中重金属（或其他）元素的含量。

2. 仪器

（1）常用的检测室设备和玻璃器皿。

（2）pH 计（精确至±0. 2pH）。

（3）磁力搅拌器［转速为（1 000±10）r/min］。

（4）烘箱［能够保持温度在（37±2）℃］。

（5）微孔膜（0.45μm）。

（6）原子吸收分光光度计。

（7）ICP 电感藕合等离子体原子发射光谱计。

3. 试剂

在分析中如没有特别注明，只使用分析纯的试剂和蒸馏水或去（脱）离子水。

（1）盐酸溶液［（0.07±0.005)mol/L］。

（2）盐酸溶液［（2±0.1)mol/L］。

4. 检测步骤

（1）萃取方法　精确称取 1g（准确至 0.000 1g）小正方形样品放入容积为 100mL 的玻璃容器中，然后加入（50±0.1)mL 的 0.07mol/L 盐酸，摇荡 1min，测定溶液的 pH。若 pH>1.5，边摇晃边滴入 2mol/L 盐酸，直至 pH 为 1.0～1.5。把容器放在磁力搅拌器上，一起放入（37±2)℃的烘箱中，并在此温度下搅拌（60±2)min，然后取走搅拌器。在（37±2)℃的烘箱中静置（60±2)min，立即用带 0.45μm 的微孔膜过滤溶液。收集滤液，留待测定重金属（或其他）元素的含量。

（2）检测方法　原子吸收分光光度法或 ICP 电感耦合等离子体原子发射分光光度法。

5. 检测结果

重金属（或其他）元素在样品中的含量可按式（6—40）计算，以 mg/kg 表示。

$$w = \frac{\rho}{m} \times 50 \qquad (6\text{—}40)$$

式中　w——被测样品的重金属（或其他）元素的含量，mg/kg；

ρ——重金属（或其他）元素在萃取液中的浓度，mg/L；

m——样品的质量，g。

测试结果需经式（6—41）修正后作为分析结果报出，修约至小数点后第 3 位。

$$\rho_1 = \rho(1 - T) \qquad (6\text{—}41)$$

式中　ρ_1——修正后被测样品的重金属（或其他）元素含量，mg/kg；

ρ——被测样品的重金属（或其他）元素含量，mg/kg；

T——修正因子（见表 6—18）。

表 6—18　　修正因子

元素	锑	砷	钡	镉	铬	铅	汞	硒
修正因子	0.6	0.6	0.3	0.3	0.3	0.3	0.5	0.6

6. 注意事项

在测试可溶性重金属铅、铬、镉、汞的样品操作处理中，由于漆膜的厚度不同，可能会使可溶性重金属溶出浓度有差异。

第七节　聚氯乙烯卷材

聚氯乙烯卷材地板（俗称地板革）不仅具有木制地板的丰富弹性、保暖舒适的特点，还具有石材、地砖防潮防湿的优点，而且还有拼装简单、花色新颖、价格低等特点，受到消费者的欢迎。聚氯乙烯装饰材料含有性质不同、数量不等的各种污染物，主要有氯乙烯单体、可溶性重金属、挥发性有机化合物等有毒、有害物质。

挥发性有机化合物的主要成分为降黏剂、稀释剂的残留物和增塑剂、辅助增塑剂、稳定剂中易挥发性物质以及油墨中的混合溶剂在印刷层的少量残留物。挥发性有机化合物对环境产生污染，危害人体健康。涂敷法生产的卷材地板要经过200℃以上的高温进行发泡，质量好的增塑剂和溶剂在这样的高温下残留很少；压延法生产的卷材地板没有经过这样的高温而且还不发泡，所以挥发性有机化合物残留就比较多。

氯乙烯单体含量的高低，原料是关键。地板革中含有铅化合物，在使用过程中，随着地板革的磨损，铅的含量不断向外扩散，在空气中形成铅尘，易被婴幼儿接触。

根据《室内装饰装修材料　聚氯乙烯卷材地板中有害物质限量》（GB 18586）的要求，聚氯乙烯卷材地板中有害物质挥发物的释放量应符合表6—19的规定。

表6—19　　聚氯乙烯卷材挥发物的限量　　单位：g/m^2

发泡类卷材地板中挥发物的限量		非发泡类卷材地板中挥发物的限量	
玻璃纤维基材	其他基材	玻璃纤维基材	其他基材
≤75	≤35	≤40	≤10

一、挥发性有机化合物测定

1. 原理

用差值法计算质量，再换算出挥发性有机化合物的含量。

2. 仪器

（1）电热鼓风干燥箱。

（2）分析天平或电子天平（感量为0.000 1g）。

3. 检测步骤

使卷材地板处于平展状态，沿产品宽度方向均匀裁取形状为100mm×100mm的样品3块，样品在《塑料样品状态调节和试验标准环境》（GB/T 2918）中23/502级环境条件进行24h状态调节。称量样品精确至0.000 1g，调节电热鼓风干燥箱至（100±2）℃，将样品水平置于金属网或多孔板上，样品间隔至少25mm，鼓风以保持空气循环。在6h±10min后取出样品，将样品在GB/T 2918中23/502级环境条件放置24h后称量（精确至0.000 1g）。

4. 检测结果

挥发性有机化合物的含量w，按式（6—42）计算。

$$w = \frac{m_1 - m_2}{S} \tag{6—42}$$

式中　w——挥发物的含量，mg/m^2；

m_1——样品试验前的质量，g；

m_2——样品试验后的质量，g；

S——样品的面积，m^2。

5. 注意事项

（1）样品不能受加热元件的直接辐射。

（2）计算结果应以 3 个样品的算术平均值表示，保留 2 位有效数字。

二、氯乙烯单体测定

1. 原理

将样品溶解在合适的溶剂中，用液上气相取样的气相色谱法测定氯乙烯的含量。

2. 仪器

（1）气相色谱仪。

（2）色谱柱。

（3）恒温器。

（4）医用注射器、微量注射器。

（5）样品瓶。

（6）耐压氯乙烯容器。

3. 试剂

（1）氯乙烯（纯度大于 99.5%）。

（2）*N*，*N*-二甲基乙酰胺（DMAC）。

（3）空气、氮气、氢气。

4. 检测步骤

（1）氯乙烯标准气和标准样的配制

1）标准气的配制。在样品瓶中放几颗玻璃珠后，盖紧密封，在分析天平或电子天平上称重（精确到 0.1mg）。用注射器从氯乙烯容器中取出 5mL 气体注入瓶中，再称重。摇匀后静置 10min，立即使用。该气体浓度 ρ_1 约为 400μg/mL，按式（6—43）进行计算。

$$\rho_1 = \frac{m_2 - m_1}{V_1 + V_2} \times 10^6 \tag{6—43}$$

式中　m_2——放进玻璃珠的样品瓶注入了 5mL 聚乙烯气体后的质量，g；

m_1——放进玻璃珠的样品瓶质量，g；

V_1——样品瓶的体积，mL；

V_2——加入氯乙烯的体积，mL。

2）标准样的配制。在两个系列各 3 个样品瓶中，用微量注射器分别注入 3mL DMAC，再分别注入 0.5μL、5μL、50μL 标准气，摇匀待用。

每个标准样中聚乙烯单体（VCM）的含量（μg），用 m_{VCM} 表示，按式（6—44）进行计算。

$$m_{VCM} = \rho_1 V \tag{6—44}$$

式中　ρ_1——标准气浓度，μg/mL；

V——加入的标准气的体积，mL。

（2）样品溶液的制备　在分析天平或电子天平上称取两份已充分混合均匀的样品 0.3～0.5g（准确到 0.1mg），置于样品瓶中，再放入一根截面积为 2mm×25mm 镀锌的铁丝，立即盖紧。将样品瓶放在电磁搅拌器上，在缓慢搅拌下，用注射器准确地注入 3mL DMAC，使样品溶解。

（3）样品的平衡　把标准样和样品一起在恒温器（70±1）℃中放置30min以上，使氯乙烯在气液两相中达到平衡。依次从平衡后的标准样和样品瓶中，用注射器迅速取出1mL上部气体，注入色谱仪中分析（当样品含量低时，可取2～3mL气体，但要确保有一个含量相近的标准样，并取相同量的气体，在仪器同一灵敏度下分析），记录氯乙烯的峰面积（或峰高）。

5. 检测结果

样品中残留氯乙烯单体（RVCM）含量（mg/kg），用 w_{RVCM} 表示，按式（6—45）进行计算。

$$w_{RVCM}=\frac{A_1\rho_1V}{A_2m} \tag{6—45}$$

式中　A_1——样品中氯乙烯的峰面积（或峰高），cm^2（或 mm）；

ρ_1——标准气的浓度，μg/mL；

V——与样品含量相近的标准样的体积，mL；

A_2——与样品含量相近的标准样的峰面积（或峰高），cm^2（或 mm）；

m——样品质量，g。

两个平行试验结果的算术平均值作为本试验的结果。

6. 注意事项

（1）取样者必须熟悉产品的特性和安全操作的有关知识及处理方法。

（2）氯乙烯是有害气体，故在配制样品和排放等处理时，都要在通风橱中进行。

（3）取样的注射器应空吸几次氯乙烯气体，保证没有残留的其他气体，这样更有利于结果的准确。

第八节　混凝土外加剂

一、混凝土外加剂所含危害物

混凝土外加剂是拌制混凝土过程中掺放用以改善混凝土性能的物质，掺量不大于水泥质量的5%，也称为外掺剂或附加剂。

在建筑施工中，为了加快混凝土的凝固速度和冬季施工防冻，在混凝土中加入高碱混凝土膨胀剂和含尿素与氨水的混凝土防冻剂等外加剂，这类含有大量氨类物质的外加剂在墙体中随温度等环境因素的变化而还原成氨气从墙体缓慢释放出来，造成室内空气中氨的浓度大量增加。特别是夏季气温较高，氨从墙体中释放速度较快，造成室内空气中氨浓度严重超标。

氨气的溶解度极高，所以常被吸附在皮肤黏膜和眼结膜上，从而产生刺激和炎症；氨气可麻痹呼吸道的纤毛和损害黏膜上皮组织，使病原微生物易于侵入，减弱人体对疾病的抵抗力；氨被吸入肺后容易通过肺泡进入血液，与血红蛋白结合破坏运氧功能。短期内吸入大量氨气后会出现流泪、咽痛、声音嘶哑、咳嗽、胸闷、呼气困难等症状，严重者出现肺水肿、成人呼吸窘迫综合征，同时可能产生呼吸道刺激症状。

根据《混凝土外加剂中释放氨的限量》（GB 18588）的要求，混凝土外加剂中释放氨的量应≤0.01%（质量分数），采用蒸馏滴定法测定。

二、氨的测定

1. 原理

从碱性溶液中蒸馏出氨，用过量硫酸标准溶液吸收，以甲基红-亚甲基兰混合指示剂为指示剂，用氢氧化钠标准滴定溶液滴定过量的硫酸。

2. 仪器

（1）玻璃蒸馏器（500mL）。

（2）碱式滴定管（50mL）。

3. 试剂

化学试剂除特别注明外，均为分析纯化学试剂。

（1）蒸馏水或同等纯度的水。

（2）盐酸溶液（1+1）。

（3）硫酸标准溶液［c（1/2 H_2SO_4）＝0.1mol/L］。

（4）氢氧化钠标准滴定溶液［c（NaOH）＝0.1mol/L］。

（5）甲基红-亚甲基兰混合指示剂。将50mL甲基红乙醇溶液（2g/L）和50mL亚甲基兰乙醇溶液（1g/L）混合。

4. 检测步骤

（1）样品的处理　固体样品需在干燥器中放置24h后测定，液体样品可直接称量。将样品搅拌均匀，分别称取两份各约5g，精确至0.001g，放入两个300mL烧杯中，加水溶解。

1）可水溶的样品。在盛有样品的300mL烧杯中加入水，移入500mL玻璃蒸馏器中，控制总体积为200mL，备蒸馏。

2）含可能保留有氨的水不溶物的样品。在盛有样品的300mL烧杯中加入20mL水和10mL盐酸溶液，搅拌均匀，放置20min后过滤，收集滤液至500mL玻璃蒸馏器中，控制总体积200mL，备蒸馏。

（2）蒸馏　在备蒸馏的溶液中加入数粒氢氧化钠，以广泛试纸试验，调整溶液pH>12，加入几粒防爆玻璃珠。准确移取20mL硫酸标准溶液于250mL量筒中，加入3~4滴混合指示剂，将蒸馏器馏出液出口玻璃管插入量筒底部硫酸溶液中。检查蒸馏器连接无误并确保密封后，加热蒸馏。收集蒸馏液至180mL后停止加热，卸下蒸馏瓶，用水冲洗冷凝管，并将洗涤液收集在量筒中。

（3）滴定　将量筒中溶液移入300mL烧杯中，洗涤量筒，将洗涤液并入烧杯。用氢氧化钠标准滴定溶液回滴过量的硫酸标准溶液，直至指示剂由亮紫色变为灰绿色，消耗氢氧化钠标准滴定溶液的体积为V_1。

（4）空白试验　在测定的同时，按同样的分析步骤、试剂和用量，不加样品进行平行操作，测定空白试验氢氧化钠标准滴定溶液消耗体积（V_2）。

5. 检测结果

混凝土外加剂样品中释放氨的量，以氨（NH_3）的质量分数表示，按式（6—46）计算。

$$w_{氨} = \frac{0.017\ 03(V_2 - V_1)c}{m} \times 100\% \tag{6—46}$$

式中 $w_{氨}$——混凝土外加剂中释放氨的质量分数，%；

0.017 03——与1mL 氢氧化钠标准溶液［c（NaOH）= 1mol/L］相当的以克表示的氨的质量；

V_2——空白试验消耗氢氧化钠标准溶液体积的数值，mL；

V_1——滴定样品溶液消耗氢氧化钠标准溶液体积的数值，mL；

c——氢氧化钠标准溶液浓度的准确数值，mol/L；

m——样品质量的数值，g。

6. 注意事项

取两次平行测定结果的算术平均值为测定结果，如果两次平行测定结果的绝对差值大于0.01%时，需重新测定。

第九节　厨　　房

厨房油烟是我国居室内重要的环境污染物之一，与居民健康密切相关。人们在采暖、烹饪中使用煤、天然气、液化石油气、煤气等燃料，由于国内没有对其进行使用前的净化处理，加之现有灶具质量问题，燃料在燃烧过程中产生的废气往往高于设计值，从而造成的室内污染物往往是室外的几倍甚至几百倍。厨房空气中的有害物质主要来自燃烧产物和烹调油烟两方面。

1. 燃烧产物

制煤气（管道煤气）主要的燃烧产物是二氧化碳、一氧化碳、氮氧化物和颗粒物，液化石油气的主要燃烧产物是氮氧化物、一氧化碳和甲醛。当燃料燃烧不完全时产生大量的可吸入颗粒物，由于黏度大，在肺内不易被清除，对肺部组织损伤较大，可吸入颗粒物中还含有大量的直接和间接致癌物质。天然气燃烧比较完全、污染较轻，但天然气燃烧中也会产生一定的一氧化碳、二氧化氮、二氧化硫等燃烧产物，一些不挥发的碳化物，通过高温燃烧合成多环芳烃及杂环化合物。这些有害物质长期作用于人体，会对人的肺、气管、脑组织等造成损害。

2. 烹调油烟

烹调油烟是食用油加热后产生的油烟，在炒菜温度（250℃）下，油中的物质会发生氧化、水解、聚合、裂解等反应，产生烹调油烟。因此，烹调油烟是一组混合性污染物，含有200多种成分，其中含有多种可致突变性物质。据有关报道显示，烹调油烟中含有丙烯醛，对鼻、眼、咽喉黏膜有较强的刺激作用，可能会引发肺鳞癌和肺腺癌。同时油烟及其冷凝物中含有苯并［a］芘，可导致人体细胞染色体的损伤，长期吸入可诱发肺组织癌变。

厨房油烟成分的采样与分析方法，目前尚没有规范的标准。早期一般是用冷凝法采集油烟，其设备复杂，操作烦琐，而且需要大量干冰进行冷凝。近年来有采用分步采样的方法，用滤膜采集油烟气中溶胶气相化合物，采集在滤膜上的化合物经提取、浓缩，由气相色谱/质谱分析（GC/MS）法定性定量，气相挥发性组分则用吸附剂吸附后，再经热解吸或溶剂解吸用 GC/MS 分析。国外采用较先进的热解吸、程序升温、GC/MS 相结合的方法分离挥发性有机化合物的化学成分，国内也有采用不同原理的油烟采样方法，如用玻璃纤维滤筒、吸收液吸收和固体材料吸附等收集油烟样品，经萃取后用分光光度法分析。

一、油烟成分测定

1. 原理

用可吸入颗粒物采样器中的超细玻璃纤维滤纸收集颗粒物，在采样器采样头的后面连接一个附属装置，内装聚氨基甲酸酯泡沫塑料采集气相挥发性有机化合物。采集的颗粒物和气相物质经预处理后进行 GC/MS 仪器分析，测定各种有机组分。苯并［a］芘用高压液相色谱测定。气相中有机烃用红外线气体分析仪直接测定，气相中甲醛用扩散法被动式个体采样器采集，用 AHMT 比色法测定。

2. 仪器

（1）总烃红外线气体分析仪（9000 型、流量 2.0L/min、测定范围为 $0\sim2\,000\times10^{-6}$ mol/mL）。

（2）甲醛被动式个体采样器。

（3）可吸入颗粒物采样器。

（4）旋转蒸发器。

（5）气相色谱/质谱仪（Finnigan MAT 4510 GC/MS/DS）。

3. 试剂

（1）超细玻璃纤维滤膜（49 型）。

（2）聚氨基甲酸酯泡沫塑料。

（3）石油醚、硅胶、环己烷、苯、三氮甲烷、甲醇分析纯。

4. 检测步骤

（1）气相中总有机烃　总烃红外线气体分析仪经校准和调零后，将探头置于距离油面 30～35cm 的上方，以 2.0L/min 的流量连续测定烹调油烟中的总有机烃浓度。

（2）气相中甲醛　将扩散法被动式个体采样器挂在烹调器具上方，记录采样开始和结束时间，并收集的样品，用 AHMT 比色法测定。

（3）颗粒物和气相中有机物

1）采样。由于油烟的存在状态是颗粒物和挥发性有机化合物两相共存。采用超细玻璃纤维滤膜采集颗粒物，选用聚氨基甲酸酯泡沫塑料（PUFP）吸附气态物质。可吸入颗粒物采样器采样夹中的超细玻璃纤维滤纸用于收集颗粒物。滤纸使用前用 500℃高温烘 2h，置于湿度小于 50%的天平室中，平衡 24h 后称至恒重以备用。在颗粒物采样器采样头的后面连接一个附属装置，内装 4 块聚氨基甲酸酯泡沫塑料，每块长 4cm，直径 3cm。PUFP 用于采集气相挥发性有机化合物。采样前依次用环已烷、水浸泡提洗两次，再用甲醇回流 10h，去除其他有机物。将装有滤料的采样头、距油面 30～35cm 处采集油烟雾，流量为 13～14L/min，采样 2～4h，采样后，取下玻璃纤维滤纸，置于天平室内平衡，24h 后准确称量。滤纸上采集的颗粒物的量，可用滤纸在采样前和采样后两次质量之差计算出来，再除采样体积，即为颗粒物浓度。

2）样品处理：

①滤膜上的样品处理。在样品中加入少量硅胶，使样品吸附在硅胶上，以便于往层析柱上加样。取 13g 硅胶，加少量石油醚，搅拌赶走气泡，移入层析柱内，放掉多余的石油醚，然后将吸附在硅胶上的样品加在柱顶上。先用 50mL 环己烷洗脱，流速控制在 1 滴/s，洗脱液含非极性物。然后用 80mL 环己烷-苯（4+1）淋洗，收集馏分（含有多环芳烃）。再用 50mL 三氯甲烷-甲醇（3+1）淋洗，洗脱液含极性化合物。将各部分洗脱液用旋转蒸发器减压浓缩到 0.5mL，供色谱分析用。

②PUFP 中的样品处理。采有样品的 PUFP 于注射器中，用甲醇提取 3 次，前两次各 50mL、第三次 20mL，合并提取液，浓缩定容后，供色谱分析用。

③样品检测。将上述分离后的各组分样品，定容至 0.5mL，取 1μL 进样。采用 Finnigan MAT 4510 GC/MS/DS 分析仪，色谱柱为 SE-54 弹性毛细柱，内径为 0.25mm，长为 30m，柱温为 50～270℃，以 5℃/min 速率程序升温至 270℃ 后恒温。质谱操作条件为发射电流 0.25mA，倍增器高压 1 150V，电离方式 EI，轰击电子能量为 70V，载气为氦气，软件系统为 INCOS 软件。定性分析主要采用计算机谱检索，再作图谱解析，鉴别化合物。定量分析用标准曲线法，峰高/峰面积定量。

5. 检测结果

气样中各待测组分的浓度按式（6—47）计算。

$$\rho = \frac{\rho_0 V_1}{V_0} \tag{6—47}$$

式中 ρ——换算成标准状态下有机物各组分的含量，μg/m^3；

ρ_0——所测定浓缩液中各组分的含量，μg/mL；

V_1——样品浓缩定容后的体积，mL；

V_0——换算成标准状态下采样的体积，m^3。

6. 注意事项

（1）氯乙烯是有害气体，故在配制样品和排放等处理时，都要在通风橱中进行。

（2）取样用的注射器在使用之前，为保证没有残留的其他气体，应空吸几次氯乙烯气体，以保证结果的准确性。

二、甲醛

1. 原理

空气中甲醛被吸收，在碱性溶液中与 4-氨基-3-联氨-5-巯基-1，2，4-三氮杂茂（AHMT）发生反应，然后经高碘酸钾氧化形成紫红色化合物，其颜色的深浅与甲醛含量成正比，通过比色定量测定甲醛含量。

2. 仪器

（1）气泡吸收管（有 5mL 和 10mL 刻度线）。

（2）空气采样器（流量范围为 0~2L/min）。

（3）具塞比色管（10mL）。

（4）分光光度计（具有 550nm 波长，并配有 10mm 光程的比色皿）。

3. 试剂

（1）吸收液。称取 1g 三乙醇胺、0. 25g 偏重亚硫酸钠和 0. 25g 乙二胺四乙酸二钠溶于水中并稀释至 1 000mL。

（2）AHMT 溶液（0. 5%）。称取 0. 25g AHMT 溶于 0. 5mol/L 盐酸中，并稀释至 50mL，此试剂置于棕色瓶中，可保存半年。

（3）氢氧化钾溶液（5mol/L）。称取 28g 氢氧化钾溶于 100mL 水中。

（4）高碘酸钾溶液（1. 5%）。称取 1. 5g 高碘酸钾溶于 0. 2mol/L 氢氧化钾溶液中，并稀释至 100mL，在水浴上加热溶解以备用。

（5）硫酸溶液（1. 84g/mL、1mol/L）。

（6）氢氧化钠溶液（30%）。

（7）淀粉溶液（0. 5%）。

（8）硫代硫酸钠标准溶液（0. 1mol/L）。

（9）碘溶液（0. 05mol/L）。

（10）甲醛标准储备溶液。取 2. 8mL 甲醛溶液（含甲醛 36%~38%）于 1L 容量瓶中，加 0. 5mL 硫酸并用水稀释至刻度，摇匀。

甲醛标准储备溶液的标定：精确量取 20mL 甲醛标准储备溶液，置于 250mL 碘量瓶中。加入 0. 05mol/L 碘溶液 20mL 和 1mol/L 氢氧化钠溶液 15mL，放置 15min。加入 0. 5mol/L 硫酸溶液 20mL，放置 15min，用 0. 05mol/L 硫代硫酸钠溶液滴定，至溶液呈现淡黄色时，加入 0. 5%淀粉溶液 1mL，继续滴定至刚使蓝色消失为终点，记录所用硫代硫酸钠溶液体积，同时用水作试剂空白滴定。甲醛溶液的浓度可按式（6—48）计算。

$$\rho = \frac{15(V_1 - V_2)c}{20} \tag{6—48}$$

式中 ρ——甲醛标准储备溶液中甲醛浓度，mg/mL；

15——甲醛的换算值；

V_1——滴定空白时所用硫代硫酸钠标准溶液体积，mL；

V_2——滴定甲醛溶液时所用硫代硫酸钠标准溶液体积，mL；

c——硫代硫酸钠标准溶液的摩尔浓度。

（11）甲醛标准溶液。用时取上述甲醛储备液，用吸收液稀释成 1mL 含 2μg 甲醛。

4. 检测步骤

（1）采样　用一个内装 5mL 吸收液的气泡吸收管，以 1L/min 流量，采气 20L，并记录采样时的温度和大气压力。

（2）标准曲线的绘制　用标准溶液绘制标准曲线，取 7 支 10mL 具塞比色管，按表 6—20 中的要求，制备标准色列管。

表 6—20　　甲醛标准色列管

管　号	0	1	2	3	4	5	6
标准溶液/L	0	0.1	0.2	0.4	0.8	1.2	1.6
吸收溶液/L	2.0	1.9	1.8	1.6	1.2	0.8	0.4
甲醛含量/μg	0.0	0.2	0.4	0.8	1.6	2.4	3.2

各管加入 5mol/L 氢氧化钾溶液 1mL，0.5% AHMT 溶液 1mL，盖上管塞，轻轻颠倒混匀 3 次，放置 20min。加入 1.5%高碘酸钾溶液 0.3mL，充分振摇，放置 5min。用 10mm 比色皿，在波长 550nm 条件下，以水作参比，测定各管吸光度。以甲醛含量为横坐标，吸光度为纵坐标，绘制标准曲线，并计算回归线的斜率，以斜率的倒数作为样品测定计算因子。

（3）样品测定　采样后，补充吸收液到采样前的体积。准确吸取 2mL 样品溶液于 10mL 比色管中，按制作标准曲线的操作步骤测定吸光度。

在每批样品测定的同时，用 2mL 未采样的吸收液，按相同步骤做试剂空白值测定。

5. 检测结果

将采样体积按式（4—2）换算成标准状态下的采样体积。

空气中甲醛质量浓度按式（6—49）计算。

$$\rho = \frac{(A - A_0) B_s V_1}{V_0 V_2} \tag{6—49}$$

式中　ρ——空气中甲醛质量浓度，mg/m^3；

A——样品溶液的吸光度；

A_0——试剂空白溶液的吸光度；

B_s——计算因子；

V_1——采样时吸收液体积，mL；

V_0——标准状态下的采样体积，L；

V_2——分析时取样品体积，mL。

6. 注意事项

（1）甲醛标准储备溶液稀释 10 倍作为储备液，置于室温下可使用 1 个月。

（2）若采样流量为 1L/min，采样体积为 20L，则测定浓度为 0.01~0.16mg/m^3。

三、油烟中苯并［a］芘测定

1. 原理

用大流量采样器（流量为 1.13m^3/min）连续采集 24h，采用高效液相色谱法，以样品的保留时间和标样相比较来定性，用外标法定量。

2. 仪器

（1）超声波发生器（250W）。

（2）采样器（大流量采样器，1.1~1.7m^3/min）。

（3）离心机（6 000r/min）。

（4）高效液相色谱仪（备有紫外检测器）。

（5）色谱柱。反相，C18柱，柱子的理论塔板数>5 000，柱效用半峰宽法可按式（6—50）计算。

$$n = \frac{5.54t_r^2}{W_{1/2}} \tag{6—50}$$

式中　n——柱效，理论塔板数；

t_r——被测组分保留时间，s；

$W_{1/2}$——半峰宽，s。

3. 试剂

（1）乙腈（色谱纯）。

（2）甲醇。用微孔孔径小于0.5μm的全玻璃砂芯漏斗过滤，如有干扰峰存在，用全玻璃蒸馏器重蒸。

（3）二次蒸馏水。用全玻璃蒸馏器将一次蒸馏水或去离子水加高锰酸钾（碱性）重蒸。

（4）超细玻璃纤维滤膜（过滤效率不低于99.99%）。

（5）苯并［a］芘标准溶液（1.0μg/μL）。

4. 检测步骤

（1）采样

1）采样方法。采样前超细玻璃纤维滤膜于500℃马福炉内灼烧0.5h。将玻璃纤维滤膜取下后，尘面朝里折叠，用黑纸包好，塑料袋密封后迅速送回检测室，-20℃以下保存，7天内分析。

2）样品的处理。先将滤膜边缘无尘部分剪去，然后将滤膜等分成n份，取$1/n$滤膜剪碎入5mL具塞玻璃离心管中，准确加入5mL乙腈，超声提取10min，离心10min，上清液待分析测定。在样品运输、保存和分析过程中，应避免可引起样品性质改变的热、臭氧、二氧化氮、紫外线等因素的影响。

（2）调整仪器　柱温为常温，流动相流量为1.0mL/min，流动相组成如下：

1）乙腈/水。线性梯度洗脱时间组成变化见表6—21。

表6—21　　线性梯度洗脱时间组成变化表

时间/min	溶液组成	时间/min	溶液组成
0	40%乙腈/60%水	35	100%乙腈
25	100%乙腈	45	40%乙腈/60%水

2）甲醇/水（85/15）。紫外检测器测定波长254nm。根据样品中被测组分含量调节记录仪衰减倍数，使谱图在记录纸量程内。分析第一个样品前，应以1mL/min流量的流动相冲洗系统30min以上，检测器预热30min以上，检测器基线稳定后方能进样。

（3）校准

1）标准工作液。先用乙腈将储备液稀释成0.1μg/μL的溶液，然后用该溶液配制3个或 3 个以上浓度的标准工作液。

2）用被测组分进样量与峰面积（或峰高）建立回归方程，相关系数不应低于 0.99，保留时间变异在±2%。

3）每天用浓度居中的标准工作液（其检测数值必须大于 10 倍检测限）做常规校正，组分响应值变化应在 15%之内，如变异过大则重新校准或用新配制的标样重新建立回归方程。

（4）测定　以微量注射器人工进样或自动进样器进样，进样量为 10～40μL。人工进样时，先用待测样品洗涤针头及针筒 3 次，抽取样品、排出气泡，迅速按高效液相色谱的进样方法进样，拔出注射器后用流动相洗涤针头及针筒 2 次。样品浓度过低，无法正常测定时，可于常温下吹入平稳高纯氮气将提取液浓缩。

（5）色谱图

1）定性分析。以样品的保留时间和标样相比较来定性。

2）定量分析。用外标法定量。

3）色谱峰的测量。连接峰的起点与终点之间的直线作为峰底，以峰最大值到峰底的垂线为峰高。垂线在时间坐标上的对应值为保留时间，通过峰高的中点做平行峰底的直线，此直线与峰两侧相交，两点之间的距离为半峰宽。

5. 检测结果

油烟中苯并［a］芘可按式（6—51）计算。

$$\rho = \frac{1\ 000\ VmV_T}{V_i V_s} \tag{6—51}$$

式中　ρ——环境空气可吸入颗粒物中苯并［a］芘浓度，$\mu g/m^3$（标准状况）；

V——标准状态下采气体积，m^3；

m——注入色谱仪样品中苯并［a］芘的量，ng；

V_T——提取液总体积，μL；

V_i——进样体积，μL；

V_s——采样体积，μL。

6. 注意事项

（1）标准工作液浓度的确定应参照飘尘样品浓度范围，以样品浓度在曲线中段为宜，2～5℃避光保存。

（2）被测组分较难定性时，可在提取液中加入标准工作液，依据被测组分峰的增高定性。

四、油烟冷凝物中多环芳烃测定

1. 原理

将一定量的油烟冷凝物用环己烷溶解，以 N，N-二甲基甲酰胺分次萃取，加入 2%的硫酸钠溶液，分层，再以环己烷反萃取水溶液中的多环芳烃，环己烷萃取液经浓缩定容后，高效液相色谱法分析。

2. 仪器

（1）分液漏斗（500mL、1 000mL）。

（2）高效液相色谱仪（DX-500 离子色谱仪/荧光检测器）。

3. 试剂

（1）环己烷（分析纯）。

（2）*N*，*N*-二甲基甲酰胺（分析纯）。

（3）硫酸钠溶液（2%）。

4. 检测步骤

（1）样品提取　从油烟机的油盒内称取一定量的油烟冷凝物于小烧杯中，用环己烷溶解后，以 *N*，*N*-二甲基甲酰胺分 3 次萃取，合并二甲基甲酰胺溶液，加入一定量 2%的硫酸钠溶液，充分混匀，静置，再以环己烷分 3 次反萃取水溶液中的多环芳烃，合并环己烷，浓缩定容后供高效液相色谱法分析。

（2）样品检测　柱温为室温，梯度淋洗：B 组分为 75%和 25%的水，C 组分为 100%的甲醇。开始时 B 组分 100%，至 30min 时改变为 C 组分 100%，保持 30min，流量 0.5mL/min。荧光激发波长 404nm，发射波长 295nm。多环芳烃各组分用保留时间定性，采用标准曲线法峰高/峰面积定量。

5. 检测结果

多环芳烃的含量可按式（6—52）计算。

$$w = \frac{\rho_1 V_1}{m} \tag{6—52}$$

式中　w——油盒冷凝物样品中多环芳烃组分的含量，μg/g；

ρ_1——用标准曲线法实测浓缩液中多环芳烃的含量，μg/mL；

V_1——样品浓缩定容后的体积，mL；

m——所称取的油盒冷凝物样品的质量，g。

6. 注意事项

（1）根据高效液相色谱仪的型号和性能，制定出分析多环芳烃各组分的最佳色谱条件。

（2）取样者必须熟悉被取产品的特性和安全操作的有关知识及处理方法。

练　习　题

1. 填空题

（1）溶剂型木器涂料主要检测________、________、________、________等危害物。

（2）________、________是聚氯乙烯卷材检测的常规项目。

2. 简答题

（1）试述人造板材中甲醛释放量的测定方法与原理。

（2）测定甲醛释放量所用气候箱有何要求？

（3）简述室内涂料挥发性有机化合物含量的测定。

（4）试述木家具中甲醛释放量的检测方法。

（5）简述聚氯乙烯卷材中可溶性重金属的检测方法。

（6）论述溶剂型木器涂料中苯、甲苯、二甲苯的检测步骤。

（7）试述厨房油烟的主要污染物及采集方法。

（8）论述聚氯乙烯卷材中污染物的主要来源及其测定方法。

第七章

室内环境检测质量保证

本章学习目标

★ 了解室内环境检测质量保证的基本概念、基本知识。

★ 熟悉标准品及其作用和使用，熟悉检测室的管理和质量控制，熟悉采样的质量保证。

★ 掌握检测数据的质量保证，准确度的评价方法、灵敏度的估算，以及检测方法的选择。

第一节　检测数据的质量保证

检测数据是室内环境检测的结果。室内环境检测样品成分往往是极为复杂的，具有极强的时间性和空间性，同一个样品往往又涉及一个较大的区域范围。在许多情况下，对于同一个样品，常常需要众多检测室按照规定和计划同时进行检测。如果没有一个科学的室内环境检测质量保证体系，由于检测人员的技术水平、仪器设备、地域等差异，难免会出现调查资料互相矛盾、数据不能利用的情况，造成人力、物力和财力的浪费。

错误的数据一定导致错误的判断和错误的决策，后果是无法承受的。在室内环境检测的各个环节开展质量保证工作，实现检测数据具有准确性、精密性、可比性是非常重要的。只有取得合乎质量要求的检测结果，才能正确地指导人们认识环境、评价环境、管理环境、治理环境，这也是实施室内环境检测质量保证的根本意义。

一、基本概念

（一）误差

室内环境检测常常使用各种方法来完成。由于被测量的数值形式通常不能以有限位数表示，或者由于认识能力的不足和科学技术水平的限制，测量值和真值并不完全一致，即存在误差。从检测的原理、检测所用的仪器及仪器的调整到对物理量的每次测量，都不可避免地存在误差，并贯穿于一切检测的全过程中。

测量值与真值之间的差异称为误差（大于真值为正，小于真值为负）。误差有两种表示方法，即绝对误差和相对误差。

1. 绝对误差和相对误差

（1）绝对误差　测量值与真值之差称为绝对误差，反映测量值偏离真值的大小。

（2）相对误差　绝对误差与真值的比值叫相对误差，即相对误差 = 绝对误差/真值×100%。

绝对误差和相对误差均有正负之分。正值和负值分别表示分析结果偏高或偏低。

实际测定中真值是难以得到的，人们通常用两种方法来近似确定真值，并称之为约定真值。一种方法是采用相应的高一级精度的计量器具所复现的被测量值来代表真值，另一种方法是以在相同条件下多次重复测量的算术平均值来代表真值。

2. 误差的分类

误差按其产生的原因和性质可分为系统误差、随机误差和过失误差。

（1）系统误差　系统误差是由某种固定的原因造成的，使测定结果系统偏高或偏低。当重复进行测量时，它会重复出现。系统误差的大小、正负是可以测定的，至少从理论上来说是可以测定的，所以又称可测误差。系统误差会影响检测结果的准确度。

1）方法误差。这种误差是由检测方法本身所造成的。

2）仪器和试剂误差。仪器误差来源于仪器本身不够精确，试剂误差来源于试剂不够纯。

3）操作误差。这种误差是由分析人员所掌握的分析操作与正确的分析操作有差别所引起的。

4）主观误差。主观误差又称个人误差。这种误差是由检测人员本身的一些主观因素造成的，有时被列入操作误差中。

（2）随机误差　随机误差又称偶然误差，它是由一些随机的、偶然的原因造成的。例如测量时环境的温度、湿度和气压的微小波动，仪器的微小变化，检测人员对各份样品处理时的微小差别等，这些不可避免的偶然原因，都将使分析结果在一定范围内波动，引起随机误差。由于随机误差是由一些不确定的偶然原因造成的，因而是可变的，有时大、有时小、有时正、有时负，所以随机误差又称不定误差。随机误差在分析操作中是无法避免的，会直接影响分析结果的精密度。

（3）过失误差　由于检测工作上的粗枝大叶、不遵守操作规程等而造成误差被称为过失误差。必须严格遵守操作规程，一丝不苟、耐心细致地进行检测，养成良好的检测习惯。如已发现错误的测定结果，应予剔除，不能参加计算平均值。

（二）偏差

单次测量值（x_i）与多次测量平均值（$\bar{x}$）的偏离称为偏差。偏差越小，精密度越高；反之，精密度越低。偏差分为绝对偏差、相对偏差、平均偏差、相对平均偏差、标准偏差、相对标准偏差和方差等。

设一组测量值为 x_1、$x_2 \cdots x_n$，其算术平均值为 $\bar{x}$，对单次测量值 x_i，其绝对偏差为 $d_i =$

$x_i-\bar{x}$；相对标准偏差为 $RSD=\frac{d_i}{\bar{x}}\times 100\%$。

在实际测定中，测定次数有限，一般 $n<30$，此时，统计学中，用样本的标准偏差 s 来衡量分析数据的分散程度：

$$s=\sqrt{\frac{\sum_{i=1}^{n}(x_i-\bar{x})^2}{n-1}} \tag{7—1}$$

式中"$n-1$"为自由度，它说明在 n 次测定中，只有"$n-1$"个可变偏差。引入"$n-1$"，主要是为了校正以样本平均值代替总体平均值所引起的误差。

（三）有效数字

在室内环境检测工作中需要对大量的数据进行记录、运算、统计、分析。有效数字是指在检测工作中实际能够测量得到的数字，在保留的有效数字中，只有最后一位数字是可疑的（有±1 的误差），其余数字都是准确的。有效数字不仅表示出数量的大小，同时反映了测量的精确程度。有效数字的修约规则是"四舍六入五考虑；五后非零则进一，五后皆零视奇偶，五前为偶应舍去，五前为奇则进一"。

例如滴定管的读数 25.31mL 中，25.3 是确定的，0.01 是可疑的，可能为 25.31±0.01mL。有效数字的位数由所使用的仪器决定，不能任意增加或减少位数。如滴定管的读数不能写成 25.610mL，因为仪器无法达到这种精度，也不能写成 25.6mL，因为这样就降低了仪器的精度。

（四）准确度的评价方法

测定值和真值之间符合的程度称为准确度，准确度高低主要由系统误差所决定，但也包含随机误差。测定值和真值之间越符合表示测定越准确，即准确度越高。测定值比真值大时，误差是正的；测定值比真值小时，误差是负的。

方法的准确度一般情况下可用标准物质加入法测定回收率，做干扰试验及用洗脱和解吸效率等方法，来评估准确度。

1. 用标准物质评价方法准确度

将标准物质当作样品一样测定，计算测定值与标准物质给定值之间误差。如果误差是在标准物质的允许限之内，或相对误差小于±10%，则表明方法是可信的。

2. 用标准加入法测定回收率

（1）将已知量的被测物的标准物加入样品中作为加标准样品，然后测定加标准样品和原样品中被测物组分的含量。该加入量与测定结果对比，测定结果是从加标准样品的分析结果（A）中扣除原样品的分析结果（B）得到的，按式（7—2）计算回收率。

$$R=\frac{A-B}{C}\times 100\% \tag{7—2}$$

式中　R——回收率，%；

A——加标准样品测得总量；

B——原样品的测得量；

C——标准加入量。

（2）加入标准量必须是以加标准后的样品测定值仍在方法测定范围之内。加标准量过高，实际意义不大；加标准量过小，由于本底值波动可使回收率波动很大，造成难以评价或错评。

（3）要在标准曲线浓度范围内（低、高）两个不同浓度点做标准加入法的回收率，每个浓度点至少重复 6 次，相对标准偏差小于 10%，回收率 90%以上。

3. 洗脱和解吸效率

对于用填充柱管或浸渍滤料采样，应给出溶剂洗脱或热解吸效率，以修正方法的测定值，试验方法如下。

（1）取 18 支采样管分为 3 组，每组 6 支，加入一定量的被测物标准气或标准溶液，放置 12h 使其平衡。其加入量一般为被测物浓度在 0.5 倍、2 倍和 5 倍卫生标准规定的最高允许浓度界限值时，在方法规定的采样体积下估计所采得的量。加入标准溶液时体积应小于 10μL。

（2）各管用溶剂洗脱或热解吸后进行测定，同时用含相同量的标准气或标准溶液，不经洗脱或解吸步骤直接测定作为对照试验，比较两者测定结果。用式（7—3）计算洗脱效率或解吸效率 E。

$$E = \frac{\text{经洗脱剂洗脱或热解吸后的测定值}}{\text{对照试验值}} \times 100\% \qquad (7—3)$$

洗脱剂洗脱效率或热解吸效率在 90%以上，3 组平均相对标准偏差在 10%以下，可认为这种洗脱方法或解吸方法是可以接受的。

4. 干扰试验

（1）进行干扰试验的干扰物质应选择现场空气中与被测物可能共存的物质或在反应原理中已知可能干扰的物质。

（2）干扰试验中被测物质浓度应是相当于卫生标准规定的最高允许浓度界限值的 0.5~5 倍，加入干扰物的量应是可能共存的最大量或者取干扰物的最高允许浓度的相当量。

（3）加入干扰物质后，使测定误差超过方法误差允许限时或相对误差大于±10%，可认为有干扰。

5. 样品储存的稳定性

配制卫生标准规定的最高允许浓度的标准气体，共采 30 个样品，或用吸收液配制相当于上述浓度的标准溶液 30 份，立即测定 6 个，其余放置在室温下保存，分别在 1 天、3 天、5 天、7 天后检测，每次检测 6 个。观察样品在室温下储存的稳定性。以各测得浓度的平均值与立即检测的平均值相对误差在 10%以内的放置时间为适宜储存时间。如果样品需要放在冰箱中储存，应按同样方法观察其稳定性，以确定适宜的样品储存时间。

（五）精密度

精密度是分析方法最关键的技术指标，常用来衡量分析结果的好坏，并以标准偏差表示。精密度反映了测试数据的离散程度，通过重复测定可以获得较好的精密度。但是，要想知道其离散程度的大小和其稳定性，就需要做多次重复的测量，即随时间的推移或试验条件的变化进行复测。

为满足某些特殊需要，引用下述三个精密度的专用术语。

1. 平行性

在同一检测室中，当分析人员、分析设备和分析时间都相同时，用同一分析方法对同一样品进行双份或多份平行样测定结果之间的符合程度。

2. 重复性

在同一检测室内，当分析人员、分析设备及分析时间中的任一项不相同时，用同一分析方法对同一样品进行两次或多次独立测定所得结果之间的符合程度。

3. 再现性

用相同的方法，对同一样品在不同条件下获得的单个结果之间的一致程度。不同条件指不同检测室、不同分析人员、不同设备或不同（或相同）时间等。

4. 精密度的评价

在方法测定范围内选择相当于0.5倍、2倍和5倍卫生标准规定的最高允许浓度界限的3个浓度点，在6天内至少进行6次重复测定，根据n次测定值x_i计算每个浓度点的平均值$\bar{x}$和标准偏差s。用相对标准偏差（RSD），以及3个浓度点的平均相对标准偏差（$MRSD$）表示方法的精密度。

（1）计算每个浓度点重复测定的标准偏差：

$$s = \sqrt{\frac{\sum (x_i - \bar{x})^2}{n - 1}} \tag{7—4}$$

式中　s——标准偏差；

x_i——各次测定值；

$\bar{x}$——测定值的平均数；

n——重复测定次数（$n \geqslant 6$）。

（2）计算每个浓度点重复测定的相对标准偏差（RSD）：

$$RSD = \frac{s}{\bar{x}} \times 100\% \tag{7—5}$$

式中　$\bar{x}$——每个浓度点的平均值；

其他符号同上式。

$$MRSD = \sqrt{\frac{(n_1 - 1)RSD_1^2 + (n_2 - 1)RSD_2^2 + (n_3 - 1)RSD_3^2}{(n_1 + n_2 + n_3) - 3}} \tag{7—6}$$

式中　$MRSD$——平均相对标准偏差；

n_1，n_2，n_3——分别为3个浓度点的测定次数；

RSD_1、RSD_2、RSD_3——分别为3个浓度点的相对标准偏差。

（3）精密度的界限。对0.5倍浓度点的相对标准偏差应在10%以内，2倍以上浓度点的相对标准偏差和3个浓度点的平均相对标准偏差均应在7%以内。

（六）灵敏度的估算

灵敏度是指该方法对单位浓度或单位量的待测物质的变化所引起的响应量变化的程度，它可以用仪器的响应量或其他指示量与对应的待测物质的浓度或量之比来描述。其含义是工作曲线的斜率。因此，无论使用何种检测方式，对灵敏度的测量，首先是配制标准系列，绘制标准曲线，然后再计算回归线的斜率。

1. 分光光度法

以标准曲线回归后的斜率（s）表示方法灵敏度。斜率倒数表示计算因子（B_s 或 B_g）。

2. 原子吸收法

以能产生1%吸收（相当于0.004 4吸光度单位）时溶液中被测元素的浓度（μg/mL）或被测元素的含量（ng）表示方法的灵敏度。前者用于火焰原子化法，后者用于无火焰原子化法。首先从标准曲线上得到吸光度为0.1时的被测元素的浓度值ρ（μg/mL），然后用式（7—7）计算。

$$灵敏度 = \rho \times \frac{0.0044}{0.1} = 0.044\rho \quad (7—7)$$

3. 电位分析法

在能斯特线性范围内，被测物质每变化10倍的浓度所引起电位差的值表示方法灵敏度。在理论上：

$$灵敏度 = \frac{2.303RT}{Z_i F} \quad (7—8)$$

式中 R——气体常数8.314J/（K·mol）；

T——热力学温度，K；

Z_i——被测离子的电荷数；

F——法拉第常数，9.6485×10^4 C/mol。

对于一价离子，在25℃时为59.16mV。实测时，在半对数坐标纸上，以被测物的各浓度作对数格的横坐标，测量电位值（mV）作纵坐标，绘制标准曲线。从标准曲线上得到每改变10倍浓度所对应的电位差（mV），即为离子选择电极的灵敏度。

4. 色谱法和其他方法

单位响应值（mm或mm^2，μA或mV）所对应的物质含量（μg或mg/m^3）来表示方法的灵敏度。

（七）检出限和测定下限的估算

试剂空白值是不含被测物质的零浓度点的测定值。它是对实验中配试剂用水（纯水、蒸馏水或特殊处理的纯水）、试剂和溶剂（不加被测组分）与样品分析的同时所做的试剂空白实验，测定空白值的操作步骤应包括与样品处理相同的全过程。

通常在做分光光度测定时，试剂空白值至少测6批，对一些数据波动较大的测定方法（如冷原子吸收法）应做不少于10批。每批（天）测定6个空白实验，计算每批平均值和批内标准差（S_{wb}）、总标准差（S_{tb}）。

批内标准偏差：

$$S_{wb} = \sqrt{\frac{\sum (x_i - \bar{x})^2}{n-1}} \quad (7—9)$$

总标准偏差：

$$S_{tb}=\sqrt{\frac{\sum x_i-\frac{(\sum x_i)^2}{N}}{m(n-1)}} \tag{7—10}$$

式中　x_i——测定值；

N——m 批（天）数内的总测定次数；

m——批（天）数；

n——批（天）内测定次数。

检出限为在给定的概率 $P=95\%$（显著水准为 5%）时，能够定性地区别于零的最低浓度或含量。测定下限为在给定的概率 $P=95\%$（显著水准为 5%）时，能够定量地检测出的最低浓度或含量。

1. 分光光度法

重复多次（至少 6 次）测定的试剂空白吸光度值，以试剂空白值吸光度的 3 倍标准差或吸光度在 0. 01 处所对应的浓度或含量作为检出限值，两者中取最大值；取 10 倍试剂空白吸光度值的标准偏差或吸光度在 0. 03 处，所对应的浓度或含量作为测定下限值，两者中取最大值。

2. 原子吸收法

（1）配制约等于 5 倍预期测定下限浓度的含基质的被测物的标准溶液和一个含基质的空白溶液。

（2）将仪器调至最佳操作条件后，依空白→标准→空白→标准的顺序，测量标准溶液和空白溶液的吸光度值，不少于 10 次。

（3）分别计算每个标准溶液前后空白溶液吸光度值的平均值，并以每个标准的吸光度值减去空白溶液吸光度的平均值，得到修正的标准溶液的吸光度值，由修正的吸光度值从标准曲线上求出相应的浓度值。

（4）计算出标准溶液的平均浓度值和标准偏差。按式（7—11）、式（7—12）计算检出限和测定下限。

$$\text{检出限}(\mu g/mL)=\frac{\text{标准溶液浓度}\times 3\times\text{标准偏差}}{\text{标准溶液测得的平均浓度}} \tag{7—11}$$

$$\text{测定下限}(\mu g/mL)=\frac{\text{标准溶液浓度}\times 10\times\text{标准偏差}}{\text{标准溶液测得的平均浓度}} \tag{7—12}$$

或将吸光度在 0. 01 处所对应的浓度值作检出限，两者中取最大值。

或将吸光度在 0. 03 处所对应的浓度值作测定下限，两者中取最大值。

3. 气相色谱法和其他方法

将气相色谱仪器调试到最佳测试条件，高阻调至最大，衰减调至最小，其基线噪声在一格以下（10mV 记录仪在 0. 1mV 以下）。若噪声太大时，可调节衰减或高阻，使噪声水平降至 1 格以下。以记录仪 2 格所对应的被测物质浓度或含量作为检出限。以记录仪 5 格所对应的被测物质浓度或含量作为测定下限，或以噪声的 2 倍为检出限，噪声的 5 倍为测定下限。

在空气污染物检测检验中常常是一些低浓度或低含量的气样，测定结果低于方法测定下限值，或高于检出限，因此，应报实际测定值；低于检出限的浓度，并不说明该空气中不存在被测物质，而是取决于所使用的分析方法、仪器的灵敏度。因此，在对这种情况的测定结果进行统计计算时，低于检出限的测定值，可以取方法检出限的一半作测定结果报出，使之成为一个具体的数字参加计算。

二、直线回归和相关

考察两个变量 x 和 y 之间的关系。变量和变量之间存在三种关系：第一种是完全无关；第二种是有确定性关系，例如当火车的速度一定时，距离和时间的关系可以表示为 $s=vt$；第三种是有相关关系，即两个变量之间既有联系，但又不确定。

研究变量与变量之间关系的统计方法称为回归分析和相关分析。前者主要是用于找出描述变量间关系的定量表达式，以便由一个变量的值而求另一变量的值；后者则用于度量变量之间关系的密切程度，即当自变量 x 变化时，因变量 y 大体上按照某种规律变化。

（一）直线回归方程

将两个变量（x，y）间的关系用方程式表示出来，这样便可以从这个变量推算另外一个变量。这种推算式的求得，总称为回归。直线回归是其中很简单的一种。

如果有很多对变量数据（x，y），并且在每对变量之间有一定的函数关系，那么画出来的曲线一定是能够通过各点的一条直线（曲线）。若图形成一条直线，回归方程式为：

$$y = bx + a \tag{7—13}$$

式中　b——常数，代表直线的斜率；

　　a——常数，代表直线在 y 轴上的截距。

（二）相关系数

变量与变量之间的不确定关系称为相关关系，它们之间线性关系的密切程度用相关系数 r 表示，它决定着标准曲线的好坏和样品测定结果的准确度。标准曲线中回归直线的相关系数 r 应该大于或等于 0.999。

（三）标准曲线的绘制

1. 标准曲线的浓度范围

标准曲线的浓度范围是通过绘制标准曲线来确定的。分析方法的测定范围是指标准曲线的线性部分所对应的上限值到下限值之间的区域。在规定的采样体积及分析条件下，标准曲线各点对应的浓度范围应该尽可能包括被测物质 0.5~5 倍卫生标准规定的最高允许浓度界限值。通常以标准曲线的浓度范围来估算方法的测定范围，测定上限值为标准曲线的最高浓度点。对于比色法和分光光度法，取净吸光度值（减去空白值）为 0.03 在标准曲线上对应的浓度（含量）或空白值的 10 倍标准差计算，作为测定下限；对于色谱法和电化学分析法等，测定范围的下限值，是以噪声的 5 倍所相当的浓度（含量）或以线性浓度范围的测定下限表示。

2. 标准曲线的浓度点数

比色法和分光光度法的标准曲线一般不少于 5 个浓度点，其中包括一个试剂空白的零浓度点。测量范围的净吸光度值（减去零浓度点的吸光度值）应该控制在 0.03~0.7 范围内。其他仪器分析方法的标准曲线一般不少于 3 个浓度点，测定范围的响应值应该控制在满量程的 0.05~0.9，同时以零浓度做试剂空白测定。

3. 标准曲线的绘制

对每个浓度点至少重复做6次，各个浓度点重复测定的平均相对标准偏差应该小于或等于7%，上、下限浓度点应该控制在小于或等于10%。以被测物质各浓度或含量为横坐标，对应各点的平均响应值为纵坐标，绘制标准曲线。

（四）单点校正法求校正因子

在测定线性范围内，可使用单点校正法求校正因子。在样品测定的同时，分别取试剂空白（或零空气）和与样品浓度相接近的标准溶液（或标准气体），在相同条件下进行至少3次测定，取其平均值，按式（7—14）计算被测物的校正因子。

$$f = \frac{c_0}{A - A_0} \tag{7—14}$$

式中　f——校正因子，浓度（或含量）/响应值；

c_0——标准溶液（或气体）的浓度或含量；

A——标准溶液（或气体）的平均响应值；

A_0——试剂空白（或零空气）的平均响应值。

三、室内外质量控制数据分析

1. 室内检测质量控制

（1）采用国内统一的、推荐的分析方法或选择合适的分析方法。

（2）对已确定的方法的每个操作步骤和条件必须正确运用。

（3）校正标准溶液、试剂和仪器，并做平行标准样品（一般累计做20次），评价准确度和精密度。

（4）设计控制图，一般绘制x—R图。

（5）做平行样品的精密度试验，一般平行6次可做评价。

2. 室外检测质量控制

室外检测的质量控制是对检测室与检测室之间测定结果的误差评价。要取得各检测室之间分析结果的可比性，就要取决于各检测室的自行控制。室内控制要采用统一的分析方法或选择合适的分析方法和正确的操作。

3. 室外控制分析数据的准确性

在收集数据中，分析结果的准确性是非常重要的。

（1）样品要在来自总体的基础上提供数据，它应该能够反映当时气样的情况，而不是由于检测室内分析造成误差。

（2）要从许多检测室得到满意的准确度，必须采用可靠的分析方法，对已制定的标准方法或参考方法必须正确操作。

第二节　检测室的质量保证

检测室是获得检测结果的关键部门，要使检测质量达到规定水平，必须有合格的检测室和合格的检测操作人员，具体包括：仪器的正确使用和定期校正；玻璃仪器的选用和校正；化学试剂和溶剂的选用；溶液的配制和标定；试剂的提纯；检测室的清洁度和安全工作；检测人员的操作技术和分离技术等。

仪器和玻璃量器是为分析结果提供原始测量数据的设备，它的选择视检测项目的要求和检测室条件而定。仪器和量器的正确使用、定期维护和校准是保证监测质量、延长使用寿命的重要工作，也是反映操作人员技术素质的重要方面。

一、检测室的管理

（一）仪器设备

检测室检测仪器是室内环境检测工作的主要装备，各类仪器的精度、使用环境、使用条件、校正方法及日常维护要求都不尽相同，因此在检测仪器的管理中必须采取相应的措施，才能保证仪器设备的完好和检测工作的质量。

（1）各种精密贵重仪器以及贵重器皿（如铂器皿和玛瑙研钵等）要有专人管理，分别登记造册、建卡立档。仪器档案应包括仪器说明书，验收和调试记录，仪器的各种初始参数，定期保修、检定、校准以及使用情况的登记记录等。计量仪器，如天平的砝码及各种量具，必须使用国家计量部门鉴定后或经过有关部门的标准仪器校正后方可使用。仪器的设置地点应考虑防震、防潮、防腐蚀、防尘。

（2）精密仪器的安装、调试、使用和保养维修均应严格遵照仪器说明书的要求。上机人员应通过专业培训和考核，考核合格方可上机操作。要具备一套用于经常校正的校准设备（包括天平的标准砝码、标准计量仪表和容量刻度以及校正分光光度的波长和气体流量等设备），以对其他相应仪器进行校正。

（3）使用仪器前应先检查仪器是否正常。仪器发生故障时，应立即查清原因，排除故障后方可继续使用，严禁仪器带“病”运转。

（4）仪器用完之后，应将各部件恢复到所要求的位置，及时做好清理工作，盖好防尘罩。

（5）仪器的附属设备应妥善安放，并经常进行安全检查。

（6）大型精密仪器检测室中应配置相应的空调设备和除湿除尘设备。

（二）试剂、标准品

1. 试剂与试液

检测室中所用试剂、试液应根据实际需要，合理选用相应规格的试剂，按规定浓度和需要量正确配制。

所用试剂必须符合方法所规定的条件，对标准物质除必须使用分析试剂来配制外，有的还要求用更纯净的标准品，如色谱纯、光谱纯或特殊要求的试剂等。

试剂和配好的试液需按规定要求妥善保存，注意空气、温度、光、杂质等影响。另外要注意保存时间，一般浓溶液稳定性较好，稀溶液稳定性较差。通常，较稳定的试剂，如0.001mol/L溶液可储存一个月以上，0.000 1mol/L溶液只能储存一周，而0.000 01mol/L溶液需当日配制，故许多试液常配成浓的储存液，临用时稀释成所需浓度。配制溶液均需注明配制日期和配制人员，以备查核追溯。由于各种原因，有时需对试剂进行提纯和精制，以保证分析质量。

对所用蒸馏水或去离子水以及所储存这些纯水的容器要求不含任何杂质，至少对所有最灵敏的方法无任何干扰影响，所有玻璃容器（包括器皿）要严格按规定处理并作为专用。对高纯水（双蒸馏水或高纯去离子水电阻值应为 300MΩ 以上）的储存容器不宜用玻璃制容器，应储存在已证明无任何杂质的石英容器或塑料容器内。当每批试剂或标准物更换时，或到一定时期，均要重新建立新的质量控制图。

一般化学试剂分为四级：一级试剂用于精密的分析工作，主要用于配制标准溶液；二级试剂常用于配制定量分析中的普通试液，如无注明，室内环境检测所用试剂均应为二级或二级以上；三级试剂只能用于配制半定量、定性分析中的试液和清洁液等；四级试剂杂质含量较高，但比工业品的纯度高，主要用于一般的化学试验。其规格见表 7—1。

表 7—1　化学试剂的规格

级别	名称	代号	标签颜色
一级品	优级纯	G. R.	绿色
二级品	分析纯	A. R.	红色
三级品	化学纯	C. P.	蓝色
四级品	试验试剂	L. R.	棕色或其他色

2. 标准品

标准品（标准物质）是指具有一种或多种足够均匀并已经很好地确定其特性量值的材料或物质。我国的标准物质以 BW 为代号，分为国家一级标准物质和二级标准物质（部颁标准物质）。具体要求见本章第三节相关内容。

二、检测室的质量控制

1. 对比试验

对比试验是指对同一样品采用不同的检测方法进行测定，比较结果的符合程度来估计测定准确度。对于难度较大而不易掌握的方法或测得结果有争议的样品常用此法，必要时还可以进一步交换操作者，或交换仪器设备或两者都交换。将所得结果加以比较，以检查操作稳定性和发现问题。

2. 对照试验

在进行环境样品检测的同时，对标准物质进行平行检测，将后者的测定结果与浓度进行比较，以控制准确度被称为对照试验。也可以由他人（上级或权威部门）配制（或选用）标准样品，但是不告诉操作人员浓度值（该样品通常称为密码样品），然后由上级或权威部门对结果进行检查，这也是考核操作人员的一种方法。

3. 质量控制图

质量控制图是检测室内部实行质量控制的一种常用的、简便有效的方法，它可用于准确度和精密度的检验。

质量控制图主要是反映分析质量的稳定性情况，以便及时发现某些偶然的异常现象，随时采取相应的校正措施。因此，它一般用于经常性的分析项目。编制质量控制图的基本假设是：测定结果在受控条件下具有一定的精密度和准确度，并按正态分布。因而测量值落在总

体平均值 μ 两侧 3σ 范围内的概率为 99.73%。

质量控制图一般采用直角坐标系，横坐标代表抽样次数或样品序号，纵坐标代表作为质量控制指标的统计值。质量控制图的基本组成如图 7—1 所示。

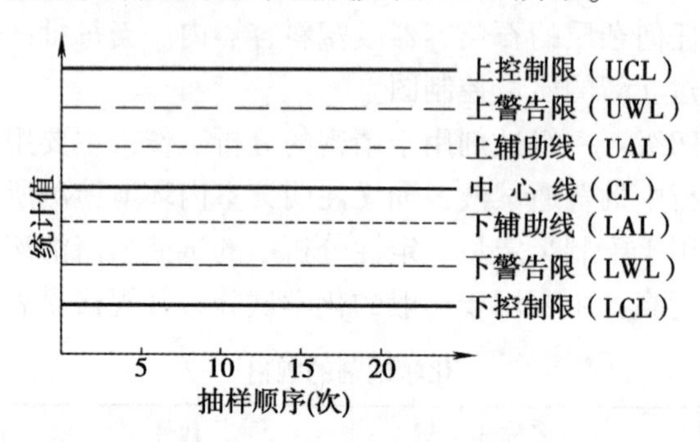

图 7—1 质量控制图的基本组成

质量控制图中各条线及区域的意义为：预期值——图中的中心线（CL）；目标值——图中上、下警告限（WL）之间区域；实测值的可接受范围——图中上、下控制限（CL）之间的区域；辅助线（AL）——上、下各线在中心线与警告限的中间。

质量控制图是检测室内部进行质量控制的一种有效手段。当对某个项目进行测定时，即使是同一个人进行操作，并且采用同一种分析方法，所得到的一组分析结果也会存在一定的随机误差，反映在质量控制图上就是这些点不可能都落在中心线上，而是分布在中心线的上、下两侧。这在通常情况下是允许的，结果是可信的。但当某个结果超出了随机误差的允许范围时（数据点落到上、下控制限以外），则根据数理统计原理可以断定这个结果是异常的，是不可信的。质量控制图可以起到这种监督和仲裁作用，因此，它就成为检测室内质量控制最常用的方法之一。

根据不同检测项目的质量控制图可以有许多种类，如均数控制图、空白试验值控制图、准确度控制图、均数-极差控制图、回收率控制图等。下面以均数控制图为例进行说明。

编制质量控制图时，需要准备一份质量控制样品，其浓度与组成尽量与环境样品相近，且性质稳定而均匀。用与分析环境样品相同的分析方法在一定时间内（例如，每天分析一次平行样，平行分析两份，求均值 $\bar{x}_i$），重复测定控制样品 20 次（不可将 20 次重复试验同时进行，或一天分析二次或更多），其分析数据总体平均值 $\bar{\bar{x}}$、标准偏差 s 和平均极差 $\bar{R}$ 等值，按下列公式计算，以此来绘制质量控制图。

$$\bar{x}_i = \frac{x_i + x'_i}{2}$$

$$\bar{\bar{x}} = \sum \frac{\bar{x}_i}{n}$$

$$s = \sqrt{\frac{\sum \bar{x}_i^2 - \frac{\left(\sum \bar{x}_i\right)^2}{n}}{n - 1}}$$

$$R_i = |x_i - x_i'|$$

$$\bar{R} = \sum \frac{R_i}{n}$$

以测定顺序为横坐标，相应的测定值为纵坐标作图，同时作有关控制线：中心线——以总体均值 $\bar{\bar{x}}$ 估计 μ；上、下警告限——按 $\bar{\bar{x}}\pm2s$ 值绘制；上、下控制限——按 $\bar{\bar{x}}\pm3s$ 值绘制；上、下辅助线——按 $\bar{\bar{x}}\pm s$ 值绘制。

在绘制控制图时，落在 $\bar{\bar{x}}\pm s$ 范围内的点数应占总数 68%，若小于 50%，则分布不合适，此图不可靠。若连续 7 点位于中心线同一侧，表示数据失控，此图不适用。

控制图绘制后，应标明绘制控制图的有关内容和条件，如测定项目、分析方法、溶液浓度、温度、操作人员和绘制日期等。

均值控制图的使用方法：根据日常工作中该项目的分析频率和分析人员的技术水平，每间隔适当时间，取两份平行的控制样品，随环境样品同时测定，对操作技术较低的人员和测定频率低的项目，每次都应同时测定控制样品，将控制样品的测定结果（$\bar{x}_i$）依次点在控制图上，根据下列规定检验分析过程是否处于受控状态。

（1）若此点在上、下警告限之间区域内，则测定结果处于受控状态，环境样品分析结果有效。

（2）若此点超出上述区域，但仍在上、下控制限之间的区域内，表示分析质量开始变劣，可能存在“失控”倾向，应进行初步检查，并采取相应的校正措施。此时环境样品的结果仍然有效。

（3）若此点落在上、下控制限以外，则表示测定过程已经失控，应立即查明原因并予以纠正。该批环境样品的分析结果无效，必须待方法校正后重新测定。

（4）若遇到 7 点连续上升或下降时，表示测定有失去控制的倾向，应立即查明原因，予以纠正。

（5）即使过程处于受控状态，尚可根据相邻几次测定值的分布趋势，对分析质量可能发生的问题进行初步判断。

当控制样品测定次数累积更多之后，这些结果可以和原始结果一起重新计算总平均值、标准偏差，再校正原来的控制图。

第三节　检测方法的质量保证

一、采样的质量保证

为了获得精确可靠的数据，除了检测室管理以外，对于所测定的对象（样品）也应有严格的质量要求。

1. 采样技术

采样是否合理直接关系到检测数据的质量。如果采样方法不正确或不规范，即使操作者再细心、检测室检测再精确、检测室的质量保证和质量控制再严格，也不会得出准确的测定结果。

采样时应明确规定采样的时间和地点、采样周期和频率以及采样方法和仪器，还应取得采样时的气象参数或气象部门提供的有关气象资料。这样才能保证所分析气样具有代表性、均匀性和稳定性。采样前后的质量保证措施如下：

（1）气密性检查。有动力采样器在采样前应该对采样系统进行气密性检查，不得漏气。

（2）流量校准。采样系统流量要能够保持恒定，采样前和采样后要用一级皂膜计校准采样系统进气流量，使其误差不超过5%。记录校准时的大气压力和温度，必要时换算成标准状态下的流量。

（3）空白检验。在一批现场采样中，应该留有两个采样管不采样，并且按照其他样品管一样对待，作为采样过程中的空白检验，若空白检验超过控制范围，则这批样品作废。

（4）仪器使用前，应按照仪器说明书对仪器进行检验和标定。

（5）在计算浓度时应该将采样体积换算成标准状态下的体积。

（6）采样时要对现场情况、各种污染物以及采样表格中的采样日期、时间、地点、数量、布点方式、大气压力、气温、相对湿度、风速以及采样者签字等做出详细记录，随样品一同报到检测室。

（7）采样前必须准备好一切采样工具，严格遵守样品采集的操作规程，并记录在“检测申请单”上，采样结束后由被采样单位有关人员签字。采集的空气样品必须采取一定的措施，防止变质、损坏、丢失。

（8）为体现公正性、防止弄虚作假，样品采集必须有两人以上参加，一人采样，一人记录，采样结束后都要在相应栏目处签字。

2. 样品的保存

样品的保存包括运输过程和储存的容器及条件，若保存不当，样品就可能被污染或被测组分会损失和变质等。

（1）保存样品对容器的要求

1）要注意保存样品容器的密封性，不得漏气。

2）要注意保存样品容器的化学组成，不得与样品发生化学反应。

3）要注意保存样品容器的材质，不得吸附样品中的任何物质。

（2）保存样品对时间的要求

1）室内环境检测的样品存放时间不宜太长，一般要当天检测完。比如大气、车间空气、生物样品、现场测定的样品一般都不宜长期保存，应当天检测。

2）除特殊情况外，对符合采样要求的，样品性状和数量均能满足保存需要的，确实需要保存的样品，必须有明显标志，标明送样人、接受人、样品名称、编号、保存期（保质期）、留样终止日期等。

3）保存的样品应根据样品性状和保存要求保存于样品室，不得变质、损坏、丢失，外人不得随意进入。

4）一般保存未拆封样品，保存期从报告发出之日起15天，特殊样品（如重大事故等）可申请延长保存期限，但最长不超过2个月。

3. 采样效率

(1) 用液体吸收管采样 在方法测定范围内，采样效率应该在90%以上，否则应该串联更多的吸收管或者改变吸收液。

(2) 用填充柱或浸渍滤料采样 对于洗脱剂洗脱法，应该分别测定采样前后两段填充剂中或者浸渍滤纸上被测物质的含量；对于热解吸法，应该串联两支填充柱，或者用两张浸渍滤纸采样，采样后分别测定前后两支管或两张滤纸上被测物质的含量。采样效率（前段填充剂或前支管或前张浸渍滤纸上被测物质的含量占总量的百分数）在90%以上的采样方法是可以接受的。

(3) 用滤料采集颗粒物 用不同滤料前后交换串联进行试验，选择效率最高者。或者用一个已知采样效率高的方法同时采样，或串联在后面进行比较得出。平均采样效率应该在90%以上。

以上各种采样效率试验被测物质含量应在0.5~5倍卫生标准规定的最高容许含量下进行，每个含量为6个样品，精密度应该在方法允许范围之内。

采样方法和仪器选定后，应正确地掌握和使用才能最有效地发挥其作用。因此，严格按照操作规程采样，是保证有较高采样效率的重要条件。

二、标准检测方法和检测方法标准化

1. 标准检测方法

对于一种化学物质或元素往往可以有许多种检测方法可供选择。例如，水体中汞的测定方法就有冷原子荧光法、冷原子吸收法和双硫腙分光光度法等，后两种方法都是国家标准中公布的标准方法。

制定国家标准或者地方（行业）标准检测方法是因为在测定同一个项目时，不同的分析方法具有不同的原理、不同的灵敏度、不同的干扰因素以及不同的操作要求等，因此其测定结果往往不具备可比性。这在室内环境检测工作中是不允许的，所以有必要对各个项目的分析方法做出强制性的规定，并采用标准检测方法。

标准检测方法又称检测方法标准，通常是由某个权威机构组织有关专家进行编写的，因此具有很高的权威性。编制和推行标准检测方法的目的是保证检测结果的平行性、再现性和准确性，不但要求同一检测室的检测人员检测同一样品的结果要一致，而且要求不同检测室的检测人员检测同一样品的结果也要一致。

2. 检测方法标准化

标准是标准化活动的结果，标准化工作是一项具有高度政策性、经济性、技术性、严密性和连续性的工作，开展这项工作必须建立严密的组织机构，同时必须按照一定规范来进行。

三、检测方法的选择

方法选择不当，将会使全部检测工作无用，尤其是对推荐统一的方法或标准方法更要取慎重态度。推荐统一的方法或标准方法要确定其准确度，应由国家权威机构和各检测室、专家与有经验的检测工作者密切合作进行研究。研究的过程往往需要反复进行，产生一个统一的推荐方法或标准方法有时要花几年的时间。

1. 选择程序

检测室应从国际、区域或国家标准中发布的，或由知名的技术组织或有关科学书籍和期刊公布的，或由分析仪器设备制造商指定的方法中选择合适的方法。

（1）由一个专家委员会根据需要选择方法，确定准确度指标。

（2）专家委员会制定一个任务组。一般是指定有关的中央检测室任务组负责设计试验方案，编写详细的试验程序，制备和分配试验样品及标准物质。

（3）任务组负责选定6~10个标准检测室（参加者）参加。参加者的任务是熟悉任务组提供的试验步骤和样品，并按任务组的指令进行测定，将测定结果写出报告，交给任务组。

（4）任务组收到各参加者的报告后，进行数据分析，写出综合报告，上交专家委员会。专家委员会审定后，由权威机构出版发布。如果综合报告达不到预定指标，需要修改试验方案，重做试验，直到达到预定指标为止。

2. 选择要求

标准方法的选定首先要达到所要求的检出限度，其次能提供足够小的随机和系统误差，再者还要对各种环境样品要求能够得到相近的准确度和精密度。另外，也要考虑技术、仪器的现实条件和推广的可能性。

（1）对某一测试指标各检测室应使用相同的一种分析方法，而这种方法必须是能达到国际有关环境卫生标准所要求的准确度和规定的最高允许浓度，这种分析方法同样也包括采样和样品处理等操作的统一。

（2）方法必须能够达到系统误差和随机误差最小的结果。

（3）应考虑方法的检出限和影响结果偏差的因素。例如，取样方法和样品代表性问题，气样采集后的稳定性问题，各种干扰因素问题，所选择的方法对被测物在各种形式中测定的效果问题，校正曲线、空白值（本底测定）问题等。

（4）为了减小误差，对所制备样品和检测步骤必须与处理空白和做校正曲线的方法相同，条件完全一致。

（5）一旦确定方法后，必须对该方法的每个操作步骤做全面的（包括分析结果的计算等）并且很明确的详细说明或注解，以便使没有经验的人员也能按照所规定的条件和步骤得到满意的结果。

3. 新方法的推出

如果检测室为了提高操作效率，对已确定的原分析方法需要变换时，应与原确定的方法进行比较，而且要有连续的可比性，绝不是指偶然次数。同时要达到以下的试验要求：

（1）精密度检验　通常测量精密度的方法是标准差。要进行多日的检测，从而计算结果的标准差。进行多日检测的目的在于所得结果随时间变化的重现性，这样才能真正有代表性。在质量控制中精密度检验的目的是核对所有测定值的精密度。如果样品和标准对新方法检测的精密度近似原确定的方法，就可进一步相信这个方法。

新方法与原确定方法进行比较时，不仅在检测室要对标准样品进行，而且还要用现场气样进行。每一样品起码进行平行检测，检测样品的数量根据具体情况而定，同时还应了解新方法可能遇到的干扰。具体测定精密度的方法可按以下步骤进行：

1）将已知量的某特定组分加到一定浓度的实际样品中，在此浓度范围测定方法的精密度应该是满意的。例如，加一定量组分到低浓度的样品中，使样品的浓度为原浓度的 2 倍，再加另一已知量特定组分到中等浓度的样品中，使得样品最后的浓度为所用方法的上限浓度的 75%。

2）每个浓度应重复测定 7 次，计算标准差。

（2）准确度的检验　用加各个浓度的标准样品到实际样品中的方法，测定回收率。每个浓度的回收率取重复 7 次测定结果的平均值。测定回收率的方法可以检验检测方法的准确程度，估计干扰物质是否存在及其影响情况，并可同时求出精密度，所以回收率测定是常用的方法之一。但是，做回收率并不能使检测结果加上一个校正系数，而是评价某个检测方法是否适合提供试验依据。

对某一方法测定样品时，对它的可靠性有怀疑时才做回收率测定，因此，做回收率测定的方法可以看成是消除怀疑的一种手段。

回收率样品测定具体做法是将已知量的被测物加到几份样品中，每份样品的量应该相当于分析时所取样品的量（条件一致），加入已知量的被测物要足以能克服分析方法的误差极限。也就是说，不能太少，但也不能太多，即以估计加入已知量的被测物和原样品中被测物的总量不能超出标准系列的范围为准。

回收率结果的计算是先从每个测定值中减去试剂空白，校正测定结果。用式（7—15）计算回收率。

$$\text{回收率}=\frac{\text{加入标准物质的样品测得量}-\text{样品原有含量}}{\text{加入标准物质量}}\times 100\% \qquad (7—15)$$

回收率常用于比色法、火焰光度法、原子吸收法、紫外分光光度法、荧光分析法以及电化学分析法，也能用于其他类型的分析。

回收率的评价到目前为止尚没有一个标准尺度，在一个方法的灵敏度范围内，物质的回收率可能高，也可能很低。一般来说，若分析方法的步骤繁杂，又是微量分析，则得到的回收率可能很低。回收率比较低反映出样品中存在干扰物，或者分析方法还不够完善。

（3）其他条件

1）要有足够的灵敏度。

2）国内外有可比性，即与原确定方法或公认的标准方法进行比较。

3）除方法的重现性好外，还要求方法的再现性表现满意，即实验室与检测室之间的精密度好。

4）经许多地区和检测室的考验而被公认。

5）所需仪器设备要易得，操作易掌握，以便于推广。

上述对方法选定的条件如能符合，就可作为指定的比较方法（即统一法）。当然这里指的比较方法，并不是说就是最灵敏、最精确的方法。

四、标准物质

1. 标准物质的条件

标准物质（标准品）是指具有一种或多种足够均匀并已经很好地确定其特性量值的材

料或物质。20 世纪 80 年代，标准物质的发展已进入了在全世界范围内普遍推广使用的阶段。环境标准物质不仅成为室内环境检测中传递准确度的基准物质，而且也是检测室质量控制的物质基础。在世界范围内，目前已有近千种环境标准物质。环境标准物质可以是纯物质，也可以是混合的气体、液体或固体，甚至可以是简单的人造物体。

我国的标准物质以 BW 为代号，分为国家一级标准物质和二级标准物质（部颁标准物质）。国家一级标准物质应具备以下条件：

（1）用绝对测量法或两种以上不同原理的准确、可靠的测量方法进行定值，此外，也可在多个检测室中分别使用准确可靠的方法进行协作定值。

（2）定值的准确度应具有国内最高水平。

（3）应具有国家统一编号的标准物质证书。

（4）稳定时间应在一年以上。

（5）应保证其均匀度在定值的精密度范围内。

（6）应具有规定的合格的包装形式。

作为标准物质中的一类，环境标准物质除具备上述性质外，还应具备以下条件：一是由环境样品直接制备或人工模拟环境样品制备的混合物；二是具有一定的环境基体代表性。

2. 标准物质的作用

标准物质在室内环境检测中具有十分重要而广泛的作用，它不仅是室内环境检测中传递准确度的基准物质，而且也是检测室分析质量控制的重要物质基础。其具体作用如下：

（1）评价检测方法的准确度和精密度，研究和验证标准方法，发展新的检测方法。

（2）校正和标定检测仪器，发展新的检测技术。

（3）在协作试验中用于评价检测室的管理效能和检测人员的技术水平，从而不断地提升检测室提供准确、可靠数据的能力。

（4）把标准物质当作工作标准和监控标准使用，用于质量控制与质量评价。

（5）通过标准物质的准确度传递系统和追溯系统，可以实现国际同行间、国内同行间以及检测室间数据的可比性和时间上的一致性。

（6）作为相对真值，标准物质可以用作室内环境检测的技术仲裁依据。

（7）以一级标准物质作为真值，控制二级标准物质和质量控制样品的制备和定值，也可以为新类型的标准物质的研制与生产提供保证。

3. 标准物质的使用

有了标准物质也不一定在任何情况下均可得到准确可靠的测定结果。标准物质是一种传递准确度的工具，只有当它和测量方法结合在一起，使用得当时，才能发挥其应有的作用。现在国内外提供的标准物质有几百种，因而如何从中选择适合自己工作需要的标准物质，是十分重要的。选择和使用标准物质时需要注意如下几点：

（1）要选择与待测样品的基体组成和待测成分的浓度水平相类似的标准物质。

（2）根据测定工作本身对准确度的要求可选用不同级别的标准物质。例如，在研制标准物质时必须使用一级标准物质，而在普通检测室的分析质量控制时则可使用二级标准物质或工作标准物质。需要哪一种准确度等级的标准物质，选择的原则是标准物质证书给定值的不准确度所带来的误差应不大于测量结果误差的 1/3。

（3）要注意标准物质证书中规定的有效期限能否满足实际工作的需要。

（4）要注意标准物质证书中规定的保存条件，并按证书中的要求妥善保存。

（5）要仔细了解标准物质的量值特点、化学组成、最小取样量和标准值的测定条件等内容。

（6）必须在测量系统经过标准化并达到稳定后方可使用标准物质。如果在使用标准物质时测量系统不稳定、噪声高、灵敏度低、重现性差，测量条件经常发生变化，或存在明显的系统误差，即使使用了标准物质也难以取得质量可靠的结果。

练　习　题

1. 名词解释

（1）绝对误差

（2）相对误差

（3）绝对偏差

（4）相对偏差

（5）标准偏差

（6）平行性

（7）再现性

（8）重复性

2. 简答题

（1）实施室内环境检测质量保证的根本意义是什么？

（2）精密度和准确度的评价方法有哪些？

（3）有效数字的修约规则是什么？

（4）分光光度法中的灵敏度如何估算？

（5）检出限和测定下限如何估算？

（6）标准曲线如何绘制？

（7）简述质量控制图的绘制和使用方法。

（8）采样效率检测方法的选择要求有哪些？

（9）国家一级标准物质应具备哪些条件？

（10）选择和使用标准物质时需要注意哪几点？

参 考 文 献

［1］李新．室内环境与检测．北京：化学工业出版社，2006.

［2］姚运先，冯雨峰，杨光明．室内环境监测．北京：化学工业出版社，2005.

［3］周中平，赵寿堂，朱立等．室内污染检测与控制．北京：化学工业出版社，2002.

［4］刘艳华，王新轲，孔琼香．室内空气质量检测与控制．北京：化学工业出版社，2013.

［5］王炳强．室内环境检测技术．北京：化学工业出版社，2005.

［6］张嵩，赵雪君．室内环境与检测．北京：中国建材工业出版社，2015.

［7］裘著革．室内空气污染与健康．北京：化学工业出版社，2003.

［8］王英健，杨永红．环境监测（第三版）．北京：化学工业出版社，2015.

［9］国家环境保护总局．空气和废气监测分析方法（第四版增补版）．北京：中国环境科学出版社，2007.

［10］中国室内装饰协会室内环境检测中心．室内环境质量及检测标准汇编．北京：中国标准出版社，2003.

［11］税永红，陈光荣．室内环境检测与治理．北京：科学出版社，2015.